"从农场到餐桌"协调动物健康和食品安全监测政策

[瑞典] 斯图尔特·亚历山大·斯罗拉赫（Stuart A. Slorach） 主编
中国动物疫病预防控制中心 组译

U0348594

中国农业出版社
北　京

世界动物卫生组织（OIE）的所有出版物均受国际版权法保护。若OIE授予了书面允许，可在杂志、公文、书籍、电子媒体和其他媒介上，以公用、提供信息、教育或商用为目的，复印、翻印、翻译、改编或出版出版物摘要。本评论里某些论文可能不受版权法约束，因此可以随意翻印。如属于此种情况，会在文章开头加以说明。

ISBN   978 - 92 - 9044 - 920 - 1（OIE）
ISBN   978 - 7 - 109 - 25257 - 8（中国农业出版社）

本评论中使用的名称以及材料不表示 OIE 对任何国家、地区、城市或区域的法律地位、或对其国界或边界的划分表示任何意见。

评论中引用的署名文章里的观点只归作者负责。文章中提到的具体公司或制造商生产的产品，无论注册专利与否，都不表示 OIE 认为它们高于其他未提及的同类公司或产品，不表示它们已被 OIE 批准或推荐。

©世界动物卫生组织 2011 年（英文版）
©世界动物卫生组织 2019 年（中文版）

《"从农场到餐桌"协调动物健康和食品安全监测政策》
翻 译 委 员 会

主 任　张仲秋

委 员　冯忠武　张　弘　王功民　刁新育

主 译　陈伟生　辛盛鹏　陈国胜　翟新验　金　萍

副主译　宋晓晖　原　霖　訾占超　徐　琦　寇占英

翻 译　（按姓名笔画排序）

马　英　王传彬　王明忠　王晓英　王　静

王　赫　亢文华　毕一鸣　曲　萍　刘　洋

孙　雨　杜　建　李文合　李晓霞　李　琦

杨卫铮　杨文欢　杨龙波　吴佳俊　辛盛鹏

宋晓晖　张　昱　张　倩　张　硕　张淼洁

陈伟生　陈国胜　陈慧娟　邵华莎　金　萍

胡冬梅　袁彩虹　原　霖　顾小雪　倪建强

徐　琦　寇占英　董　浩　韩　焘　訾占超

翟新验

总校对　杨　林　赵晓丹　刘颖昳　李　硕

校 对　刘玉良　汪葆玥　周　智　赵柏林　韩　雪

序

　　随着生活水平的不断提高，人们越来越多地关注食品安全问题。人口的不断增多、动物饲养量的快速增长、城市化进程的加快、农业生产方式的转变、家畜和野生动物的频繁接触、生态环境的急剧改变、动物及动物产品的全球化贸易等影响，使得新发和再发传染病在动物、人类及其赖以生存的生态环境中持续传播，食品安全问题已经突破了国界，无论是在发展中国家，还是在发达国家都广泛存在，不仅损害动物和人类健康，还影响经济发展、生态安全和国家稳定。

　　世界卫生组织（WHO）最近统计资料表明，能够感染人类的已知病原体共有1 407种，60%的人类传染病来源于动物，50%的动物传染病可以传染给人，80%的人类新发传染病源于动物，因此，动物健康和人类健康密切相关。加之，多病原混合感染、多重感染严重，病原变异速度加快，跨种间感染增多，导致疫病发生日益复杂。没有任何一个学科或部门能够独立应对不断出现的人类和动物卫生问题，也没有哪个国家可以独自扭转生物多样性丧失和环境恶化的趋势。为此，必须打破国家、机构、组织、专业和部门障碍，把动物-人类-生态系统看作一个整体，这样才能有效地保障安全、促进和谐、防范风险、稳定发展。

　　世界动物卫生组织（OIE）、联合国粮食及农业组织（FAO）以及WHO等国际组织为了在区域及全球范围内控制高致病性禽流感等人畜共患病和其他食源性疾病，提出了"同一健康"的理念。欧洲联盟（简称欧盟）建立了"从农场到餐桌"的全程质量控制体系，加强食品安全源头管理，正视食品安全带给人类的挑战。通过预防、控制和根除动物疫病和人畜共患病，促进兽医领域、环境管理及公共卫生等多部门的沟通和合作，从而保护动物和人类健康。

　　OIE作为政府间国际兽医组织被世界贸易组织（WTO）指定为开展动物及动物产品国际贸易制定动物卫生标准的唯一国际组织。在本期科学评论中，OIE组织相关专家整理、编辑了协调动物健康与食品安全监测政策协调一致方面的论文，形成专集刊出，一方面用以指导各国有效地应对不断出现的动物疫病、食源性疾病、人畜共患病等带来的卫生风险；另一方面也很好地诠释与实践了"同一健康"的理念。

国家首席兽医师

OIE 亚洲、远东和大洋洲区域委员会主席

2017 年 2 月 6 日

前　　言

　　本期"科技评论"的内容是研究如何更好地协调有关动物健康、食品病原体和食源性疾病的监测政策以及如何达到这一目的。动物间流行的病原威胁着动物和人类的健康，人与动物卫生部门都与此相关，有责任对其进行控制。尽管一些国家和地区尝试建立动物、食品和人类卫生部门间管理系统，但多数国家的系统普遍没有协调性并且合作有限。

　　人与动物的健康是相互联系的，人类与动物的生存环境相互影响。因此，世界动物卫生组织（OIE）已经将"同一健康"的理念纳入其第五战略规划中（2011—2015 年）。如今，在动物-人类-生态系统层面中降低高影响疫病的风险，已成为该规划的主要内容之一。联合国粮食及农业组织（FAO）、世界卫生组织（WHO）和 OIE 之间有关这一主题的一个正式联盟促进了"同一健康"方法的应用，这在三个组织认可的 2010 年 4 月的三方概念文件中有所描述。

　　在引起人类疾病的病原中，有 60％是来自家养或野生动物，避免人类感染最经济有效的方式是对动物进行源头控制。OIE 通过预防、控制和根除动物疫病和人畜共患病，对解决包括人畜共患病在内的"同一健康"问题做出了主要贡献。为了实现这一目标，OIE 制定了关于动物疫病预防和控制方法的标准，以及与动物和动物产品国际贸易安全相关的卫生标准，这些标准着重强调了对人类可感染疫病的预防方法。OIE 动物卫生标准，包括人畜共患病的标准，是由世界贸易组织（WTO）关于《卫生与植物卫生措施协议》（《SPS 协议》）特别指定的，也是 FAO 和 WHO 国际食品法典委员会（CAC）采纳的食品安全标准（国际食品法典委员会标准）。OIE 和 CAC 很好地协调他们的工作以免出现交叉、遗漏和重复，特别是避免标准冲突。

　　OIE 也发布了有效管理兽医服务的公共和私营部门机构的国际标准。此外，178 个 OIE 成员可以要求 OIE 对其兽医服务与 OIE 标准的符合性展开独立评估。如果有需要，OIE 还可以利用专门设计的评估工具进行进一步的评估，并计算使其服务符合这些质量标准所需的投资，以及立法和技术上所需的变革。这一系列的评估被称为"兽医服务体系效能评估（PVS）"。该体系包括一个可选的"同一健康"试点评估工具，该工具用来帮助各国在兽医服务和公共卫生服务之间建立更紧密的合作，同时使得两者符合 OIE 公布的质量标准以及 WHO 成员的责任义务，该责任义务来自 WHO《国际卫生条例》。超过150 个 OIE 成员已经参与了 PVS 项目。

本期评论分如下四个主要议题从不同方面探讨统一监测政策：①动物健康与食品安全的统一监控机制；②国际组织的作用；③实例；④统一政策的科技基础。

第一部分包括：关于通报动物疫病和人类疾病的国际要求；动物健康和食源性疾病监控的统一；兽医和兽医服务的作用；耐药性；兽医监管机构的作用；屠宰场控制数据的集成；兽医教育。第二部分涵盖的内容包括：OIE 在信息交换和动物疫病控制中的作用；由 WHO 发起的全球食源性疾病负担评估的议题；食源性人畜共患病疫情快速反应预案；CAC 标准的实施。第三部分提供了有关不同病原和世界不同地区集成监测的若干实例。第四部分论文内容有：发展改进分析方法；人畜共患寄生虫的监测；追溯机制；水产养殖业中的耐药性。

OIE 在全球范围内坚定地致力于应用"同一健康"的理念，并与其他国际组织密切合作，特别是与 FAO 和 WHO。此外，OIE 通过提供动物卫生标准和关于兽医教育和立法等重要问题的建议，为其成员发展兽医服务提供支持，并大力鼓励国家兽医服务机构之间建立和保持良好的合作，在共同关心的领域，如动物卫生监测、食品安全和食源性疾病，与公共卫生服务机构保持沟通交流。只有通过地方、国家、地区和全球关心这些问题的各方密切合作，才能最优地利用有限的可用资源，使得动物和人类健康得到有效的保护，免受来自动物的食源性危害。

我想真诚感谢所有作者为本期评论所做的贡献。此外，由衷感谢 OIE 动物生产和食品安全工作组主席 Stuart A. Slorach 博士，他接受我们的邀请并协调本期评论。非常感激他宝贵的贡献，我祝贺他编辑了如此优秀的论文集，论文集的主题对动物和人类健康都十分重要。

Bernard Vallat

OIE 总干事

简　　介

动物健康和人类健康是密切相关的——在引起人类疾病的病原体中有超过60％是来自家养或野生的动物。此外，人类会影响动物的生存环境，同时也被其影响。人畜共患病病原体可以通过食物、人和动物之间的直接接触，或其他途径传染给人类。本期科技评论的内容主要集中于从动物病原体通过食物传染给人。

尽管一些国家和地区已经多次尝试利用协调控制系统来协调动物健康、食品安全和人类健康部门的控制系统，但大部分系统都很难进行协调。鉴于更好地协调对动物健康、食品病原体和食源性疾病监控政策的重要性，以及公众对此的强烈诉求，专门针对这个主题进行综述。上述协调包括多个不同的方面，将论文分为下述四个主题：

- 动物健康与食品安全的统一监控机制；
- 国际组织的作用；
- 实例；
- 统一政策的科技基础。

1　动物健康与食品安全的统一监控机制

1.1　强制通报动物疫病和人类疾病的全球法律依据

对动物疫病、人类疾病及可能流行病的成功控制依赖于对疫病状况完整信息的获取。为了保证及时做出反应，必须以透明的方式立即对疫病进行通告。世界动物卫生组织（OIE），其主要目的是快速交换动物疫病（包括人畜共患病）信息，而且为交换此类信息提供便利仍然是其最重要活动之一。本文对OIE 和世界卫生组织（WHO）报告动物疫病和人类疾病的要求和体系进行了描述。疫病报告可能会对一个国家的经济产生不利影响（例如造成出口贸易的损失或影响旅游业发展），然而，新的信息技术和应用难以掩盖严重的法定通报的传染病疫情。不履行通报疫情义务的国家会失去国际信誉，并且会使疫病的传播更难预防。

然而，仅有报告疫病的政治意愿是不够的，还需要有科学、技术和其他方面的足够资源来检测疫病，并且能收集和整理信息，并将其快速传达给 OIE

和 WHO。这两个组织都为其成员开发这样的资源提供支持。

1.2 动物健康和食源性疾病的综合监控

为了制订有效的动物健康和食源性疾病综合监控方案，必须解决几个关键问题，这包括：人感染食源性疾病的相对发病率、发病率、死亡率和经济损失如何？在动物种群中，需要什么样的监测来确定引发疫病的诱因？我们有能力控制动物的疫病吗？疫病检测有哪些可行的方法？这些检测方法的敏感性、特异性和诊断检测的成本如何？相关国家、地区或机构是否有相应的法律、财政和教育资源保证监测的开展并采取适当的行动？在以上关键问题得到解决后，兽医和公共卫生部门必须判断出监测和控制是否可行，如果可行，他们便可以开始制订这个方案。

1.3 兽医和兽医服务的作用

食品安全活动最好是采取考虑整个食品供应链的多学科集成化研究方法。由于接受了动物健康和食品安全两方面的教育和培训，兽医在监测和控制动物健康、食品安全和食源性疾病方面能起到关键的作用。过去，兽医服务的作用是从养殖场到屠宰场，但是如今在许多国家，他们的作用已经扩展到包括食物供应链的后续阶段。在食源性疾病疫情暴发调查回溯到养殖场环节中，以及在病原确定后制订和实施补救措施时，兽医发挥了关键作用。为了有效利用有限的资源来预防、检测和控制食源性疾病，兽医服务与所有其他专业团体和利益相关者进行密切的合作是非常重要的，包括人类和环境健康专家、分析师、流行病学家和食品生产商、加工商、贸易商。OIE 已经开发了"兽医服务体系效能评估（PVS）"，帮助各成员评估他们的兽医服务组织并确定如何促进对动物和公共卫生的监控。

1.4 耐药性

耐药性是一个重要且日益严重的全球性问题，对动物和人类健康都有严重影响。鉴于此，OIE 已经就"动物健康和公共卫生中的耐药性"出版了《科技评论》（31 卷，1 期，2012），并且，在 2013 年 3 月，关于对动物可靠和谨慎地使用抗菌药物这一议题组织了一次全球会议来进一步研究解决方法。本期评论将讨论，到目前为止关于耐药性及抗菌药使用监测、技术现状、面临挑战和可能解决方案的系统性进展情况。

1.5 兽药监管机构的作用

兽药有助于预防动物疫病和维护动物健康，其对食品安全和食品保障很重要。控制这类药品，并且监控它们是否被合理地使用，是包括监管机构、药剂师、兽医和畜主在内的不同组织和个人的责任。兽药监管机构的职责包括售前审查和评估、审批、上市后的不良反应监测（包括食源性微生物耐药性监测）和强制执法。

1.6　屠宰场环节控制动物健康和食品安全监测数据的整合

为控制动物健康和食品安全而进行屠宰场环节的监测，包括对病原体、病理、药物残留、化学污染物及耐药性的检查。政府、行业和学术界是这种监测的主要支持者。屠宰场监测的结果应通知负责动物健康的当局和畜牧业从业人员，以便在适当情况下采取措施。在决定其是否适于人类消费或用于其他用途时，负责人员会使用与食品安全有关的信息。这些关于食品安全的信息，是相关决策者们用于决定是否批准、拒绝食品用于消费或者其他目的。政府、行业和学术界整合数据的努力可能会遇到极大的法律、后勤和财政方面的挑战。这表明，政策鼓励从屠宰场控制动物健康和食品安全监测数据的有效整合，应该能够形成一种长期的整合措施，包括以风险为基础的方案的应用，面向公众的数据的透明条款，以及从这些数据中形成以消费者为导向的信息。

1.7　兽医教育

对动物健康、食品病原体和食源性疾病的有效监测依赖于充足的人力和科学技术资源，特别是要有足够多受过良好教育并具有丰富经验的兽医工作人员。这显然是 OIE 所认可的，为了提高兽医教育水平，特别是发展中国家的兽医教育，OIE 指定了一个兽医教育特别小组为其成员提供提升兽医教育水平的方法。OIE 已经制定了有关兽医教育的指南，并且目前正在组织有关这一主题的第三次会议（2013 年 12 月 4～6 日，巴西伊瓜苏）。在食品安全领域（包括动物健康、食品病原体和食源性疾病的监控）兽医教育的需求及旨在满足这些需求的相关培训项目将在会议上进行讨论。

2　国际组织的作用

2.1　OIE 的作用

本部分叙述了 OIE 在信息交流和动物疫病（包括人畜共患病）控制中发挥的作用。OIE 自 1924 年成立以来，一直致力于交流动物卫生、公共卫生和科学信息，以及动物疫病的控制和根除。世界贸易组织（WTO）《卫生与植物卫生措施协议》（《SPS 协议》）认可 OIE 为有关动物健康和人畜共患病（特别是标准制定方面）的国际参考组织。

它的标准包含在《陆生动物卫生法典》(简称《陆生法典》)、《水生动物卫生法典》(简称《水生法典》)、《陆生动物诊断试验和疫苗手册》(简称《陆生手册》)、《水生动物诊断试验和疫苗手册》(简称《水生手册》)中。这些法典和手册不仅对于动物和公众健康很重要,对于动物和动物源食品的国际贸易也很重要。在暴发新疫病的情况下,无论其是否为人畜共患病,以及动物疫病和人畜共患病有世界范围传播的风险时,OIE 在促进动物疫病信息和其他科学信息公开透明交流方面发挥了重要作用。

2.2 全球食源性疾病的负担评估

在估计食源性疾病案例数量和查明病因方面的一个主要问题是漏报——许多被感染者没有联系医疗服务机构,即使通报,许多疫病疫情暴发也没有被详细调查或者调查也没能确认问题的源头。在 2006 年,为了应对这些挑战,WHO 发起了全球食源性疾病负担评估的行动。此行动目的是以易于理解、统一的方式为决策制定者提供关于不安全食品对公众健康影响的更加完整的信息。文中提供了此行动的背景和所取得的成果。

2.3 食源性人畜共患病疫情暴发快速反应预案

尽管实施了预防措施,食源性人畜共患病疫情的暴发还是时有发生并且将会继续发生。在 WHO 一篇论文中记叙了有关这类疫病疫情暴发快速响应预案的指南。文中强调了有关各方之间协调的重要性,如对公众健康、食品和饲料安全、农渔业、工业和贸易、当地管理机构、视察和旅游业等负有责任的各方。联合国粮食及农业组织(FAO)以及 WHO 推出了国家政府使用的指导性文件,这些文件主要针对食源性疾病疫情暴发的调查,食品安全应急响应计划的建立,食品安全突发期间风险分析原则的应用和国家食品召回系统的开发。OIE、FAO 和 WHO 正在发展跨部门合作机制,目的是在面临食源性疾病疫情暴发或其他食品安全突发事件时,可进行稳健有力且及时的联合风险评估。三个国际性的工具〔FAO/WHO 国际食品安全当局网络(INFOSAN),FAO/OIE/WHO 包括人畜共患病在内的主要动物疫病全球预警系统(GLEWS+),FAO 食品安全紧急预防系统(EMPRES)〕可以帮助各国做好应对食源性人畜共患病疫情暴发的准备。

2.4 实施食品法典委员会标准

食品法典委员会标准被 WTO《SPS 协议》特别承认为食品安全领域的国际基准。食品法典委员会(CAC)和 OIE 在人畜共患病案例中所应用的风险分析方法的相似性对于食品控制统一系统极具可操作性。这两个组织正积极合作为食源性人畜共患病开发各自的标准，这样可以确保标准不会重复，但又是紧密结合并且覆盖整个食品供应链的。从国家级层面来看，所有相关主管当局进行较好的协调以及与其他食品安全利害相关人之间的信息共享是很重要的。

3　实例

本期评论的第三部分提供了有关不同病原体和世界不同地区监控集成化的多个实例。

3.1　异尖线虫

由于水产养殖和水产品消费的增加，在处理或食用这些产品时感染动物性传染病的可能性也在增加。一篇关于异尖线虫的论文讨论了鱼类感染异尖线虫病和携带幼虫的普遍程度、人类感染该病的情况、产生的经济影响以及相应的控制措施。

3.2　与鱼类接触感染人畜共患病

文中报道了数例世界上人类感染鱼类和贝类人畜共患病病原体的病例。文中记叙了通过鱼刺/螯钳刺伤或开放式伤口感染病原体的病例。所有这些病原体也与食用鱼类中暴发的疫病有关联。这类疫病的暴发经常与诸如水中养料的数量和质量以及放养密度等管理因素有关。

3.3　对肠炎沙门氏菌和鼠伤寒沙门氏菌外的其他沙门氏菌的监测

这篇论文讨论了对肠炎沙门氏菌和鼠伤寒沙门氏菌（SE/ST）之外的沙门氏菌监测的实践活动。世界上的多数国家缺少对人类沙门氏菌病的正式监测系统，目前的数据也仅限于少数的一些研究。有关动物、食物和动物饲料的数据更是稀缺。缺乏血清分型经验和（高质量的）抗血清，阻碍了对非 SE/ST 的鉴定。

沙门氏菌亚型对于识别人类感染源以及进行针对性控制至关重要。然而，将来非病原培养诊断方法的使用越来越频繁，这会导致流行病学分型和耐药性数据的缺失。这些测定方法对于所有血清亚型，特别是稀有血清型的有效性是值得关注的。尽管目前基于考夫曼-怀特方法的分型方法是比较完善并被证明是有效的，但是在不远的将来，新一代的分型方法将取代它。

3.4　整合不同地区动物健康、食品病原体和食源性疾病的监测

三篇论文回顾了动物健康、食品病原体和食源性疾病整合区域性监测的尝

试。第一篇论文描述了欧盟（EU）统一的风险评估方法，该方法特别关注于人类健康和整个食物供应链，以及为减少消费者风险的科学干预措施。这种协调主要通过欧盟食品安全局、欧盟疫病预防与控制中心以及27个欧盟成员国政府当局合作实现的。

第二篇论文描述了监测的主要特点以及在美洲设立真正统一监测系统的尝试。该系统把对药物治疗临床人群疾病监测与对食品生产性动物疫病监测整合到一起。这篇论文还描述了一个理想化统一的食品安全系统的特点。

第三篇论文回顾评论了发展中国家和转型期国家的情况。在这些国家中，动物疫病、食源性病原体和食源性疾病对于生产者和消费者有巨大的影响。不幸的是，这些国家通常缺乏对感染性疫病威胁进行有效监测所需的人力和财力资源，这导致了长期的漏报。这也进一步导致了人们低估了这些疫病影响以及无法实施有效的控制措施。然而，创新的通信手段和诊断工具、新的分析方法以及人类和动物健康部门内部和部门间的紧密合作，所有这些做法都可以用来提高报告的覆盖范围、质量和速度，并能对疫病负担形成更加全面的估计。这些方法可以帮助应对地方性疫病，以及建立基本的监测能力以便将来应对变化的疫病威胁。

4 统一政策的科技基础

最后部分包含一些有关统一政策的科技基础的文献。

4.1 监测分析方法的改进和归因

为了快速地检测传染源及限制其传播，需要强大、精确的诊断分析技术。文中回顾评论了过去30年中开发的大量、新的检测技术及其对传染源检测产生的巨大影响。大部分新的诊断方法以实验室为基础并且代价高昂，且这些方法需要复杂的设备和专业的技能。然而，快速廉价的现场检测方法正在开发中。文中给出了几个开发新测定方法的实例，包括禽流感病毒、诺如病毒、甲型肝炎病毒、沙门氏菌和弯杆菌。

4.2 食源性寄生虫

多种食源性寄生虫引起的人畜共患病严重威胁着人类健康，其中有些可能是致命的（如旋毛虫病和脑囊虫病），其他可能是慢性的，只会导致轻微的症状（如肠绦虫病）。鉴于食源性寄生虫流行病学特征和生活史的不同，对它们进行监测和控制策略设计以及兽医和公共卫生部门的参与形式也是各不相同。文中记叙了在家畜中监测这些寄生虫病的策略和方法，包括必需的政策，以及兽医部门和医疗机构间协作以达到国家层面工作报告和控制程序。

4.3　动物识别和可追溯性

如果没有一个系统来识别和追踪动物，那么成功地控制传染性动物疫病疫情暴发或者有效地应对化学药物残留事件几乎是不可能的。从消费者安全的角度看，屠宰时使用识别设备或标识，并附运输档案，可以将动物及其屠宰后胴体所生产肉制品联系起来。从消费安全方面，可以增加其附加值。在过去10年中，动物识别技术变得越来越复杂，而价格也趋于令人可以接受。随着互联网和移动通信工具的发展，计算机内存的增大和相关数据管理应用软件的扩展功能，已经为主管部门的能力建设增加了新维度，同时为养殖业界开展疫病控制、食品安全和商业目的，以及管理当局和行业追踪动物和动物产品的能力拓展了空间。OIE《陆生动物卫生法典》（以下简称《陆生法典》）中两章和《食品法典》中都提到了动物识别和可追溯的重要性。

4.4　与水生动物相关的微生物耐药性

OIE《水生生物卫生法典》（以下简称《水生法典》）中建议，有关管理部门应该发起监视监测与水生动物相关微生物耐药性的项目。本期的最后一篇论文讨论了此类项目中研究的细菌种类以及样本收集方法。文中还讲述了在此类项目中使用的药敏试验方法、应用于所产生数据的解释标准以及报告形式。监测项目应该在最大程度上使用标准化、国际通用的药敏试验方法。

Stuart A. Slorach

OIE 动物生产和食品安全工作组主席

瑞典

目　　录

1

动物健康与食品安全的统一监控机制

报告动物疫病和人类疾病：
国际法律依据

B. Vallat　A. Thiermann　K. Ben Jebara　A. Dehove[①]

摘要：成功控制疫病以及可能的传染性疫病的关键在于迅速取得关于疫病情况的完整信息。为确保及时应对，必须以透明的方式即时报告疫病信息。1924 年成立 OIE 的主要目的，就是快速交换动物疫病信息，包括动物传染病的信息。2005 年 WHO 成员通过的《国际卫生条例》，为快速报告人类传染病设立了一系列新规则，用于人类疾病方面。本文阐释了这两个报告系统，它们向公众开放信息，并且让决策者更好地管理与相关疫病有关的风险信息。

关键词：动物疫病　人类疾病　国际标准　报告　动物传染病

0　引言

成功地控制人类和动物传染病的关键在于迅速取得该病在国内的全面信息。人和货物短时间内长距离地移动，挑战着公共卫生部门和兽医主管部门的反应效率和速度。为确保及时应对，必须以透明的方式即时报告疫病信息。

传播疫病信息是两个全球性组织的职责：WHO 负责人类疾病，OIE 负责动物疫病（包括可以传染给人的动物传染病）。

OIE 于 1924 年成立，该组织的主要目标是成员之间快速交流动物疫病信息，包括动物传染病信息。在公共卫生方面，为应对客运和货运激增而带来的挑战，交流非典型性肺炎等传染病的应对经验，WHO 缔约方在 2005 年更新并通过了《国际卫生条例 2005》（IHR）[1]，即快速报告传染病的一系列新规则。

在两个疫病报告系统中比较人类和动物跨境疫病信息的效力时，要时刻牢记将背景纳入考虑的范围。

人们通常可以不受健康限制地自由往来于各个地方，而活体动物和动物产

---

① OIE，巴黎，法国。

品则受到严格限制（尽管不是所有国家和地区都重视这些限制措施）。同时，人们要通过指定的控制通道旅行和进出境，而往往携带高致病性病原体的野生动物移动则不受通道的限制。

疫病报告可能对一个国家的经济产生负面影响（例如引起出口市场损失或使旅游业受挫）。然而，新的信息技术和应用让政府难以掩盖出现的严重的应报疫病。一个国家在疫病报告方面的信誉是建立在及时准确地报告疫病的基础上。此外，如果政府迅速提供报告，它就会处于遏制疫病更有利的位置上，因为它不必为自己不遵守国际义务而进行辩解。一个国家一旦被公认为不遵守国际规则，重获信誉是一个昂贵且耗时的行动。尤其是在民主国家，这对政策制定者而言有可能成为最高政治风险。

1　WHO 报告系统

早在 19 世纪以及 20 世纪期间，国际卫生会议召开并且签署了关于人类疾病如霍乱、鼠疫、黄热病等的报告公约。

1946 年，WHO 章程在防治传染性疾病方面确立了其组织责任。从那时起，缔约国有义务向 WHO 报告的信息仅限于已在本国公布的数据。

之后，1951 年出台了国际卫生条例（ISR）[在 1969 年它被重新命名为国际卫生条例（IHR）]，为预防和控制传染病跨境传播提供了新的国际法律框架。1995 年，因为这些条例已经过时，不能解决新的挑战，成员请求对它们做出重大改变。于是在 2005 年通过新的 IHR 中，确立了各成员共建新的传染病报告系统的条款（第 6～11 条），并已于 2007 年 6 月起生效。

IHR 第 6 条规定，缔约国应在 24 小时内通过 IHR 联络点以最快通信手段，将一切可能引起国际关注的公共卫生突发事件报告给 WHO，并及时传送进一步的详细信息。

IHR 第 9、10 条规定，WHO 可以通过其他非官方渠道获取成员的疾病信息。但 WHO 在基于此类信息采取相应措施前，应通知并尽可能获得成员的确认。此后，除个别特殊需保密的情况外，该信息将向所有成员通报。如果有来自非缔约国发生的具有国际重要性的公共卫生风险威胁，WHO 可以向其他缔约国传递该信息（第 10 条第 4 款）。

IHR 第 11 条赋予了 WHO 向其成员快速保密地传递信息的义务。但是对于某些文件，也有附加条件。WHO 获取有关信息，要与受影响的国家进行书面沟通。如果同一事件的其他信息已经公开，但有必要发布权威信息，WHO 也将发布相应信息。

2 OIE 报告系统

OIE 高度强调创始成员及时透明地共享国际疫病形势信息的重要性。1920 年，一头瘤牛从印度经比利时安特卫普港转运到巴西感染了牛瘟病毒，牛瘟是家畜最致命的疫病之一，这在比利时引起了一次毁灭性的疫病暴发。

值得一提的是，现在全球几乎已消灭了牛瘟。

1924 年，联合国的前身——国际联盟时任秘书长，在巴黎发起创立了 OIE。当时，28 个成员共同在创始条约中设立了报告和共享动物疫病信息的义务。这些义务适用于创始成员和所有后续加入的成员。OIE 现在共有 178 个成员。从一开始，无论是 OIE 还是成员就都承担着无条件公开动物疫病所有相关信息的义务。这些义务载于 OIE 创始成员签署并批准的 OIE《组织法》（OIE Organic Statutes，也就是《OIE 宪章》中）[2]，因此它们对 OIE 本身和成员（含后续加入的成员）来说都是基本义务，而《组织法》必须经过现有全体成员一致同意方可修改。

收集和宣传有关疫病传播和控制情况及相关文件是 OIE 成员共同确定的 OIE 三项重点工作之一（其他两项分别是促进和协调国际传染病研究，对涉及动物卫生措施的国际协定草案进行检查）（第 4 条）。

OIE 总规则（General Rules of the OIE，订立于 1973 年）[3] 第 37、38 条对《组织法》第 10 条中规定的月度报告义务做出了更切实的表述。收集和公布所有关于疫病的事实和文件这一目标优先于 OIE 的所有其他目标。OIE 有义务向政府实时报告新发疫病和其他重要的流行病学事件。同时，OIE 有义务定期发布并在成员间公开全球动物疫病形势。

如今，随着通信技术的不断发展，OIE 成员已具备了向 OIE 发送实时报告的条件，因此，OIE 要求成员必须在 24 小时内向 OIE 报告法定报告疫病和新发病疫情以及其他重大流行病学事件。同时，OIE 通过构建世界动物卫生信息系统（World Animal Health Information System，简称 WAHIS）在发布全球动物疫病状况方面的能力也得到了显著增强。WAHIS 允许所有成员通过网络向 OIE 总部服务器传递信息。近年来，OIE 通过加强家畜和野生动物疫情监测和成员疫情信息收集等方式，有效改进了家畜和野生动物疫病的通报。

OIE 和成员代表（通常是首席兽医官）之间的直接接触是信息传输快速的重要先决条件，因为这样确保了 OIE 与其成员之间的沟通不仅限于外交渠道上的接触（《组织法》第 2 条）。OIE《陆生法典》和《水生法典》中的国际标准也规定了这是 OIE 与其成员之间沟通的正式形式[5,6]。两个《法典》的 1.1 条均明确规定了报告程序。《组织法》第 9 条要求 OIE 必须自动或根据要求，把收集到的所有信息发布给其成员。在紧急情况下，则必须马上提供这些信息。不管何种原因，如果 OIE 未能发布疫情相关信息，那么它就违反了《组织法》。

OIE 法定报告疫病名录由专家们定期提出修改建议，经年度 OIE 大会批准后实施（《组织法》第 5 条）。OIE 法定报告疫病的最新名录包括 116 种陆生和水生动物疫病。成员也有义务向 OIE 报告疫病控制措施。有关法定传染病的报告对于国际边界尤为重要，因为这样可以使国家实施边境管制措施，防止因进口而引入疫病。根据《组织法》第 5 条，会员应根据需要向 OIE 提供尽可能多的信息。

然而，OIE《陆生法典》和《水生法典》中包括了提供有关新出现疫病（根据《法典》中的定义）的即时报告。

无论任何理由，成员未向 OIE 报告疫情信息，即违反了 OIE 组织章程。

OIE 成员资格使得向组织提供信息成为一项具有国际法律约束力的义务。

如果没有全体会员提前修订组织章程，世界代表大会的任何决定都必须遵守上述原则。

因此，显而易见，WHO 和 OIE 这两个组织的疫病报告系统都具有法律约束力。

3　来自 OIE 参考实验室和其他可靠来源的信息

2004 年 OIE 代表大会决议决定，OIE 参考实验室必须及时向 OIE 和有关的国家或地区兽医部门发布应报告疫病的阳性结果。如果生物样本由参考实验室所在成员以外的国家或地区提供，那么在结果公布以前，样本来源方代表必须先行确认并向 OIE 告知样本的准确来源[4]，以避免实验室过早或错误地报告，这对避免造成严重的经济影响十分重要。如果无法验证信息来源，则要求有关国家或地区的兽医主管部门展开进一步调查。

不用担心驻 OIE 代表为阻止澄清他/她们国家的疫病形势而拒绝或拖延信息。不共享疫病的信息是《组织法》第 5 条中规定的 OIE 代表的义务行为，当一方代表不按规定共享疫病信息时，将没有理由反对 OIE 根据《组织法》第 4、9 条通知其他成员。

虽然世界动物卫生信息系统依赖于 OIE 代表提供的官方信息，但是 OIE 总干事也可以报告非官方但可靠的全球卫生相关信息。这样的行动已屡见不鲜。

但是 OIE 参考实验室的阳性结果报告是一个棘手的问题。在越来越多的 OIE 成员中，由于参考实验室与其客户之间有时通过合同约定，除国家法律规定外，未经客户许可不得向第三方（如 OIE 或国家或地区兽医机构）泄露。

4 运用报告系统中的数据增强公众意识

国际关注的公共卫生事件会对整个社会的政治和经济产生重大影响，特别是当今世界文化更倾向于恐惧和舆论而不是逻辑。相比之下，动物疫病事件（不包括那些可能对公众健康有显著影响的人畜共患病）一般不会在国际层面引起这样的关注。然而，在无病国家出现严重的非人畜共患的动物疫病（如口蹄疫）会严重影响该国经济，并且对当地居民产生非常不利的影响。不仅对农民产生影响，也可能通过限制人员流动、造成恐慌、影响旅游业等对普通公众产生影响。尽管如此，与暴发高度传染性、可能致命的人类疾病相比，非人畜共患的动物疫病产生的影响要小得多。

报告系统中的数据有助于提高公众对非人畜共患病影响的认识。政治领袖和媒体必须负责任地使用这些数据，在提高公众的重视的同时避免造成恐慌。然而不幸的是，事实并不总是这样。

5 能力建设工作

鉴于 WHO 和 OIE 两者的报告系统具有必要的手段和法律约束力，可以在全球快速、高效发布人类疾病和动物疫病信息，当务之急是共同努力加强政府公共卫生部门和兽医服务部门间的联系。这对 120 多个作为发展中国家或转型经济国家和地区的成员特别重要。最好的系统取决于其最弱的组成部分的强大程度。及时地报告疫病有赖于国家能够在早期阶段发现疫病。世界上有许多偏远地区是疫病暴发的"热点"，在那里，公共卫生服务和兽医服务非常薄弱或根本不存在。OIE 正在集中精力在那些地区进行能力建设工作，并且正在通过使用 OIE PVS 和 PVS 差距分析（PVS Gap Analysis），帮助其成员改进他们的兽医监测与报告系统。加强兽医和公共卫生服务，提高他们快速检测疫病的能力，并提高其快速反应的能力，这些是成功实现"同一健康"目标的关键。

认定陆生和水生动物（包括家养和野生）疫病信息国家联络点和定期培训是改进全球疫病形势认知的有效方式。

参考文献

[1] World Health Organization（WHO）（2008）. International Health Regulations 2005, 2nd Ed. WHO, Geneva. Available at：http：//whqlibdoc. who. int/publications/2008/

9789241580410 _ eng. pdf（accessed on 23 May 2013）.

［2］World Organisation for Animal Health（1924）. Organic Statutes of the Office International des Epizooties. OIE，Paris. Available at：http：//www. oie. int/en/about－us/key－texts/basic－texts/organic－statutes/（accessed on 23 May 2013）.

［3］World Organisation for Animal Health（OIE）（1973）. General Rules of the Office International des Epizooties. OIE，Paris. Available at：http：//web. oie. int/eng/OIE/textfond/en _ reglement _ general. htm（accessed on 22 May 2013）.

［4］World Organisation for Animal Health（OIE）（2004）. Resolution No. XXVIII. Proposed change to the mandate for OIE Reference Laboratories. In Final Report of the 72nd General Session of the International Committee of the OIE，23 to 28 May 2004，Paris. OIE，Paris.

［5］World Organisation for Animal Health（OIE）（2012）. Aquatic Animal Health Code，15th Ed. OIE，Paris. World Organisation for Animal Health.

整合动物健康和食源性疾病监测

E. M. Berman[①]*   A. Shimshony[②]

摘要：动物的食源性疾病控制已经成为公共卫生政策的一个重要组成部分。由于导致这些疾病的传染源来自动物，因此对它们的控制必然涉及兽医服务和公共卫生服务。控制方案应该建立在这两种服务机构合作的基础上，或者将所有涉及的部门合并为单一的食品控制机构。监测是这些控制项目的重要组成部分之一。

在规划一个有效的监测方案时，必须解决下面的问题：什么是人类食源性疾病的相对发病率、发病率、死亡率以及经济成本？是仅在动物种群内发病还是人类食源性疾病感染的重要传染源？在动物种群中识别出致病传染源需要什么样的监测措施？我们需要为了根除某种疫病而识别出所有的病例，或者我们的目标是为了减少这种疫病在动物种群中的发生率吗？我们有能力在动物种群中控制这种疫病吗？哪些疫病的检测试验是有效的？这些诊断试验的敏感性、特异性和检测成本如何？最后，所涉及的国家、地区或机构是否具有法律、经济和教育资源来实施监测并采取合适的后续行动？在所有这些问题都解决之后，兽医和公共卫生部门必须共同判断监测和控制是否可行。如果可行，他们就可以开始制订合适的方案了。

关键词：食源性人畜共患病　公共卫生　监测

0　引言

1971 年，OIE 发布了第二版《陆生动物卫生法典》（当时称为《国际动物卫生规范》）。该《陆生法典》列出了 43 种疫病，其中只有 3 种是食源性人畜共患病：布鲁氏菌病、牛结核病和旋毛虫病。这一版本《陆生法典》术语表中没有"人畜共患病"这个术语，仅在序言中声称："从公共利益考虑，本《陆生

---

①　以色列兽医局。

②　以色列特拉维夫。

*　电子邮箱：elyakum@epb.org.il.

法典》的建立旨在制定一项保护一个国家的家畜健康的共同准则，以防止威胁世界各地区的动物传染病的跨境传播"[29]。其中并没有提到公共卫生或监测。

在 2012 年 OIE 法定传染病列表中有 90 种疫病，其中 30 种属于动物传染病，这其中又有 13 种是食源性动物传染病[32]。在 2012 年版的《陆生法典》术语表中出现了"人畜共患病"这个术语，并且在序言中阐明："OIE 的《陆生法典》制定了改善世界范围内陆生动物健康、福利和兽医公共卫生水平的标准。"此外，这一版本的《陆生法典》包含了有关兽医公共卫生和监测的章节[33]。

虽然保护动物健康一直是兽医和兽医服务的传统任务，但是近几十年来，预防动物源食源性疾病已经成为各个国家或地区兽医服务食品生产部门的主要目标，这也促使了 OIE《陆生法典》对该部分内容进行了修改。

畜禽养殖者主要关注他们的动物健康状况，因为这关系到他们的产品价值和利润，而对于公共健康问题并不是十分关心。只有这些公共卫生疫病也威胁到动物健康或者只有在国家或地区法规要求养殖者采取某些措施时，这些生产商才会去考虑这些疫病的控制或根除。

根据《陆生法典》修改后的要求，一个国家或地区的兽医服务和公共卫生服务之间需要进行职能整合或者至少需要紧密合作。有些国家或地区已经通过整合农业部和卫生部的食品生产部门建立了食品机构。而在另外一些国家或地区，这些部门都是独立运作的，在需要的时候，他们才会通过合作整合他们的政策。这种整合也适用于他们的主动或被动监测计划，这些监测计划都是构成动物疫病和人类疾病控制政策的基础。

本部分综述仅限于动物源食源性疾病的总的监测政策。如若获取更多信息，请读者参阅 2012 年版《陆生法典》第 1.4 章节"动物健康监测"，其中讨论了动物健康监测计划的详细内容。为了确定动物疫病控制的优先级，在人群中开展食源性疾病监测也是必要的。

本文并没有详细综述所有食源性动物疾病，但是为了说明在规划完整的监测系统时需要考虑的因素，文中列出了几个动物种群中监测这些疫病的实例。

1 动物源食源性疾病分类

本文将动物疫病划分为四种类型：
- 主要是动物健康问题的疫病，但是也能产生食源性公共健康影响（生产商主要对预防此类疫病有兴趣）；
- 既是动物健康问题又是食源性公共健康问题的疫病；
- 主要或只是影响公共健康的人类食源性传染病，极少引起动物发病；
- 仅仅对动物健康产生影响而对人类健康无影响的疫病。

1.1 主要影响动物健康的疫病

源自禽类的食源性动物传染病的一个实例是 H5N1 高致病性禽流感（HPAI），这种传染病可产生食源性公共健康影响。尽管 H5N1 不算是主要的食源性病原体，但是食用未煮熟的禽产品已被认为是一种可能的传播途径[4]，同时许多国家已经根据这种传播方式制定了管理条例。通常可以通过急性发病和高致死率，或者产蛋量的下降来确定商品禽类中的 HPAI（H5N1）。因而，主动监测可能并不是必需的。被动监测，通过强制报告疑似或确诊病例，通常已经足够识别这些病例。另外，低致病性禽流感（LPAI)可以在几乎没有临床症状的情况下在所有的禽类中传播，并且在某种情况下能突变成高致病性病毒[23]。在商品水禽中，HPAI（H5N1）的临床症状并不明显[24]。因此对于这些病例必须进行主动监测。

在哺乳类动物里，山羊 Q 热具有上述相似的情况，这种病原体会导致流产。羊群中的大量流产会导致严重的经济损失，这又产生了接种疫苗的需求。Q 热的病原体为贝氏柯克斯体，可通过空气传染给人类。由于感染母畜奶液里排出贝氏柯克斯体病原，而且可以持续几个月甚至几个产奶周期，因而可能会导致以奶和奶制品为主的动物产品受到污染[3]。在羊群中进行主动监测对降低人类传染率没有帮助，生产商主要关注点在于预防此类重要疫病。

1.2 对动物健康和食源性公共卫生都有影响的疫病

副伤寒沙门氏菌，包括肠炎沙门氏菌和鼠伤寒沙门氏菌，会导致一种对人类和动物（特别是禽类）健康构成风险的疫病。每个血清型的副伤寒沙门氏菌都能导致幼禽产生严重的临床症状，但是在成年家禽中很少出现症状。另外，各生长期的家禽通常都是沙门氏菌的携带者，不表现任何临床症状且对生产性能不产生任何影响[13]。对人类来说，副伤寒沙门氏菌是一种常见的细菌性肠炎的致病因素，一般是由受感染的禽类和其他动物源食品导致的[7]。对于禽类中的一些沙门氏菌血清型，如肠炎沙门氏菌，可通过垂直传播从种禽传染给幼禽，而蛋鸡携带的一些血清型可通过质量低劣的禽蛋和不卫生的孵化环境传播[21]。对禽类特别是种禽的例行主动监测对识别受感染禽以及采取减少禽产品污染措施是十分必要的。许多国家已经实施了包括监测在内的沙门氏菌控制方案，这些方案的实施极大地减少了人类患病数量。这类方案的概述已经包含在《陆生法典》的第 6.5 章节中："禽类沙门氏菌的预防、监测和控制。"

对哺乳类动物来说，流产布鲁氏菌、羊布鲁氏菌和牛结核病是既能引起动物健康问题，又可以产生公共卫生影响的几个人畜共患病的实例，这些疫病是关乎动物和公共卫生的共同问题[31]。这些疫病包括早期官方兽医控制的已知的人畜共患病，已经在全球应用了成功的根除方案，监测是其重要的组成部分。有关方案的概况在 OIE《陆生法典》相应章节有详细的描述。牛海绵状脑病（俗称疯牛病，BSE）是最近通过监测实施控制的另一个成功的实例。

1.3 主要或仅影响公共卫生的疫病

空肠弯杆菌和结肠弯杆菌是人类细菌性肠炎的主要致病菌。这些细菌是否使禽类致病仍然是可疑的[7]，并且它们没有包含在 OIE《陆生法典》中。然而，调查显示禽类具有较高感染率并且禽类产品已经被确认为人类感染的主要来源[17]。主动监测是识别受感染食用动物的唯一方法。哺乳动物疫病中属于这一类的有 Vero 细胞毒性大肠杆菌（特别是 O157：H7），健康牛是这种病菌的主要寄存宿主[30]，此外，还有旋毛虫，猪是其主要寄存宿主。

1.4 仅影响动物健康而对公共卫生无影响的疫病

尽管有些自身不是食源性疾病，但由于生物残留，也会引起食品相关的公共健康问题。

球虫感染在家禽中比较普遍。球虫通常具有物种特异性，不会对公共健康产生影响[18]。然而，由于球虫在家禽生长环境中可以长期持续存在，并可在集约化饲养的家禽中导致严重疫病，因此家禽饲料中经常含有抗球虫药。如果禽产品中有抗球虫药残留，就会导致公共健康问题[18]。主动监测屠宰的家禽和家禽产品对于鉴定这些残留是十分重要的。对于监测治疗其他食源性或非食源性疾病的抗菌药物残留也是如此。

在哺乳类动物中存在着各种非传染性动物疫病，抗菌药物或其他治疗手段可以治疗或预防此类疫病发生，而动物食品中的任何药物残留都对消费者有潜在的危害。在某些情况下，利用抗生素、磺胺类药物和其他抗菌药物预防继发性感染，例如口蹄疫、小反刍兽疫、绵羊和山羊痘、羊传染性脓疱病（羊痘疮）和结节性皮炎等疫病；或用于病原（例如细菌、支原体、原虫和寄生虫）引起的疫病，诸如出血性败血症、牛传染性胸膜肺炎、传染性无乳症、巴贝斯虫病、胃肠道线虫病和肝片吸虫病等。

2 动物源食源性疾病监测方案的编制

在上述所有的疫病组中，对于每一个病原体，兽医和公共卫生部门可以使用不同的监测方法，同时必须考虑动物健康利益和公共卫生利益之间的平衡。如果疫病主要是动物健康问题，则较少需要政府通过立法强制监测。而对于主要是公共卫生问题的疫病，则有必要加强监测方案的立法。所需的法规多少是由生产商的利益与公共卫生利益之间的平衡决定的。

在规划一个食源性动物疫病的监测方案时，许多因素必须加以考虑。这些因素将在下面列出。表1中也对这些因素按决策过程中的时间顺序进行了归纳总结。

2.1 人类食源性疾病的相对发生率、发病率、死亡率和经济成本

本篇关注的是"动物健康和食品安全"，很明显，制订动物疫病监测计划的第一步是判断该动物源病原体是否是影响食品安全和人类健康的原因。这部分标题中采用"相对"这一词语是因为病原体的重要程度在不同地区和不同时间是可变化的。在发达国家被认为是重要的食源性疾病，在发展中国家可能是相对不重要的。沙门氏菌病在发达国家已经是一个主要的食源性疾病，部分是由于家禽的集约化生产及家禽肉类和蛋类产品的消费量较大。在发展中国家，沙门氏菌病不那么重要，这是因为家禽消费量较少并且大多数家禽是散养的[25]。更为重要的意义是，诸如疟疾、艾滋病和肺结核等疾病的发生率、患病率、死亡率和经济成本都很高[28]。一个试图改善其人口健康状况的国家会将有限的卫生预算用来控制这些疫病，而不是花费在这种成功希望很小的成千只散养禽类的沙门氏菌的监测和控制上。

表1　开发统一的动物健康和食源性疾病监测方案需要考虑的因素

因　素	责　任	行　为
1. 人类食源性疾病的相对发病率、患病率、死亡率和经济成本	公共卫生	识别相关的病原体 量化患病率、死亡率和经济成本
2. 动物种群是唯一的或重要的人类食源性传染病传染源吗？	公共卫生和动物健康	收集流行病学数据和开展流行病学研究以识别人类和动物传染病的源头
3. 判断在动物种群中识别致病源所需的监测类型	动物健康	收集流行病学数据和开展流行病学研究以区分不同监测诊断方法的敏感性和特异性
4. 我们为根除疫病而对识别所有的病例感兴趣吗？或者我们的目标是在动物种群中减少发病率吗？	公共卫生和动物健康	人类疾病的风险评估 基于所需敏感性和特异性的监测计划
5. 在动物种群中控制疫病的能力	动物健康	识别经验证的动物疫病控制措施 研究和开发控制措施
6. 疫病检测试验的可获得性、敏感性、特异性和成本	动物健康	识别经过验证的测试 生产或者引进测试 采样和实验室技术人员培训
7. 实施监测和采取合适行动的能力	公共卫生和动物健康	立法 有效的执行能力 资金资助 教育

直到 20 世纪 70 年代，粪便样品的常规分离方法还无法分离出空肠弯杆菌和结肠大肠杆菌。因此，没有将弯杆菌作为人类肠炎的主要致病原因，因此也就没有理由在动物中进行监测。在 70 年代，选择性生长培养基的发展使更多的实验室具有测试粪便标本弯杆菌的能力[2]。一旦了解了这些细菌的重要性，监测这些细菌在食用动物中流行程度的需求就增加了。

在欧盟，5 种沙门氏菌血清型在人类中是最常见的，且已相继出台了主要解决家禽这 5 种血清型的相关法规[10]。

尽管人们不愿意尝试用货币来衡量人类的痛苦，但这是必要的，因为所有国家的预算都是有限的，政府必须基于经济上的考虑做出决定。在美国，全国评估出每年由于食源性沙门氏菌感染导致的医疗保健费用和失去生产力成本为 0.5 亿～23 亿美元[12]。诸如此类的评估为人类和动物卫生部门提供了目标数据，以利于他们在此基础上做出决定。

自 1977 年以来，人们已经认识到，一些致泻性大肠杆菌会产生毒素，此毒素对培养的 Vero 细胞产生不可逆的致细胞病变效应。这种产细胞毒素大肠杆菌（VTECs）有 100 多种不同的血清型。大肠杆菌 O157：H7 是主要的和最致命的 VTECs 致病亚型，特指肠出血性大肠杆菌（EHEC）。这种特指是基于其引起出血性结肠炎和人类溶血性尿毒综合征的能力，其产生 Vero 细胞毒素的能力（VTs），引起增加和去除上皮细胞病变的能力，以及其特有的大质粒特性[31]。反刍动物是 VTECs 主要的自然宿主，通常是生物体的健康携带者。自 20 世纪 90 年代初，VTEC O157：H7 的重要性日益增长，并已成为全球的公共健康问题。除了其对人类有致病性，动物感染大肠杆菌 O157：H7 总是无症状。动物粪便中存在 VTECs，这意味着这些微生物可能通过粪便污染的奶制品进入食物链，也可能通过屠宰过程中肠容物污染的肉，或接触受感染肥料污染的水果和蔬菜进入食物链中。产细胞毒素大肠杆菌菌株也通过受污染的水以及通过与受感染的人或动物的直接接触传播[31]。

上面的例子说明了一个事实，即公共卫生部门在求助于动物健康部门之前首先要确定和量化重要的人类食源性致病菌。

2.2 动物是唯一或重要的人类食源性疾病感染源吗？

并不是人类所有的肠道感染都是因为动物源食源性疾病感染。除非研究人员确信人类感染的来源是动物，否则在动物部门的监测将是浪费资源。在开始一个监测和控制方案之前，必须进行流行病学研究以确定特定的动物种群，如果有这样一个动物种群的话，那它就是人类感染的来源。

肉毒杆菌和产气荚膜杆菌是食物中毒的主要原因，但这些都与烹调食物的方式和感染的动物有关[5]。虽然我们可以在动物的胃肠道内识别这些病原体，但这些对于公共健康是没有意义的，同时监测也是没有用的。志贺氏菌菌种引起的食源性疾病仅感染人类和灵长类动物[6]。其他动物，包括用于食品生产的动物，都不会受到这些细菌的感染。传染病通常由人传染给人，所以没有必要对动物甚至灵长类动物进行监测，除非有与灵长类动物相关联、特定的疫情暴发[16]。

另外，认为家畜是人类感染大肠杆菌 O157：H7 的主要传染源。因此，监控的目标应是这类动物[31]。

虽然副伤寒沙门氏菌能感染所有的哺乳动物和鸟类，但特异性血清型更是往往与某些物种和生产类型相关。肠炎沙门氏菌在 20 世纪 80 年代和 90 年代作为主要的人类感染沙门氏菌的血清型出现，起初人们还不清楚这些传染病的源头来自哪里。流行病学研究表明，肠炎沙门氏菌一般与食用蛋有关[19,20]。针对鸡群（蛋鸡）获取的数据和流行病学研究证实了这些结果，因此，许多国家启动了控制方案，包括专门针对生产鸡蛋部门的监控方案。

为了判断动物种群是否是人类食源性传染病的唯一或重要来源，所涉及的动物种群、公共卫生部门以及动物卫生部门，必须审查文献和现有的流行病学数据，才能做出确定性结论。可能需要更多的研究来回答上述国家或地区关心的有关问题。

2.3 需要什么样的监测来确定动物种群中的致病源？

当计划实施监控方案，并决定使用主动或被动的监测方法时，研究人员应该熟悉疫病的临床症状和流行病学表现。大多数病例的临床症状是否足够典型以此来确保有效诊断？或者这是一种亚临床形式的疫病，而且除非采取特异性诊断试验，否则该疫病可能漏诊吗？有时，这两种类型的监测可能都是必要的。

Vero 细胞致毒性大肠杆菌菌株没有列入 OIE《陆生法典》。然而，考虑到其对公共卫生和食品安全的重要性，而且其感染只能通过主动监测确定，OIE 已决定在《陆生手册》中，利用单独一章对这些病原体的诊断技术，包括动物粪便的筛选进行说明[31]。

具有良好报告系统的国家，会在短时间内确诊禽类 HPAI H5N1 病毒，这是由于其高死亡率和产蛋量严重下降。通过强制报告和良好记录的被动监测通常足以识别家禽 HPAI H5N1 暴发。另外，这种病毒可以存在于野生水禽鸟类中而没有任何临床症状[24]，而 LPAI H5N1 病毒可以在家禽中传播并随后变异为高致病性病毒[23]。因此，主动监测对于这些病毒是重要的，OIE 已经在《陆生法典》的 10.4 章节为此类方案制定了标准。

沙门氏菌会导致幼禽的临床疫病，但在大一些的肉鸡和成年家禽中，这种感染几乎无明显临床症状，并且对于携带病毒的禽类没有负面影响[13]。另外，无论是通过肉类或蛋类，或通过从种禽到幼禽的垂直传播感染，以及后续的人类对鸡蛋或肉类的消费，这些受感染的家禽是人类沙门氏菌感染的主要来源。识别受感染禽类群体的唯一途径是主动监测。在过去的 20 年中，人们已经开发了对沙门氏菌进行一般主动监测的标准程序，特别是肠炎沙门氏菌和鼠伤寒沙门氏菌[14,15]。沙门氏菌的主动监测已成为家禽业的一种普遍做法，并在《陆生法典》的 6.5 章节中有详细描述。必须强调的是，这种监测主要是为了公共健康而进行的。

动物卫生部门必须检查可用的临床或实验室诊断方法，根据其相对灵敏度或特异性来决定需要什么类型的监测，以及决定采用哪种试验来识别和控制疫病。

3 如何根除或减少疫病

我们是否有兴趣为了根除一种疫病而确认其所有的病例，或者我们旨在减少其在动物种群中的发病率，从而减少其在人类中的发病率吗？

当给动物和公共健康服务提出一种疫病问题时，必须进行风险评估来计划进一步的步骤。由于许多疫病难以或不可能从种群中根除，决策者必须决定他们的短期和长期的健康目标是什么。

当家禽业开始实施沙门氏菌控制方案时，如下两个事实就立刻变得清晰了：

• 根除商品家禽的所有沙门氏菌会花费几十年的时间，我们初始的目标应该是降低感染的水平；

• 某些血清型，如肠炎沙门氏菌，导致了大量的人类感染，已较好地研究了其流行病学，并相对较快地将其从商品家禽中根除了。

因此大多数国家开展主动的监测方案，可以在育种群中以很高的概率识别所有的肠炎沙门氏菌感染，这样就可以扑杀受感染的鸡群。结果许多国家的全部家禽育种群中根除了肠炎，而其他血清型虽已减少但没有完全根除[9,31]。

在欧盟，确定的禽流感监测方案为："应分别在成员国的所有地区进行取样，因此，样品可以被认为是代表整个成员国，同时应考虑到：

• 禽舍采样的数量（不包括鸭、鹅和火鸡）是指如果血清阳性的患病率至少为 5％，采样量应保证 95％概率识别至少一个阳性样本的数量；

• 每个禽舍的样本数量是指如果血清阳性的禽类患病率≥30％，采样量确保识别至少一个阳性样本的数量[11]"。

根据欧盟立法，人们规定，由于病毒的传染性很强，所以在 5％的禽群以及每一禽群中的 30％禽类被感染时就足以能够识别感染了。另外，在美国，规定需要对屠宰的所有禽群进行 100％检测[26]。

这些风险评估必须在公共卫生与动物卫生部门之间的合作下完成。

3.1 在动物种群中控制疫病的能力

不同于学术研究或正在研发预期控制方法的是，如果没有切实可行的方法来降低动物群中疫病的发生率或在动物群中根除疫病，那么确定发病率和分布的监测方案则只能起到有限的作用。家禽中的空肠弯杆菌已经被确定为人类感染的主要来源[17]。人们还未真正清楚这种细菌在家禽中的流行病学，但正在开发针对这一病原体的控制措施。然而此时，缺少控制家禽空肠弯杆菌的推荐标准做法。空肠弯杆菌没有列在 OIE《陆生法典》内。《陆生法典》对其的忽略可能是因为尽管它是一种重要的人畜共患病，但是缺乏切实可行的建议以减少其在家禽中的感染。2008 年欧盟关于肉鸡空肠弯杆菌患病率的基准调查中，受空肠弯杆菌污染的白条鸡检出率为 75.8％。成员中的检出率为 4.9％～100％[8]。在较高空肠弯杆菌检出的国家，需要在监测发挥作用之前进行更多的研究，并对基础设施进行改进。

然而，传统的人畜共患病，如牛结核病和布鲁氏菌病，在发达国家已经被控制甚至根除了，这是在政府和利益相关者的共同努力下实现的，通常是以被扑杀受感染动物或整个畜群进行补偿为后盾。动物追溯系统、有效地控制动物移动和监测方案是这些成就的重要组成部分。

世界上大多数国家都没有 HPAI。通过及早确认疫病、消除疫情以及利用监测确认传播，主动和被动监测已经在这些国家中被证明是非常有用的。多年来，许多国家都经历了 HPAI 流行，其中监测是成功阻止这些疫情暴发的重要手段之一[1]。

动物卫生部门负责控制动物种群的疫病。公共卫生部门必须与动物卫生专业人员进行协商，以在监测和控制方案实施前，确定某种食源性动物疾病是否可以被有效地控制。

3.2 疫病检测试验的有效性、敏感性、特异性和成本

在进行任何监测之前，在该国或地区采用的诊断试验或检测方法必须是成熟且成本合理的范围。检测方法的选择取决于实验室的设备和人员的培训水平。测试所需的灵敏度应与漏报病例的后果相关，所需的特异性将根据基于大量假阳性结论的成本大小来确定。

在发达国家，将成本效益好，且可靠、经验证的有效的诊断工具与监测系

统和疫病控制策略相结合，已经显著提升了疫病控制水平，如农场、地区和整个国家都已经获得了没有牛结核病和布鲁氏菌病认证[31]。

对于 HPAI 来说，有很多的诊断方法。大多数情况下，可以根据临床症状来识别它，但这是一种特异性和敏感性较差的方法，如果实施了疫情清除政策，这将可能导致未受感染的鸡群被扑杀，而受感染的鸡群没有被识别出来。通过对鸡胚进行病毒分离可以实现很高的敏感性和特异性诊断。该方法依赖于鸡胚的生长阶段、设备齐全的实验室和经验丰富的实验室工作人员。病毒分离诊断通常在鸡胚注射后需要两天或更长时间，这都是很重要的时间成本。分子生物学方法，如反转录聚合酶链反应（RT－PCR）和实时 RT－PCR 方法，可以把时间从几天缩短到几个小时[22]。然而，这些新方法价格较为昂贵，并且依赖于昂贵的设备。没有可用的分子生物学方法或传统的病毒分离方法的国家会在阻止疫情传播的时间段内，在疫病诊断中遇到问题。如果公共卫生部门希望在人类中根除这种传染病，则必须与动物卫生部门合作建立一个能够快速诊断家禽疫病的实验室。这些实验室甚至可以是公共卫生部门和动物卫生部门联合建立的实验室。

副伤寒沙门氏菌成为人类肠道疾病的主要原因时，还没有一个有效的方法可用来准确识别健康家禽种群中沙门氏菌的携带者。在国家监测开始之前，人们研发出各种环境采样方法，这种采样被证明与家禽感染高度相关，并且这种环境采样方法可用于识别受感染的禽群；反过来，能指导感染家禽产品的进一步处理，如果是育种群，会对其进行扑杀[27]。

动物卫生部门负责制订并实施有效监测方案所需的诊断测试。

3.3 行业和监管机构准备好了吗

行业和监管机构有能力进行有效的监测，并采取适当的行动吗？

为了有效地监测，必须资助这一方案，即支付客观检测代表性样本所需的费用，这些费用是由上述因素决定的。在开发一个监控方案的时候，需要进行风险评估和统计分析以确定对哪些种群进行测试，以及确定要对每个种群的多少个农场或动物进行测试。基于这些计算可以预测最终人类的健康改善状况。然而，如果忽略了对重要种群的抽样或者抽样不是随机的，那么预测目标将无法实现。此外，在已知监测结果之后，必须有足够的资金来执行所决定的行动，这包括是否扑杀、治疗，或进一步处理动物产品。在对食用蛋的肠炎沙门氏菌控制计划中，欧盟已经立法，肠炎沙门氏菌检测阳性的鸡蛋必须采用巴氏消毒法消毒处理[10]。如果企业没有足够的巴氏消毒设施，那么这些鸡蛋必须销毁，以此保证受感染的鸡蛋不会进入鲜鸡蛋市场。在监测开始前，当局必须确保他们有足够的消毒能力或准备足够的资金销毁鸡蛋。此外，他们必须确保巴氏消毒鸡蛋产品的市场。

即使上述计划在各方面都是合理的，生产商也可能会对监测方案提出异议。为确保执行实施方案，必须适当地立法。在这些人畜共患病计划付诸实践之前，欧盟通过了一系列规定，其中主要针对的是沙门氏菌病[10]。因此，欧盟有立法和金融方面的能力来执行其疫病监测和控制方案。

除了资金和立法，还需要有生产商的合作。教育计划必须在不同的层面来说明监测方案的重要性、方案如何进行、预计从养殖户那里得到什么，以及在必要的情况下将支付多少赔偿金。

不管监督和控制方案如何科学，如果没有生产商的合作，且必要的立法和资助不到位，该方案也将失败。

参考文献

[1] Alexander D. J., Capua I. & Koch G. (2008). Highly pathogenic avian outbreaks in Europe, Asia, and Africa since 1959, excluding the Asian H5N1 outbreaks. *In* Avian influenza (D. E. Swayne, ed.). Blackwell Publishing, Ames, Iowa, 217 - 237.

[2] Altekruse S. F., Stern N. J., Fields P. I. & Swerdlow D. L. (1999). *Campylobacter jejuni* - an emerging foodborne pathogen. *Emerg. infect. Dis.*, 5 (1), 28 - 35.

[3] Arricau - Bouvery N. & Rodolakis A. (2005). Is Q fever an emerging or re - emerging zoonosis? *Vet. Res.*, 36, 327 - 349.

[4] Beigel J. H., Farrar J., Han A. M., Hayden F. G., Hyer R., de Jong M. D., Lochindarat S., Nguyen T. K., Nguyen T. H., Tran T. H., Nicoll A., Touch S. & Yuen K. Y. (2005). Avian influenza A (H5N1) infection in humans. *N. Engl. J. Med.*, 353 (13), 1374 - 1385.

[5] Centers for Disease Control and Prevention (CDC) (2012). *Clostridium perfringens*. Available at: www.cdc.gov/foodborneburden/clostridium - perfringens. html (accessed on 20 July 2012).

[6] Centers for Disease Control and Prevention (CDC) (2012). *Shigella* infection. Available at: www.cdc.gov/nczved/divisions/dfbmd/diseases/shigellosis/(accessed on 20 July 2012).

[7] Domingues A. R., Pires S. M., Halasa T. & Hald T. (2012). Source attribution of human salmonellosis using a meta - analysis of case - control studies of sporadic infections. *Epidemiol. Infect.*, 140 (6), 959 - 969. E - pub.: 8 Dec 2011. doi: 10.1017/S0950268811002172.

[8] European Food Safety Authority (EFSA) (2010). Analysis of the baseline survey on the prevalence of *Campylobacter* in broiler batches and of *Campylobacter* and *Salmonella* on broiler carcasses in the EU, 2008. *EFSA J.*, 8 (3), 27 - 30. Available at: www.

efsa. europa. eu/en/efsajournal/doc/1 503. pdf (accessed on 17 July 2012).

[9] European Food Safety Authority (EFSA) (2010). The Community summary report on trends and sources of zoonoses, zoonotic agents and food – borne outbreaks in the European Union in 2008. *EFSA J*., 8 (1), 59 – 85. Available at: www. efsa. europa. eu/en/efsajournal/doc/1 496. pdf (accessed on 17 July 2012).

[10] European Union (EU) (2003). Regulation (EC) No. 2160/2003 of the European Parliament and of the Council of 17 November 2003 on the control of *Salmonella* and other specified food – borne zoonotic agents. *Off. J. Eur. Union*, L3251 of 12. 12. 2003, 1 – 15. Available at: eur – lex. europa. eu/LexUriServ/LexUriServ. do? uri = OJ: L: 2003: 325: 0001: 0015: EN: PDF (accessed on 10 July 2012).

[11] European Union (EU) (2010). Commission Decision of 25 June 2010 on the implementation by Member States of surveillance programmes for avian influenza in poultry and wild birds (2010/367/EU). Off. J. EU, L166 of 1. 7. 2010, 22 – 32. Available at: eur – lex. europa. eu/LexUriServ/LexUri Serv. do? uri = OJ: L: 2010: 166: 0022: 0032: EN: PDF (accessed on 17 July 2012).

[12] Frenzen P. D., Riggs L. & Buzby J. C. (1999). *Salmonella* cost estimate update using FoodNet data. *Food Rev*., 22, 10 – 15.

[13] Gast R. K. (2008). *Salmonella* infections. *In* Diseases of poultry (Y. M. Saif, ed.), 12th Ed. Blackwell Publishing, Ames, Iowa, 641 – 644.

[14] International Organization for Standardization (ISO) (2002). ISO 6579: 2002: Microbiology of food and animal feeding stuffs – horizontal methods for the detection of *Salmonella* spp. ISO, Geneva.

[15] International Organization for Standardization (ISO) (2007). ISO 6579: 2002/Amd 1 2007. Amendment 1, Annex D: Detection of *Salmonella* spp. in animal faeces and in environmental samples from the primary production stage. ISO, Geneva.

[16] Kennedy F. M., Astbury J., Needham J. R. & Cheasty T. (1993). Shigellosis due to occupational contact with non – human primates. *Epidemiol. Infect*., 110 (2), 247 – 251.

[17] Lee M. D. & Newell D. G. (2006). Campylobacter in poultry: filling an ecological niche. *Avian Dis*., 50 (1), 1 – 9.

[18] McDougald L. R. & Fitz – Coy S. H. (2008). Coccidiosis. *In* Diseases of poultry (Y. M. Saif, ed.), 12th Ed. Blackwell Publishing, Ames, Iowa, 1075 – 1077.

[19] Mishu B., Koehler J., Lee L. A., Rodrigue D., Brenner F. H., Blake P. & Tauxe R. V. (1994). Outbreaks of *Salmonella enteritidis* infections in the United States, 1985 – 1991. *J. infect. Dis*., 169 (3), 547 – 552.

[20] Patrick M. E., Adcock P. M., Gomez T. M., Altekruse S. F., Holland B. H., Tauxe R. V. & Swerdlow D. L. (2004). *Salmonella* Enteritidis infections, United States, 1985 – 1999. *Emerg. infect. Dis*., 10, 1 – 7.

[21] Poppe C. (2000). Salmonella infections in the domestic fowl. *In* Salmonella in domestic

animals (C. Wray & A. Wray, eds). CABI Publishing, New York, 107 – 132.

[22] Spackman E. , Suarez D. L. & Senne D. A. (2008). Avian influenza diagnostics and surveillance methods. *In* Avian influenza (D. E. Swayne, ed.). Blackwell Publishing, Ames, Iowa, 299 – 308.

[23] Suarez D. L. (2008). Influenza A virus. *In* Avian influenza (D. E. Swayne, ed.). Blackwell Publishing, Ames, Iowa, 3 – 22.

[24] Swayne D. E. (2008). Epidemiology of avian influenza. In Avian influenza (D. E. Swayne, ed.). Blackwell Publishing, Ames, Iowa, 59 – 85.

[25] Swerdlow D. L. & Altekruse S. F. (1998). Food – borne diseases in the global village: what's on the plate for the 21 st Century. *In* Emerging infections, Vol. 2 (W. M. Scheld, W. A. Craig & J. M. Hughes, eds.). American Society for Microbiology, Washington, DC, 273 – 294.

[26] United States Department of Agriculture (USDA), Animal & Plant Health Inspection Service (2012). National poultry improvement plan for commercial poultry, Part 146. Available at: ecfr. gpoaccess. gov/cgi/t/text/text – idx? c = ecfr; sid = ce1148 fbe6db83a7827c223e1fcc83e8; rgn＝div5; view＝text; node＝9％3A1. 0. 1. 7. 63; id-no＝9; cc＝ecfr♯9: 1. 0. 1. 7. 63. 3. (accessed on 17 July 2012).

[27] Waltman D. (2003). Monitoring and detection of salmonella in poultry and poultry environments workshop. Georgia Poultry Laboratory, Oakwood, Georgia, 1 – 2.

[28] World Health Organization (WHO) (2012). World Health statistics 2012. WHO, Geneva. Available at: www. who. int/gho/publications/world _ health _ statistics/EN _ WHS2012 _ Full. pdf (accessed on 17 July 2012).

[29] World Organisation for Animal Health (OIE) (1971). Preface. *In* International Zoo – Sanitary Code, 2nd Ed. OIE, Paris.

[30] World Organisation for Animal Health (OIE) (2012). List of countries by disease situation. OIE, Paris. Available at: web. oie. int/wahis/public. php? page＝disease _ status _ lists (accessed on 20 July 2012).

[31] World Organisation for Animal Health (OIE) (2012). Manual of Diagnostic Tests and Vaccines for Terrestrial Animals, 7th Ed. OIE, Paris. Available at: www. oie. int/international – standard – setting/terrestrial – manual/access – online/(accessed on 19 July 2012).

[32] World Organisation for Animal Health (OIE) (2012). OIE listed diseases. OIE, Paris. Available at: www. oie. int/en/animal – health – in – the – world/oie – listed – diseases – 2012 (accessed on 17 July 2012).

[33] World Organisation for Animal Health (OIE) (2012). Terrestrial Animal Health Code, 21 st Ed. OIE, Paris. Available at: www. oie. int/index. php? id＝169&L＝0&htmfile＝ preface. htm♯sous – chapitre – 0 (accessed on 24 May 2012).

兽医在"从农场到餐桌"食物链中的
角色及基本法律框架

M. Petitclerc[①]*

摘要："从农场到餐桌"这一比喻是对食物链的简单描述，这条食物链以动物为开端，以将食物传送给消费者为终点。期间存在的危险是，它可能仅传递食物链中涵盖的观点。作者认为，其表现应从更为广阔的领域理解，即它所称"兽医领域"——根据其自身的定义可见，包含动物使用和管理的所有方面，以及兽医公共卫生的目标。

在兽医领域内，兽医正是动物卫生的保证人以及动物来源的保护者，是食品安全和公共安全的重要组成部分。历史和地理参考资料显示，该角色具有脆弱性，必须得到保护，以确保它的存在和质量。这不但是出于其所涉及利益的考虑，也关乎社会这个整体。

由于此类保护组织涉及垄断特许，必须特别关注管理兽医培训和执业条件。保护需要责任且建立管控机制，一般委托兽医法定机构。因此，整体机制必须包含在特殊立法之中，见 OIE《陆生法典》第 3.4.6 条。

但是，由于坚持自由贸易法则，否定卫生和兽医职业的关联，会存在造成摧毁体系的危险，它由多年的演化而成并已证明其价值。

关键词：立法　安全　兽医领域　兽医职业　兽医公共卫生

0　引言

"从农场到餐桌"这个比喻描述了一条从动物生产至消费动物产品的连续链条。这 5 个简单的字描绘了一个概念，包含众多的交织关系。这是一个简单易记的表达，但不应仅用于描述食物链，因为它可能使我们将食物链从其所属的更广阔的范围中分离出来，即兽医领域。

虽然作者认可它的教育价值，却仍然担忧它仅仅给出了谁参与和什么参与

---

①　法国。

*　电子邮箱：martialpetitclerc@hotmail.com。

其中的有限画面。尤其是，这一术语的理解应包括全部动物，而不应仅考虑商品。

因此，作者认为其含义应更加广泛，且需要深入研究，首先是动物，其次是"从农场到餐桌"理念的目标——兽医公共卫生。

鉴于此，兽医科学自然成为一项关键的工具。虽然其实践途径存在很大差异，任何想确保其安全性的社会都需采用适当的法律框架，以保证兽医服务质量的充分供给。虽然寻求定义一个通用系统并不现实，但可以确认一系列常数。

1　人类-动物关系的整体研究

动物总是伴随着人类的进化，且处于一系列与人类关系的中心，如图 1 所示，其中一些至关重要。该图仅列举了这些联系，而没有考虑相关重要性，可能因地域、文化或时间呈现明显差异。暂不考虑这些差异，该图体现出在任何背景下都不能忽略其他联系。也就是说，我们不能在讨论食品方面的同时，忽略了动物福利或动物卫生。

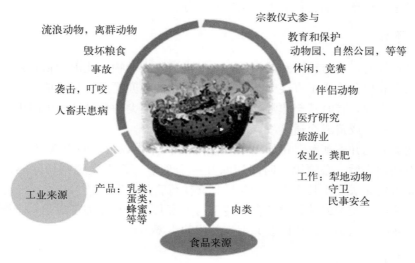

图 1　社会中动物的位置：其影响、"用途"及其与人类的联系
注：可以分为三个主要的关联组别，尽管其中的分界线极具不确定性。

1.1　公用事业

第一组包括了所谓的"公用事业"。其中第一项是食物，因为人类的共同特征是需要进食。FAO 的数据库资料显示，根据国家差异，动物源性食品占据人类热量摄入的 2%~32%，蛋白质需求的 13%~60%。

在许多地区，动物的畜力和粪便也用于粮食生产，这也解释了为何口蹄疫的流行会在东南亚造成每户农民稻米减产 50%[12]。因此，必须要考虑到动物对农业的间接影响，即使对于素食主义者而言也是有价值的。

动物不仅有用，它们还在 100 多个国家提供重要的动物产品，包括 570 万吨兽皮[4]和 200 万吨羊毛[14]。因此，动物在许多国家的经济安全中扮演重要角色。例如，在马里，畜牧生产占据国内生产总值的 15%，且国家 30%的人口都参与其中。

动物也提供许多其他服务，包括从救援到医疗。

1.2　文化联系

洞穴艺术中，以动物作为主要主题[2]，对其的系统描述证明，动物在人类想象力和意识中占据了一席之地。

从远古时期开始，动物便在人类的潜意识中占据了显著的位置，且这也是我们喜爱它们的原因之一。这也说明了动物福利一直受到关注，而并非仅仅是一项次要的考虑因素。它是基本的联系之一，所以兽医公共卫生需要对其予以适当考虑，毕竟，福利是卫生定义的一部分。

1.3　不足

尽管如此，人与动物和谐相处并非易事。野生动物、流浪动物和猛兽对人类、家畜和粮食造成了直接威胁。季节性迁移放牧亦可成为某些地区农民和牧民的冲突之源，有时甚至非常严重。此外[8]，流浪犬的数量增加可能极大地损害山羊养殖，或造成交通事故。

此类问题并不新鲜，正如 1413 年法国亚眠市参议员声明中规定："发现任何流浪动物之后，必须第一时间切除其一个爪子，若再发现则切除第二个爪子。如果仍无法确认其主人，则随后移交执行官处置"[1]。

最后，由动物或动物源性食品传染的人畜共患病和相关疫病是一个严重的隐患，解决该问题也是兽医公共卫生部门的主要工作之一。

1.4　影响

清单显示，动物在三个相互关联的领域扮演着重要且复杂的角色——物质财富、文化和安全，而更为重要的是，没有衡量的方法。因为各自的参照系不同，安全、伦理或利益的优先次序因人而异。用 3 个轴分别代表了以上 3 个领域的重要性，不同人则会将同样的主题置于不同区域，且最终结果将涵盖所有不同位置的元素。OIE《陆生法典》第 3.4.2 条[19]提及了立法质量标准的可接受性，以及技术目标和时间地点、社会文化背景之间的整体连贯性，也就是说，这种一致性是必要的。畜牧生产、动物源性食品安全和动物福利彼此独立，其本质验证着"从农场到餐桌"这一概念。

事实上，动物是许多人类活动的核心，其中一些甚至至关重要。因此，必须对健康状况不佳的动物进行管控，也就意味着兽医是关键参与者。因此，兽医不单扮演动物医生的角色，也是公共卫生和安全的专家。兽医干预应根据其目标进行而不应受到轻视或降低到技术层面。

将关注重点转移至动物本身使"从农场到餐桌"这一理念的范畴得以实现最大化，并帮助我们理解其想表达的内容——仅与食物链相联系的先验表达，必须从整个领域（即所谓的兽医领域）和兽医公共卫生层面出发。

2 健康、公共卫生和兽医公共卫生

1946 年 6 月 19 日至 7 月 22 日，于纽约举办的国际卫生大会，通过了 WHO 章程。该章程于 1946 年 7 月 22 日由 61 个国家的代表共同签署，并于 1948 年 4 月 7 日正式生效。此前，健康概念仅指不生病，而在该章程当中，这一概念进一步扩大，将心理和社会层面包括其中："健康是一种生理、心理和社会层面完全健康的状态，不单指不生病或虚弱。"

公共卫生的概念更加难以定义，且已有过多次尝试。回顾 1952 年 WHO 的定义[16]，一项研究坚称，"公共"这一形容词应用于描述分析层面。例如，对于人口[9]。该术语的附加部分"兽医"则带来了新的方面的困难。

1999 年，于意大利泰拉莫举办的 WHO、OIE 和 FAO 的联席会议，将兽医公共卫生定义为："通过兽医科学的阐释和应用，促进人类生理、心理和社会层面的健康。"但是，本书作者则倾向于 1997 年 5 月 15 日法国兽医学院（Académie Vétérinaire de France）在举办的会议上给出的定义，即"兽医公共卫生"指提供与动物及其产品或其疫病相关的直接或间接的所有活动，且此活动有维持、保护或改善人类健康的作用和目的。这一定义比起只提到兽医科学，不仅引入了维持、保护和改善等概念，还提出了"所有行为"。后者非常关键，因为将行为扩展至整个农业食品部门。

考虑以上全部定义，能够明确的是，兽医公共卫生涵盖了"从农场到餐桌"的整个领域。

这一讨论既非理论，亦非无足轻重，因其主要结果为：它明确地对一个学派造成冲击，后者力图将兽医公共卫生的定义限制在食品安全、食源性动物疫病和人畜共患病层面，且将其与动物卫生和动物福利分裂。

兽医公共卫生的定义中不包括动物卫生和动物福利，这是两个独立的管理部门。本书作者认为，除非这是其本意，否则这是一个严重的"错误"。不可否认，健康（此概念包括兽医公共卫生）是主要的国家责任之一，而将动物卫生排除在兽医公共卫生的定义之外，则是暗示否认其从属关系。这种简化论将最终导致动物卫生成为边缘活动，使得兽医服务真正消失。

该想法在某些规章中显而易见，它们否定兽医学是卫生专业，并坚称应在大的服务市场接受普通竞争[3]。长达 2 500 年的兽医历史和许多重大卫生危机时刻，显然还不足以使这些技术官员认识到食品安全以及相应的兽医科学的战略重要性。但因兽医服务（OIE 条款）促进了食品保障和安全，将其视为全球的公益活动。由此断定，将动物卫生和动物源性食品安全分开具有极高的风险。

兽医公共卫生广义定义，用于描述同一领域，避免分开管理（借以防止失控的风险）。

3　兽医领域

该领域的构建不单围绕兽医行动，也围绕将要实现的目标。目标包括：

- 通过生产充足数量的动物蛋白质，确保食品安全；
- 保障依赖畜牧生产或动物贸易人群的经济安全；
- 提供公共保护（卫生和安全）抵御危险的动物和人畜共患病的传播媒介；
- 确保动物源性食品安全。

于是，将全部需要受到管控的元素绘制在图 2 中，其中特别是实现该类目标所需的动物疫病监测和管理。该图描述了兽医领域兽医公共卫生更为广泛的定义和"从农场到餐桌"的全景应用。

图中每一个矩形框本身就具有复杂性，但是仅包括了和兽医公共卫生定义相关的行动。国家不行使职权的行动未在图中展示。

该结构具有四项关键结果：

- 兽医学不是仅与兽医领域相联系的专业；换句话说，后者不局限于兽医，且必然是多学科的；
- 另外，也有某些重要观点是仅属于兽医；
- 不同行动间联系的一致，且能实现行为协调且信息循环的情况下，图 2 所展示的各方才能正确运作；
- 任何有能力协调全部功能并实现目标的组织模型才是可接受的。

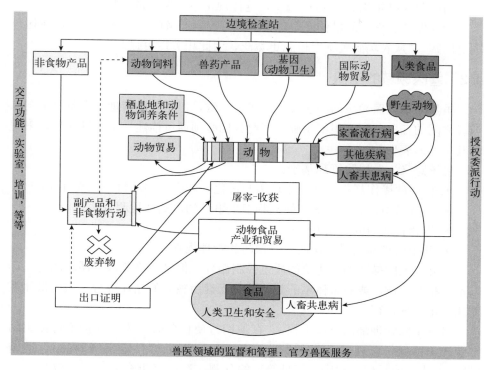

图 2　兽医领域

注：处于中心的动物是食物链的入口。全部可能对其产生污染的元素，如兽药产品或动物饲料，以及全部促进资源保护的元素，包括兽医学，必须受到管控。这可能需要与食物链并无直接联系领域的管理，例如职业培训或实验室。

4　"从农场到餐桌"

基于兽医公共卫生的定义，"从农场到餐桌"概念的关联性可以从三个方面探讨。

4.1　兽医领域范围

显而易见，图 2 中任何层级的卫生事件均对当事各方的健康和最终消费者产生影响，或相反地，对动物造成影响。

安全达到最理想的状态是：全部行为相互协调，且来自一个部门的信息用以帮助其他部门。因此明确的是，单独对一个点实施管控不足以保障体系的安全，需要整体的监督。法国的一项沙门氏菌事件研究显示，1998—2003 年，由于肠炎沙门氏菌，针对养殖场的"兽医"措施，使由肠炎沙门氏菌所致的人类沙门氏菌病以年均 20％速度减少，这体现了系统愿景的益处。

为确保"餐桌"的最佳安全，关键是管控生产链的每个环节：兽医领域范围更广阔，"从农场到餐桌"概念更宽泛，因此相关性更强。

4.2 兽医领域的组织

虽然对于兽医领域的功能已经达成了一致，但是它的管理，也就是不同参与者之间的任务分配，很不明确，因此我们必须通过描述一个管理模型，来理解其是如何表现的。

传统意义上，风险管理基于：

- 合适的操作规程，适应于环境与进化，和图 2 中的每一元素呼应；
- 对链条中任意环节的任何动物卫生事件的监测和检测方法；
- 迅速且适当的干预方法；
- 开拓信息和结果，从而改善预防和管理规则。

可见，该图描述的是传统的质量控制循环。但是，除非这个循环的每一环节都能相互协调，或质量体系的某些核心元素由独立的循环进行，该质量体系才能真正实现运行。

虽然不同管理部门有权干预，"在他们行使任务时，为了守护不可侵犯的专业知识领域，管理是正常的"[13]。这往往导致了材料定义（产品）、措施（调查方式）或目标（健康、贸易等）的分割，造成多重介入，从而降低了整体效率，并忽略了国家负有唯一责任这一事实。

因此，解决该问题不应从保留领域，而应从效率上考虑。比起指定其中一个来协调整体，应更少考虑分割领域以匹配不同的管理部分。

这意味着，"从农场到餐桌"概念也应适用于兽医领域的管理。

4.3 兽医领域的政治和地理

第三个观点是兽医领域在国家组织机构中的位置，显然低估了该点的重要性，且当前地方分权的趋势未能将其纳入考虑，导致此领域被置于威胁之中。

管控兽医公共卫生的责任在国家，且取得成功的能力依赖于协调监督和反应的能力。但是，中央政府和地方政府的分裂会打破指令链，地方分权对于经济的意义非凡，但是也会使兽医问题达不到预期。

因此，非常明确的是，"从农场到餐桌"概念同样涉及地理和政治方面。

地理方面可能范围深远且包括国际认证：在来源国受到认证的畜牧生产和产品，却在数千千米外进行消费。毫无疑问，只有国际认证规则从总体上对待这一体系，才能使一切成为可能。

总之，"从农场到餐桌"的广义概念似乎特别与这三方面相关，且证明了领域整合管理的议案是合理的,在该领域内自然有兽医的一席之地。

5 兽医的角色

兽医的含义是具有 OIE 规定的最低资格的人员[17]。兽医具备扎实的专业技能,不仅有能力进行医疗操作,更重要的是,理解其背景和目标的全部复杂性。兽医学不应与仅实施医疗操作相混淆,后者的工作可以由低水平人员进行处理:知道如何注射并不足以证明就是兽医。

OIE 为兽医和接受兽医监督的兽医辅助人员的官方认证制定了标准。这不仅保障了医疗干预的有效性,也保障了医疗干预与兽医领域需求的一致性。这些人员从事不同级别的工作。

5.1 技术层面

并非所有兽医领域内的事务均需有一名合格的兽医,但是在要求特殊技术专业知识的医疗干预中,兽医必不可少,例如兽药处方或者剖检前或剖检后诊断。基于此类专业知识,兽医培训后颁发培训证书同样不可或缺。

整体系统的安全有赖于兽医学的质量,举例而言,接触性传染病的一次误诊,就可能造成严重的后果。由此可见,应仅由有资格的人员从事兽医学实践。然而,进入兽医服务的渠道(地理和经济)同样重要,意味着在许多情况下兽医服务不得不委派于非兽医人员。不可避免的是,由于流行病学信息和动物卫生可能受到损害,此类情况远不能令人满意。因此,长期来看,将兽医学实践委托于兽医,或至少是在兽医监督下的人员,是十分合理的。

流行病学是兽医领域的关键组成部分,因为它利用一系列事件的信息与知识,使得组织动物卫生事件的合理预防和控制措施成为可能。这是一项非常复杂且典型的多学科主题。兽医在验证基础医学数据中起到核心作用,并能够协助科学或行政职能工作,因为他们具备特别的专业知识。

当然,虽然动物卫生检验的实施可以被委托,但是作为消费者安全的组成部分,该工作首先是一项国家职责。动物卫生检验包括一系列任务,其中控制动物源性食品的接口发挥重要角色,因其决定了进入加工链产品的初始质量,也是一个关键的流行病学观察点。在该阶段,检验很大程度上基于医疗知识,因此,兽医应对其负起责任,并且在最后实施有效监督。

国际认证的职责是在 OIE《陆生法典》第五章[18]规定的条件下认证兽医。该章明确规定了兽医的角色与职责。

上述部分可以视为兽医的专业领域,因为与兽医学位所涵盖的资格相符。除此之外,兽医当然同样可以具有兽医领域其他方面的专业知识。但是,这将与其他拥有必要资格的专业人员站在同一立场之上，并和他们进行竞争。

5.2 监督

虽然兽医的技术角色已经与兽医领域的总体规划相适应，但兽医在该领域的设计和管理中所扮演角色却并不明显，尽管如此却仍然十分必要。

尽管该角色主要需要组织、规划和管理方面的专业知识，这些知识没有一项是特属于兽医的。但是诸多证据表明，在公共管理边缘化的专业技术知识，将导致真实情况与操作及法律框架之间的差距不断加大。因此，最高级别的兽医行政管理机构需要有兽医资格的人员，从而确保技术选择的相关性与一致性。

但是，技术资格本身仍不充分。若充分，则只要在有需要的时刻寻求独立专家的评估意见就能够满足。然而从基于这些原则已经实施的项目结果来看，很明显事实并非如此。这些结果表明，不应偶尔召唤要求具有兽医资格的人员，而应将其纳入兽医领域管理的固定组成部分。这也体现出，决策须是多学科的，不可摒弃兽医专家的投入。只有把全部必要的能力结合起来，才能实现兽医领域的正确组织和管理——不但包括兽医学，也包括法律、经济、社会学和政治等领域。

兽医必须在这个多学科框架中找准定位。他们并没有成为其中一部分的自主权，但因其资格和适应性，却扮演着一个合法的角色。这也意味着，我们必须停止相信拥有兽医学学位，就能身居要职；继续深入学习知识是至关重要的。在已经确定执业兽医课程的情况下，我们现在需要设想官方兽医的课程。一些国家已经开展此类培训多年。例如，法国于 1973 年建立了国立兽医服务学校（École Nationale des Services Vétérinaires），而现在，位于达喀尔塞内加尔州的兽医学校（EISMV）也提供官方兽医的硕士课程。但是毫无疑问这些培训课程的确具备真正的专业化，却需要进一步推广。

6 兽医需求及其行动的保护

维护动物卫生对于人类社会的成功一直以来都至关重要，因此人类很早便开始了兽医学实践。我们在许多古代文明中均发现了兽医干预的蛛丝马迹；专家学者们也从很早之前便投身于兽医科学。除此之外，多数程序是由经验主义者执行的，也就是说人们通过实践获取技能，然而在多数情况下，却不具备全局观或战略观。

这一情况盛行已久，且在很大程度上说仍将继续。的确，许多国家缺乏兽医辅助专业人员或引入低技能动物卫生工人的法律框架。

　　若我们以个人主义观点审视兽医学，且如果我们考虑现实情况中多数法律仅将动物视为物品，则服务提供者（及其培训）和诊疗联络人的选择取决于单个动物的所有者。但是，国家的参与正当有理，因为恰恰相反，兽医程序并非中立于社会。另外，动物对传染病易感，并且可能成为人畜共患病的传播媒介，而个人又无法解决这些严重的问题，所以永远需要集体的控制措施，若无领域工作者的培训与协调，这是无法实现的。

　　第一所兽医学校的成立，就是为了满足这两项基本需求（图3）。该学校的目标是教授治疗动物疫病的原则和方法，从而在发生肆虐的牛瘟疫情时，为法国农业部门提供保护牛群的方法。

　　如果现存有资质的人才无法进入劳动力市场，无法获得雇用，或由于难以通过技能实践谋生而改变专业，就不足以解决该问题。该问题恰巧体现在1811年一封法国上马恩地方行政长官 Jerphanion 写给当地市长的书信中。他在信中要求拟定一项接受培训兽医的名单，来对抗众多的江湖医生和经验主义者，因为这些人的出现使受训兽医失业，还破坏了农业（图4）。这体现出了保护一项职业和更广泛的社会影响之间明显的关系。

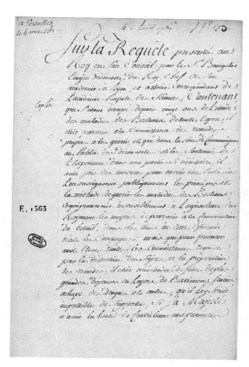

图3　节选自法国国王路易十五建立里昂兽医学校的皇家法令（法国）

图4　1811年8月2日地方行政长官 Jerphanion 的信

的确，面对该情形，一些非洲国家希望发展私人兽医执业工作。这些国家的市场中充斥着廉价的经验主义者，私人兽医因此很难开展执业工作。因此，多数私人兽医转而售卖医疗产品，导致了过度消费，与控制兽药残留这一兽医公共卫生的目标背道而驰。

问题在于，该领域既没有兽医也没有有组织的网络，因此难以收集足够的流行病学信息，用以采取行动应对群体病症。

若我们承认在兽医公共卫生中兽医行动发挥的重要作用，且不同水平人员之间的竞争无法满足集体需求，则有必要寻求平衡，并通过立法予以建立。

在法国，兽医学实践渐渐由兽医垄断。首先是接触性传染病（1861 年 7 月 21 日的法律禁止任何没有兽医学学位的人员开展兽医学实践，治疗接触性动物传染病），并在 1938 年扩展至全部兽医行动。

虽然法国模式本身明显不具有普遍性，但本书作者相信，其发展的原因放之四海皆准。

- 兽医学必须达到足够的水平，满足动物所有者和社会的需求；
- 充足数量的兽医，确保达到期望的水平，需有市场容许他们凭借技能谋生，或者由国家支付报酬；
- 必须组织兽医学实践以满足兽医公共卫生的需求，这也意味着对该实践进行规定、管理。

需要指出的是，并非全部的社会需求都是物质层面的，一些可能与动物保护或宗教相关。

交易

直接的利益相关者及其主要利益为：

- 从兽医服务中寻求获得最大性价比的家畜所有者；
- 蕴含巨大经济或情感价值的动物所有者，以及寻求最佳医疗的所有者；
- 私人兽医，需要收取其智力及物质投入的回报并确保其社会地位；
- 兽医辅助人员，提供价格更低的动物护理服务；
- 政府，在提供可靠服务的同时，必须确保国家畜群生产必要的资源，从而确保食品安全和经济安全。

由于利益不同，交易一方面依赖客户与提供者之间的关系，另一方面则依赖国家目标和策略。

市场规则中留有自由支配的余地，将不可避免地造成专业人员的分离，大部分人员从事日常任务，价格低廉；少部分从事高技术性干预工作，而这部分人的数量却不足以覆盖全国。这也是 18 世纪欧洲（和今日的许多发展中国家）所面临的状况，且将最终导致兽医学的商业化。

每一个国家必须基于经济、社会和历史状况，找寻其自身的平衡。在所有情况下，安全等级将由兽医当局决定，而采取集体行动的能力则取决于人员数量。

鉴于此，界定兽医的角色是一项战略手段，而保护专业人员（而非个体）是先决条件。另外，还有一个必要条件：技术独立。

在兽医有义务采取某些措施，或遵守某些可能惹怒其客户的规定时，不允许竞争影响其决策。不应低估这一点，因为它是认证的关键组成部分。

从业自由、受益人行为，或兽医职业保护相关的原则定位所引发的批评之外，其管理和结果执行也是十分必要的，且证明了特殊立法的正当性。

7 立法

编入许多宪法章程中的 1948 年《世界人权宣言》条款 23 - 1，将工作自由视为基本自由："人人有权工作、自由选择职业、享受公正和合适的工作条件并享受免于失业的保障。"

因此，任何管控兽医学实践的任何立法，都会对这些基本自由造成约束，必须基于社会的利益制定。兽医职业也是如此，它具有三大特征：
- 其干预对公共卫生造成直接或间接的影响；
- 可能超越服务合同的框架；
- 认证是国家的职责。

保障公共卫生的需求是立法发展的重要动力，而另一动力则是确保公正而诚信交易的需求，因为动物所有者有资格期望服务的保障。基于以上原因，对兽医行动建立国家法规是正当合理的。

鉴于其对于兽医公共卫生的潜在影响，与一些规章基于责任和裁决的领域建立"后验"不同，许多兽医程序必须建立"先验"进行管控。因为根据现有知识第一时间预防一项动物流行病，远比追溯一项现有疫病的源头更有价值。

质量的进一步保证则是兽医学学位，而法定兽医机构则是保障者。因为，区别于技术程序，临床诊断难以编入法典，它是一项技能而非程序。立法应限于规定干预的框架，其他工作则留由科学界对适当的规章进行发展和更新。简而言之，通过规定学位认证的内容和程序，设定持续培训的要求，确保专业人员受到了必要的培训；继而确认全部专业人员学以致用并履行职务。

此类管控措施的选择取决于各个国家，这也需要专业人员。一项广泛共识是，在兽医服务人员级别和组织允许情况下，最有效的措施是委托法定兽医机构进行管控。因此，立法需要为该机构提供具体框架，负责监督专业人员，并保证兽医学的质量，这也是"从农场到餐桌"领域的基础。

　　这些兽医公共卫生和公共审议程序为兽医学实践的垄断提供了正当依据，对其受益人具有明显益处。作为回报，兽医应符合道义上的责任，满足社会的期望，致力于全部动物卫生和流行病学监测的行动。在开展这些工作时，他们也需遵守要求，仅在国家权威和特定委任的指示下行动。

　　兽医领域的每一部分都是立法的依据，无论是从技术标准到行动模式，还是专业资格。虽然无法为兽医制定普适立法，却存在一系列共性：
- 必须规定兽医学和兽医学实践的方法；
- 必须由专业技术人员开展实践；
- 兽医必须具有处方或监督权力，以确保诊断和流行病学信息，以及干预的质量；
- 该体系必须受到严格管控且易于激活。

上述全部要素可见 OIE《陆生法典》第 3.4.6 章。

8　结论

　　人类与动物之间重要的物质与文化联系，总是引起兽医学的某个利益，而兽医学已经逐渐发展为药物、动物产品和环境之间层面的一门独立学科[10]。

　　随着知识的进步和有序的训练，兽医证明其具备保护家畜和动物源性食品安全的能力，且逐步成为高层次兽医公共卫生的基础。

　　然而，兽医保护和短期经济现实的冲突，使得构建充分的法律框架至关重要，以此来保证兽医职业的存在和长期生存。

　　这需要在"从农场到餐桌"连续过程中的不同关键环节，凭借质量标准，均对兽医的角色予以认可。兽医的职责并不仅局限于执行、监督和管理技术工作，也扩展至整个体系的设计与管理。

　　虽然，兽医在发达国家中起到的作用并非显而易见，而且很大程度上，公众也并不知晓他们在确保消费者食品安全中付出的努力，但是兽医却仍然是世界上许多地区食品安全的奠基人。

　　不应允许罔顾历史或地理因素，并与兽医公共卫生的目标相对立，便采用自由竞争法则，导致阻碍发展中国家在不久的将来加入发达国家的行列，或使得发达国家倒退 250 年。

参考文献

[1] Anon. (2005). La grande boucherie de Paris. Available at：grande - boucherie. chez - alice. fr/Grand - Chaelet - Grande - Boucherie. htm（accessed on 1 October 2012）.

[2] Clottes J. (2004). L'art rupestre dans le monde. Available at: www. clio. fr/BIB-LIOTHEQUE/lart _ rupestre _ dans _ le _ monde. asp (accessed on 1 October 2012).

[3] European Union (2006). Directive 2006/123/EC of the European Parliament and of the Council, of 12 December 2006, on services in the internal market. *Off. J. Eur. Union*, L 376 of 27 December 2006.

[4] Food and Agriculture Organization of the United Nations (FAO) (2008). World statistical compendium for raw hides and skins, leather and leather footwear 1988—2007. Available at: www. fao. org/docrep/010/i0084t/i0084t00. htm (accessed on 1 October 2012).

[5] Food and Agriculture Organization of the United Nations (2012). FAOSTAT. Available at: faostat. fao. org/.

[6] Food and Agriculture Organization of the United Nations (FAO)/Emergency Centre for Transboundary Diseases (ECTAD) Bamako (2008). FAO ECTAD Bamako. Fiche productions animales Mali. Available at: www. fao – ectad – bamako. org/fr/– Production – animale (in French – accessed on 1 October 2012).

[7] Food and Agriculture Organization of the United Nations (FAO)/World Health Organization (WHO)/World Organisation for Animal Health (OIE) (1999). FAO/WHO/OIE Electronic conference on veterinary public health and control of zoonoses in developing countries. Available at: www. fao. org/docrep/006/Y4962T/y4962t00. HTM (accessed on 1 October 2012).

[8] Forman S. (2004). Les chiens errants en Guadeloupe. Proposition pour une gestion de la population. DVM Thesis, Maisons Alfort, 2006.

[9] Frenk J. (1993). The new public health. *Annu. Rev. public Hlth*, 14, 469 – 489.

[10] Kherrati B. (2010). Histoire de la médecine vétérinaire. Available at: onvmaroc. org/index. phpoption=com _ content&· view=article&id=355&Itemid=418 (accessed on 1 October 2012).

[11] Poirier E., Watier L., Espie E., Bouvet P., Weill F. X., de Valk H. &· Desenclos J. C. (2006). Évaluation de l'impact des mesures prises dans les élevages aviaires sur l'incidence des salmonelloses en France. *Bull. épidémiol. hebdo.*, 2/3, 18 – 20.

[12] Roeder P. (2001). L'épidémie 'cachée' de fièvre aphteuse. L'actualité FAO 29 May 2001. Available at: www. fao. org/nouvelle/2001/010508 – f. htm (in French – accessed on 1 October 2012).

[13] Seynave R. L. (1994). Situation et perspective en hygiène des aliments au royaume du Cambodge. Mission report CIRAD – EMVT.

[14] United Nations (2010). Selected series of World Statistics. Available at: unstats. un. org/unsd/mbs/data _ files/t51. pdf (accessed on 1 October 2012).

[15] World Health Organization (WHO) (1946). Constitution of the World Health Organization. Available at: who. int/governance/eb/who _ constitution _ en. pdf. (accessed on 13 February 2013).

[16] World Health Organization (WHO) (1952). Technical Report Series No. 55. Expert Committee on Public Health Administration. First report. Available at: whqlibdoc. who. int/trs/WHO _ TRS _ 55 _ fre. pdf (in French – accessed on 1 October 2012). World Organisation for Animal Health (OIE) (2012). OIE recommendations on the competencies of graduating veterinarians ('Day 1 graduates') to assure national Veterinary Services of quality. OIE, Paris. Available at: www. oie. int/fileadmin/Home/eng/ Support _ to _ OIE _ Members/Vet _ Edu _ AHG/DAY _ 1/DAYONE – B – ang – vC. pdf (in French accessed on 1 October 2012).

[17] World Organisation for Animal Health (OIE) (2012). Trade measures, import/export procedures and veterinary certification. Section 5. *In* Terrestrial Animal Health Code, 21 st Ed. OIE, Paris. Available at: www. oie. int/index. php? id＝169&L＝0&htmfile＝ titre _ 1. 5. htm (accessed on 4 July 2013).

[18] World Organisation for Animal Health (OIE) (2012). Veterinary legislation. Chapter 3. 4. , Article 3. 4. 2. : Definitions. *In* Terrestrial Animal Health Code, 21st Ed. OIE, Paris. Available at: www. oie. int/index. php? id＝169&L＝0&htmfile＝chapitre _ 1. 3. 4. htm (accessed on 6 July 2013).

兽医服务在动物卫生、食品安全监测和协调其他服务中的作用

V. Bellemain[①]*

摘要：动物卫生和食品安全的控制经历了深刻的变化，如今已上升为全球层面，即"从农场到餐桌"。而其风险本身也在进化，主要是由于规范发生了变化，再加上知识更加渊博，消费者需求的改变，使得生产链变为更加全球化的概念。

就官方控制而言，最终食物产品的目标控制正逐步由生产过程的控制和应对生产链中危害的综合方法所取代。也就是说，这种变化给生产者（农民）、制造商以及管理部门带来了新的职责分工，即兽医服务。

兽医参与的领域已经逐渐从动物产品扩展至食品生产链的各个环节。对于农场中动物卫生的干预和对于农产品公司的干预同样重要，二者应成为兽医培训和教育的内容。为了应对新挑战，兽医服务的当前趋势是负责或协调"从农场到餐桌"的卫生干预。协调兽医服务和其他相关部门是良好公共治理关键的组成部分，特别是对可利用资源的优化管理和采取有效措施。

关键词：食品安全　综合方法　兽医治理　兽医服务

0　引言

由于诸多原因，食品安全正成为全球性的重要问题，而其中消费者的期望则占主导地位。控制和管理食品安全的服务内容已经发生了深刻的变化，在很大程度上是国际贸易量不断增加的结果。

食品安全考虑的方向正日渐专注于风险以及贯穿于"从农场到餐桌"整个生产和分配链的管理。换句话说，就是从初级产品（包括动物饲料、兽药产品和杀虫剂）到最终消费者的管理。

兽医服务在动物疫病、人畜共患病和食源性疾病危害的预防和管理上发挥着关键作用，即使在动物未表现出临床症状时也是如此。在许多国家，与在农

---

①　法国。

*　电子邮箱：veronique. bellemain@orange. fr。

场中的基本角色相同，兽医服务（私人兽医形式）已经通过在生产链中的不同环节行使职责，而使这些兽医服务的职业活动变得丰富多样。

本文主要是基于欧盟的经验，回顾了我们对于食源性危害、控制工具和关键人员认知的发展，以及兽医服务的定位和危害控制过程中的合作部门。

1 内容："从农场到餐桌"

1.1 知识和观念的改变

人们对食品安全危害的范围和流行程度的认知处于不断变化之中：曾经一些主要关注的危害减弱（通过控制或状况改变），而另一些危害则新产生或原有危害增加了。知识的进步和更好的分析检测有助于识别以前未知的或是未明确认知的危害。

识别健康动物的传染病危害，带来了人们对人畜共患病真正认知的改变。此类危害包括微生物，如肠炎沙门氏菌、空肠弯杆菌、肠毒素性大肠杆菌、产气荚膜梭菌、小肠结肠炎耶尔森菌和单核细胞增生性李斯特菌，以及寄生虫病，例如旋毛虫病、囊尾蚴病和棘球蚴病[3]。

由于诸多原因，物理化学污染的控制需求日益增长：外源性化学物质的使用（兽药、生长促进剂），环境污染（杀虫剂、重金属、二噁英、海洋生物毒素等），不断改进的检测方法，以及其对于消费者健康影响有更深的理解。然而，仅仅在生产链的早期阶段预防，便可以制止食物的污染。

农业实践的改变，食物的处理和储存，食品保存方法和消费者习惯都增加了生产链中诸多部分的相互作用。

人们正在逐步认识动物、动物饲料、环境和人类之间的污染循环，既包括病原体也包括物理化学污染。因此，科学家和风险管理人员逐渐认可综合方法控制生产链的需求。

某些卫生措施特别针对一些给定的污染物（在污染源头采取措施）或病原体（例如消除牛海绵状脑病特定的风险物质）。相反，大多数微生物主要通过一般卫生措施来控制。在一个企业或产品生产链中，全球通用的卫生措施就能够防止已经识别出的或尚未识别出的多种危害。

1.2 "从生产到消费"组织的改变

传统生产系统中，从当地或区域范围进行产品分配，而这一系统由于 20 世纪后半叶的经济变化，演化为更加复杂的系统。我们现在会将生产、加工、分配和消费进行区分。它们的每一部分都经历了巨大的变化：

- 动物生产链逐渐延长且更加复杂（分裂为彼此分割但相互依存的加工层级）；

• 营销中出现了大型销售市场，拥有集中采购办事处，这代表着新兴的经济力量，以及标准化产品分配中强有力的集中且增强的代理商；

• 消费习惯发生改变，日益增加的国际贸易给予消费者选择世界各地食品产品的机会；

• 消费者的生活习惯同样发生了变化（食用本国以外制造的食物情况激增）；

• 人口结构改变，医学上的弱势群体人数增加（预期寿命延长，为此类人群打造的特殊设备的发展）。

这些变化造成如下结果：

• 生产、加工和分配系统的"大众化"，由此，大规模系统相互联系且相互依存，其生产的产品销至许多地区，这也带来了一个问题，即一个国家的系统会对其他地区的消费者造成影响；

• 消费的"大众化"。通过集合大批的消费者，使用同一分配单元或结构（过去，数十数百人可能受到食品卫生问题的影响，现在可达数百万人）；

• 影响的"全球化"。生产系统的某一指定环节中出现的事故反弹，可能在更远的环节中体现出来。

在面对由于大众化更易检测，且事关每个人的事件时，大幅增长的媒体报道也放大了事件的影响，这使得消费者的观念和期望受到了影响。媒体从私营领域和公共管理部门两方面严重影响着决策制定和风险管理者。

1.3　风险管理方法的改变

（1）从广义上说，过去对卫生问题的处理，往往是从生产的每一环节以相对独立的方式进行。为了自给自足，将重点放在了生产链的早期阶段，即动物卫生阶段。食品安全检查仅在初期处理阶段进行，尤其是通过屠宰场的宰后检验。

（2）主要基于终产品的采集样品检验，开始了食品质量控制。如果检验中发现质量不合格的产品，这些批次产品将会从市场召回。

采用实验室分析方法虽然仍然存在许多不足，例如所用方法、成本、样本代表性和时间延迟，但能够检测出肉眼不可见的污染。

（3）若试图通过传统方法来满足产品和消费日益增长的大众化和国际化需求，将意味着控制和分析的数量剧增，造成成本与产品价值均不成比例。在缺乏有缺陷产品与其他方向不足之间联系的情况下，其他可能受到波及的产品将不被召回，且在随后的批次处理中，不能防止同样问题的再次发生。这种方法并没有提供为应对无法检测的污染物采取措施的范围。

此外，由于生产系统中整体卫生质量的提高，检查到缺陷产品的频率越来越低。结果检测为假阳性（比如非常不利的结果）的比例变得过高（从统计学角度来看，流行率低时，阳性结果的预测值也低）。同时，质量的观念也在发生变化：质量不再被简单地视为不存在缺陷。仅仅通过对满意结果的简单整理，来表明检测不存在缺陷，已不再是保证产品质量的令人满意的方式。

然而，问题是"信息缺乏"（未检测到缺陷）转变成了有积极价值。这将会产生增强自信心的影响，即产品是在有控制条件下（为了预防任何缺陷的风险）生产，而不是仅仅声明"未检测到缺陷"的产品，没有关于产品生产的其他任何信息。

正像在其他领域的活动一样，制定预防措施的需求也已被逐渐认可，以便使生产的全部食品产品的卫生质量得到控制。该系统已经逐步发展成为一项全球适用的规程，以便在食品生产的每一环节控制食品安全危害。

（4）通过控制生产流程而进行危害预防管理，特别是采用危害分析和关键控制点（HACCP）方法，率先在农产品企业取得发展。随后，该方法在生产链的早期环节得到了更为广泛的应用，比较典型的应用是在屠宰场和（依据当前趋势）农场中。

（5）鉴于HACCP措施主要考虑产业操作者，风险分析本身则成为公共部门管理的一种工具以决定行动的优先顺序。定性尤其是定量风险评估是一门发展中的科学，特别是在微生物学领域。不论至今各国给出怎样的答复，近些年的食品安全危机已经持续提出了风险评估和风险管理任务脱节的问题。

（6）预防原则，这一许多法律辩论的主题，正在影响着决策者的选择。它包括在科学不确定情况下，采取行动管理风险，并遵守均衡和一致性的原则。

（7）鉴于食品安全目标的概念，在消费时寻求保护，更易达到食品安全。性能标准原则上由政府部门和国际组织制定，并由动物产品生产者应用[3]。

（8）最后，需要关注的问题是动物福利，还要逐步与不同部门食品安全的整体措施接轨。

第（1）点到第（8）点列出的诸多变化，使兽医服务两个部门的联系更加紧密。过去，动物卫生部门和食品安全部门在传统上是彼此分割的，包括人员、文化、事件，甚至是专业策略。动物卫生已经采纳了食品安全领域的总体方法原则，而食品卫生如今也考虑测试的质量及其结果的统计学概念（例如，此类结果取决于测试的执行状况和采样技术），以及流行病学措施识别风险因素。该领域中，"从农场到餐桌"连续性的产品链意味着两个部门中的工作需要分享彼此的关注、数据和调查的方法。

2 责任手段和划分

方法和观念的改变，在某种程度上，已经越来越多与所用手段和涉及部门的改变相匹配。

综合预防措施也就意味着，特别是：

- 用以确保生产链中动物和产品的可追溯性的措施，且没有任何中断；
- 不同参与者之间责任的新划分；
- 通过协调控制政策，掌握所有信息的管理；
- 从整个生产链中提取信息的能力的管理。

2.1 可追溯性的需求

对产品质量的信任有赖于对生产系统的认可，只有在满足如下条件的情况下才能有效：

- 实施能够检测到任何影响产品质量一致性事件的监测系统；
- 该系统须能够识别在生产链中的任何环节造成事故的生产系统中的缺陷；
- 从分配链中迅速召回不合标准产品（且仅为这些产品）行动的能力。

可追溯性是通过查证记录，使用或定位给定指标，识别和跟踪历史过程的能力。它是食品安全风险管理综合方法中不可或缺的工具。向下推进（例如展望），它能够召回具有潜在缺陷的产品；向上推进（例如回溯），可以追踪和补救问题的源头。

就活体动物而言，除了食品安全以外，识别可以实现许多目标，例如家畜流行病控制，改善基因，以及每头牛所分配的补贴（特别是欧盟共同农业框架之内）。这也解释了为何管理机构通常负责组织动物识别工作，并监控动物移动（虽然它可以将某些行动委托给专业组织）。

在加工层面，产业生产者负责可追溯性（向前追踪，识别已经生产的产品；或向后溯源到供应商）。管理机构负责在第二层级的控制框架内确认产业生产者是否适合其设定的目标以及工作效率。

2.2 职责的重新分配

在食物链中动物卫生风险互相协调已经在专业人员和权威当局之间重新划定了责任。

根据传统方法，产品的卫生质量职责由官方服务承担，其负责最终产品的控制，可能也包括生产条件控制。

中间层级内，产业经营者对其投放市场的产品质量负有法律责任，而第一层级的控制仍然由官方服务负责完成。

但是，目前发生的改变造成了责任的重新分配。产业经营者负责投放市场的产品质量，且必须实施基于 HACCP 方法的预防措施。公共主管部门通过核实产品生产者所采取的措施，实施第二层级的控制。

无论实施哪一类系统，管理部门（公共兽医服务）都需要承担对于消费者以及国际贸易（证明）的全部和最终的责任。因此，须以全局眼光对待整个系统、各个部门及其之间的相互作用，并做好相应的组织管理。

2.3 经营者的角色

国家层面目前需要重新定义产品生产者的责任，以及重新建立与他们合作的方式。

2.3.1 畜牧业生产者

畜牧业生产者在农场中处于第一线。他们必须接受充分的培训，有能力检测动物群的发病状况，特别是家畜流行疫病；并且在食品卫生综合管理的背景下，有能力运用对于活体动物不存在肉眼影响的措施（药物残留、禽沙门氏菌病的控制等）。培训最好由生产者的组织提供，而公共动物卫生服务部门或政府认证的私人兽医予以技术支持。

此外，农场中要有足够的兽医，这也是监控网络和综合方法的关键组成部分。

2.3.2 屠宰场

屠宰场曾经是而且依然是动物疫病，包括人畜共患病流行病学监测的理想场所。所有动物通过了屠宰场，也就建立了活体动物（宰前）检疫和胴体（宰后）检验的联系。在加工的第一阶段，畜体和其他动物产品正是在屠宰场内接受兽医服务的系统性检验，并取样用于分析（牛海绵状脑病、药物残留等）。

在食品安全的综合方法中，一些检验责任可以委托给产品生产单位的专业人员，特别是没有粪便污物污染的生产系统。授权给企业专业人员负责的那部分流程，无论是直接监督还是授权给代理人监督，均仍处于官方的严格监管之下。

在屠宰场内必须有兽医服务，以便完成在生产的第一阶段实施宰前和宰后检验。

2.3.3 其他农用工业产业

产业管理者必须具备必要能力来运用 HACCP 原则。官方提供第二层级的控制，此类控制方法仍处在改进之中。

3 兽医和兽医服务的主要作用

根据 OIE 的定义，兽医服务包括在兽医当局的控制之下对系统的整体效率有贡献的所有公共和私人参与者[10]。此处，作者主要关注兽医当局和其直接控制下的公共服务，以及与其他相关当局的关系。

3.1 兽医能力

兽医学有如下三个方面的特点：

（1）至少对家畜而言，兽医服务的对象单位通常是畜群而非单个动物，这也就意味着对畜群实施的是综合治疗（例如染病动物防治）和预防的原则（畜群中其他动物）。在发生传染病时，对疫病发生的集体研究方法包括同一区域内的其他农场，需要一种特殊的工具，即流行病学。

（2）兽医行动的经济限制由所有者的经济资源决定。在监督畜群管理的情况下，这意味着优化动物生产单位的盈利，时刻谨记每个计划行动中的成本-效益关系。

（3）兽医必须时刻考量私人个体（例如所有者）的利益和公众的利益，做到在可能情况下实现调解。然而，优先权最终属于公众利益。在多数情况下，这受到规章制度的支持。

19世纪，兽医的最初职权范围扩展到了屠宰动物的动物卫生检验。因为具备活体动物疫病的知识，兽医自然而然承担了检查胴体指标和评估动物的哪些部位适于人类消费的任务。此后，权限扩大至动物来源的食品产品的卫生检验；随着时间推进，扩大到溯源农业投入品的使用，下至不同生产阶段，甚至包括分配阶段的质量控制。

现在有相应的学科会在兽医大学中教授，或至少在那些符合国际质量标准的地方教授。这是基础和临床学科的逻辑延伸，它们共同构成统一的单元。

值得注意的是，农场动物病理学的兽医干预是与农产品企业的风险管理程序相并行的（表1）。诸如HACCP系统的程序基于一项类似于诊断和治疗决策的方法。从许多角度而言，食品安全风险的综合管理类似于动物卫生管理。

最后，兽医服务和兽医在法定传染病监管环境下的工作经验意味着，他们有意愿遵从食品安全危害防治与控制的一致框架标准，加强了兽医在消费者保护中的作用。

表1 畜牧生产与农产品企业兽医行动的对比

行动领域	家畜病理学	农产品产业
病理学	个体动物病理学 畜群层面防治方法 临床方法	微生物学 HACCP方法
经济学	根据动物价值权衡行动 生产单元的盈利状况	企业的盈利状况
个人利益和集体利益之间的仲裁	集体利益高于个体所有者的利益 （传染性疫病）	保护消费者健康高于企业的经济利益
综合方法	统一动物卫生的方法	统一预防食品安全危害的方法

3.2 兽医服务

从历史角度而言，兽医服务的建立是为了从农场层面控制动物疫病。随后，他们干预领域顺理成章地扩展至屠宰场，且具有双重责任：一方面，提供动物健康（损伤）的信息，例如作为监控网络中的一部分；另一方面，为消费者评估肉类卫生。屠宰场检验逐渐也成为其目标，从而确保生产后续环节的食品质量。

在畜牧生产和屠宰场服务之后，兽医服务通常被指派在加工甚至分配的不同阶段，负责动物产品的动物卫生控制工作。在一些国家，他们承担最主要的控制任务，直接指向最终消费者。在另一些国家，该责任由一个或多个机构分担，特别是在食物链后续环节，尤其是分配环节的情况下。这些其他机构有能力控制最终产品和企业的总体卫生状况。

随着食品安全逐步整合链条中不同环节的互动，其趋势是建立单一机构，负责食物链至少是从农场到产品最终加工的官方控制。作为最小部门，应有高效的组织遵从食品安全危害防治与控制的一致框架标准，加强兽医在消费者保护中的作用。

兽医服务，无论是直接的，抑或是通过指定的经认可的兽医实践者实施的，都已经在农场层面发挥着合法正当的作用。除了承担动物的卫生和保护任务，还承担着保证通过这些动物生产的食品后续安全的控制措施实施。

此外，公共服务的组织有赖于单一结构，以保证"从农场到餐桌"的质量控制。无论怎样组织，建立兽医服务都是一种合理的解决办法。相反的，其资格授予他们一项战略角色，协调全部参与控制的其他部门。

兽医服务同样在国际贸易中起到重要作用，通过签署国际兽医证书向进口国家提供相关保证，不但保证动物卫生，也保证了世界上多数国家的动物食品产品安全。另外，他们在保护国家领土和人口，控制进口动物和产品中发挥关键作用。

总之，所有国家均致力于确保控制链的连续性，即使是通过建立相关服务之间的协调结构。兽医服务扮演领导角色，且逐步在系统中被委以职责，无论是单独或协作。该系统的总体效率不断变动，这取决于许多不同的参量。但是，比较控制系统与不同组织系统的全球预估性能，似乎证实了兽医服务所扮演的领导角色与其成功高度相关[1]。

3.3 国际标准

下文是国际标准的简要概述。本评论[5-8]中其他论文全面探讨了此问题。

标准化是确保采用最具成本-效益、更加协调的程序的一项不可或缺的工具。它能够保证通过应用国际公认的方法进行出口产品的认证,因此可以使客户更放心。

以下两部门有资格发布动物卫生和动物产品领域的国际标准:OIE 和 CAC。自 1995 年《SPS 协议》生效以来,该标准则成了 WTO 在国际贸易中的参照标准。《SPS 协议》特别认可了 OIE 的动物卫生和人畜共患病标准,以及 CAC 食品安全标准。

OIE 将兽医服务置于利益的中心位置,并认为其标准的适用性取决于这些服务的质量。OIE《陆生法典》第 3.1 章和 3.2 章探讨兽医服务的标准和评估[10]。OIE 设计的兽医服务效能评估工具(OIE PVS 工具)[9]用于评估一个国家兽医服务与兽医服务质量符合国际标准的情况。

CAC 在发展其标准和指导过程中,越发关注食品链的风险模型,因此对于食品安全采用了一种"生产到消费"方法。不同于 OIE,CAC 往往不会在其标准中列举任何特别专业小组。

与综合方法一致,CAC 和 OIE 就策略和程序达成了一致,这些能够确保在食物链的全部阶段,特别是在开发标准时,其行动得到协调与整合。

4　与其他服务部门的协调

无论一个国家的兽医服务的具体职责如何,兽医服务与合作机构之间的良好工作关系对于采取有效行动是格外重要的。

在许多国家,食品加工、储存和分配委托于公共卫生部或者消费者事务部,或由兽医服务与一个或其他此类部门分担责任[1,4]。因此,公共卫生部和消费者事务部是兽医服务首先需要协同的机构,协同领域包括:
- 动物和食源性人畜共患病(询问、调查和预防);
- 食品安全(包括兽药残留和环境污染物);
- 实验室和检测能力等。

兽医服务被委派以更广泛领域的职责,同时会与其他负责下述方面的机构有更多的技术互动:兽药和产品;野生动物,包括圈养(动物园、马戏团)和散养;打猎;渔业和水产业;环境保护;习俗与移民;植物卫生和保护(饲料);农业,家畜,农业发展等。

另外,不考虑兽医服务涵盖的技术领域,所有的主要活动都属于国家行动(设计并运用规定;检验和控制;出口证明;进境时的动物健康检查;接触性疫病暴发的控制等),且这也推动与其他相关机构在管理和法律领域的互动,利于负责如下方面的部门,尤其是:经济和财政;外交;司法;内务,警察;当地政府;宗教事务;国防;教育和研究。

需要特别提出的是公共兽医服务和私人兽医实践者之间的合作与交流，后者在该领域动物卫生网络的效能中起到核心作用。的确，当对这些服务的整体效能做出评估时，此类兽医包括在 OIE 对于兽医服务的定义之中。无论私人兽医实践者与公共兽医服务是否（通过委任或签约）建立正式联系，仍需关注该兽医职业网络。

同样，兽医和兽医服务必须和其他参与确保食物链中食品安全的专业小组保持紧密联系，例如分析师，流行病学专家，食品工艺师，人类和环境卫生专家，微生物学家和毒物学家，无论这些专家从属于什么组织或机构。

协调对于确保紧急事态时迅速有效地反应格外重要，例如一项接触性动物疫病或食源性疾病的暴发（例如在农场附近建立保护区域，召回某些产品）。同样，协调在日常工作基础上向用户提供优质的服务也是非常必要的一项工作。行政重叠、双重检查和机构间的冲突不仅浪费了时间，还给相关方面施加了不必要成本（例如畜牧业经营者、食品制造者、进口者、出口者等）。优化所有可用资源同样重要，至少避免活动重复，同时发展协同效应（效率）[2]。

公共机构间的有效协调需要一个管理架构，架构应特别包括：
- 在动物卫生和兽医公共卫生领域一项明确的国家策略；
- 明确划分职责；向必要机构赋予的服务；适当的法律框架；
- 公平分配的资源，依据职责分配，避免任何形式上的不公平或机构间暗含的等级制度；
- 重点关注消费者服务机构。

缺乏此类要素的情况下，协调工作虽然仍能帮助提高每日运作效率，但是将变得更为复杂且脆弱。

有效协调可动用的方法与工具：
- 清晰的政治意愿和强有力的管理参与；
- 定期、公开且透明的咨询；
- 持续关注优化资源；
- 有结构且成文的协定；
- 共同实施的特殊行动以维持正式协议。

有组织的协调是良好兽医公共政策治理的关键元素：
- 优化了可用资源（人员和财政预算）的使用；
- 确保了公共机构执行项目的连续性；
- 避免了重复或重叠，以及缺口甚至瘫痪；
- 向使用者传达了政府行动的连续画面，包括畜牧业经营者和经济利益相关者，减少了遗漏、错误或腐败的机会；
- 提供了多功能且反应灵敏的框架，在必要情况下，能够迅速适应于国家或全球背景的变化。

有效协调至关重要，这一点也可以从不良协调的结果中体现出来。缺乏透明度或腐败行为，特别是紧急事态中，政府行动可能陷入完全瘫痪，利益相关者学会利用漏洞，公共机构丧失信用等。

兽医层面的机构间协调比良好职业规范的形成更重要，它是良好公共管理的关键组成部分。

5 结论

兽医服务是动物卫生和动物食品安全领域的关键参与者，因此在应对此类领域不断增加的社会需求中扮演主要角色。

在过去几十年中，通过"从农场到餐桌"贯穿于整条食品链的综合方法的发展，兽医服务的核心作用大大加强。但由于总是在动物生产层面提供卫生保障，因此兽医服务是综合方法的关键参与者。兽医服务的培训和在操作层面的工作框架保证了他们的工作符合法定要求。

虽然各个国家为保证整个食品生产链的安全进行了责任分担，但是，必须维持兽医服务作为领导或主要协调者的角色地位，特别是在管理组织还不明确的情况下。

参考文献

[1] Bellemain V. (2004). Structure and organisation of Veterinary Services to implement the concept from the stable to the table. Proc. 21 st Conference of the OIE Regional Commission for Europe, Avila (Spain), 28 September – 1 October 2004. *In* Compendium of Technical Items presented to the OIE International Committee or to Regional Commissions in 2004. World Organisation for Animal Health (OIE), Paris.

[2] Bellemain V. (2012). Coordination between Veterinary Services and other relevant authorities: a key component of good public governance. *In* Good governance and financing of efficient Veterinary Services (L. Msellati, ed.). *Rev. sci. tech. Off. int. Epiz.*, 31 (2), 513 – 518.

[3] Benet J. J. & Bellemain V. (2005). Responding to consumer demands for safe food: a major role for veterinarians in the 21 st Century. *In* Proc. Seminar 28th World Veterinary Congress: 'Challenges in responding to new international and social demands on the veterinary profession', 17 July, Minneapolis, Minnesota. World Organisation for Animal Health (OIE), Paris, 17 – 29. Available at: www. oie. int/doc/ged/D1965. PDF (accessed on 15 May 2013).

[4] Benet J. J. , Dufour B. & Bellemain V. (2006). Organisation and functioning of Veterinary Services: results of a 2005 survey of Member Countries of the World Organisation for Animal Health. *In* Animal production food safety challenges in global markets (S. A. Slorach, ed.). *Rev. sci. tech. Off. int. Epiz.* , 25 (2), 739 – 761.

[5] Hathaway S. C. (2013). Implementing Codex Alimentarius standards. *In* Coordinating surveillance policies in animal health and food safety 'from farm to fork' (S. A. Slorach, ed.). *Rev. sci. tech. Off. int. Epiz.* , 32 (2), 479 – 485.

[6] Kuchenmüller T. , Abela – Ridder B. , Corrigan T. & Tritscher A. (2013). World Health Organization initiative to estimate the global burden of foodborne diseases. *In* Coordinating surveillance policies in animal health and food safety 'from farm to fork' (S. A. Slorach, ed.). *Rev. sci. tech. Off. int. Epiz.* , 32 (2), 459 – 467.

[7] Poissonnier C. & Teissier M. (2013). The OIE's role in the information exchange and control of animal diseases, including zoonosis. *In* Coordinating surveillance policies in animal health and food safety 'from farm to fork' (S. A. Slorach, ed.). *Rev. sci. tech. Off. int. Epiz.* , 32 (2), 447 – 457.

[8] Savelli C. J. , Abela – Ridder B. & Miyagishima K. (2013). Planning for rapid response to outbreaks of animal diseases transmissible to humans via food. *In* Coordinating surveillance policies in animal health and food safety 'from farm to fork' (S. A. Slorach, ed.). *Rev. sci. tech. Off. int. Epiz.* , 32 (2), 469 – 477.

[9] World Organisation for Animal Health (OIE) (2010). Tool for the Evaluation of the Performance of Veterinary Services. OIE, Paris. Available at: www. oie. int/fileadmin/ Home/fr/Support _ to _ OIE _ Members/docs/pdf/F _ PVS _ tool _ excluding _ indicators. pdf (accessed on 1 September 2012).

[10] World Organisation for Animal Health (OIE) (2012). Terrestrial Animal Health Code, 21st Ed. OIE, Paris.

[11] World Trade Organization (WTO) (1995). Agreement on the Application of Sanitary and Phytosanitary Measures. *In* Uruguay Round Agreement, Annex 1 A, Multilateral Agreements on Trade in Goods. WTO, Geneva.

动物健康监测与食品安全的集成化：耐药性问题

J. F. Acar[①]*　　G. Moulin[②]

摘要： 在制定食品安全措施时，人类、动物和食品中共生菌、人畜共患病病原和致病菌的耐药性监测是重要的信息来源。国际组织（WHO、OIE、FAO和CAC）已形成了一套完整耐药性监测标准，并呼吁建立一体化的监测项目。建立一体化耐药性监测项目最重要的任务就是将实验室检测方法和抗菌药物使用报告进行协调统一。

在过去的10年中，耐药性监测一体化是应对耐药性这一全球关注问题的一大进步。然而，目前几乎没有合适的监测体系，在一体化监测体系建立之前仍有许多工作亟待完成。

关键词： 耐药性　人类/动物集成监测　监测　使用

0　引言

耐药菌在细菌种群中随处可见。它们通过环境、人、动物、食物和水等复杂途径进行扩散[15,28,29]。

为了提高食品安全性、发现新问题和潜在的疫情而制定相关措施时，人类、动物和食品中共生菌、人畜共患病病原和致病菌的抗生素耐药性（AMR）监测是其一项重要的信息来源。监测数据对于遵守决策、评估和验证决策结果也是非常必要的。

为了能够使用和解释这些数据，需要一套完整的方法。这套方法涉及几个部门：公共卫生和医疗机构、食品动物生产部门、食品加工和销售部门。想要整合这些结果就需要统一的方法和报告形式。

---

① OIE抗菌药物特设工作组专家，巴黎，法国。

② 法国食品、环境和职业健康与安全署（ANSES），国家兽药产品机构，法国。

* 电子邮箱：jfacar7@hotmail.com。

人类和动物对抗菌药物的使用/消耗有力促进了耐药菌的选择和传播的驱动力。抗菌药物的消耗量是一体化监测项目的重要组成部分。

1 历史观点

对人类致病菌 AMR 的监测始于 20 世纪 60 年代中期。70 年代，计算机技术为数据采集和分析提供了便利条件。基于不同体系的几篇论文，表明在医院进行 AMR 监测是非常有用的。当患者在等待化验结果期间，开处方的医生如果了解当地耐药情况，就可为患者选择最适合的药物。了解携带耐药菌株的病人有利于控制院内感染。在进行经验性治疗和医院处方决定时使用监测数据，会使得该决定更为准确[17,18]。

多年以来，测试敏感性的方法越来越精确并逐步标准化，此外，人们还开发了多个用于分析数据的系统，但是本文的目的并非描述这些系统。

所收集的信息通常包括感染的细菌分离株（有时为定植菌株）、菌株特性、对每种抗菌药物的敏感性以及耐药谱（或表型）。根据不同类型的分析，将所测试的每一种抗菌药物的耐药趋势（如通过增加或减少抗性标记来分析耐药谱的变化）制成表格。

在 20 世纪 70 年代末，许多国家开始对引起人类感染的耐药菌进行监测。最早开始监测的国家有英国、美国、法国、南非、澳大利亚、泰国和委内瑞拉及北欧的一些国家。

住院患者需要更多有用的资料，这使得抗菌药物用量与 AMR 联系起来。这些项目旨在监测抗菌药物的用量。

医院间比较及对社区、城市、国家和地区扩展分析的重要性，表明存在的主要问题是项目的协调性和不同层次监测间数据兼容性[13,19]。仅有少数国家开展了一体化和协调化的项目。

在 20 世纪 70 年代之前，人们就已经开始监测沙门氏菌感染情况。这一人畜共患菌可导致食源性疾病和院内感染的发生。在 60 年代中期，人们认识到沙门氏菌具有多重耐药性[2]。在 1969 年，Swann 报告指出，被用于人类疾病治疗和动物促生长的抗菌药物的耐药性问题应给予广泛关注，同时报告中强调了抗菌药物的双重用途对公共健康影响的重要性[14,15,26]。

直到 20 世纪 80 年代中期人们才开始对动物源性细菌进行监测。对诺尔丝菌素的研究表明动物源性细菌的耐药机制可以传递给人类细菌[10]。人们对接受阿伏霉素治疗的动物进行耐万古霉素肠球菌的研究，该研究对于耐药菌转移以及在人类和动物上抗菌药物使用的探讨至关重要[12,30]。

从此之后，一些国家开始对食用动物开展耐药菌的监测，尤其是对那些可经食物传播并能导致严重感染的细菌，这类监测最初在北欧实施。部分国家的监测系统已扩展至监测动物源性细菌和共生指示菌[15]。

对零售食品进行抽样是食源性耐药菌一体化监测的一部分。美国国家抗菌药物耐药监测系统（NARMS）成立于1996年，是此类监测的一个良好例证[7,27]。

1998年，泛美卫生组织（PAHO）在委内瑞拉举行会议，该会议认可了耐药性监测和"利用其所产生的信息进行治疗、监管和政治决策"的必要性[20]。同年，欧洲抗菌药物监测系统（现被称为欧洲耐药性监测网）成立，用于监测主要病原菌的AMR[16]。

2001年，32个国家制定了欧洲抗菌药物用量监测项目（现称为欧洲抗菌药物用量监测网）。

欧洲兽用抗菌药物用量监测（ESVAC）项目于2009年启动，并针对9个欧洲国家进行首次回顾性研究。2012年，公布了一份2010年欧盟和欧洲经济区19个国家协调后的销售数据[5,6,8]。

人们用了近40年时间才使得AMR成为目前全球关注的问题。首先，有关细菌耐药性，只有有限的地区信息可用，而且该问题尚未得到应有的重视。过去的10年间，人们已承认并优先考虑了AMR，并努力将抗菌药物处方人员和耐药菌研究人员联合起来，以便分享他们的实践经验和信息。

有关抗菌药物使用与耐药性产生和传播等如何关联问题，仍有许多未知之处。

2 国际组织的贡献

1997年，考虑到AMR在全球范围内日益增长的重要性，OIE决定开发有关耐药性监测项目的一整套标准。这些标准包含于OIE《陆生法典》的如下章节中：
- 6.7章：国家耐药性监测和监督项目的协调化；
- 6.8章：食用动物抗菌药物用量和用法的监测；
- 6.9章：合理谨慎使用兽用抗菌药物；
- 6.10章：动物使用抗菌药物所产生的耐药性的风险评估。

这些标准于2003年被采纳。在有关抗菌药物使用情况监测的章节中提出了一体化体系的想法："由于成本和行政效率的原因，各成员不妨考虑在单个项目中收集医疗、食品动物、农业和其他抗菌药物使用的数据。一个统一的项目也将对相关风险分析中人类和动物使用药物的数据比较有帮助，并有利于推广抗菌药物的最佳使用方法。"[38,39]与此同时，WHO发布了"WHO全球遏制耐药性策略"[31,32]。

在随后的几年中，WHO/OIE/FAO 等机构联合举办了多次专家协商会议。这些协商会议汇集了许多不同领域的专家，促成了需要提供一致方法的意见。基于对人用和兽用极重要抗菌药物的辨别召开了这些协商会议[35,36,37]。

他们还创建了 CAC 特设政府间耐药性工作组。这个工作组成立于 2006 年，制定了"食源性耐药性风险分析指南"，CAC 于 2011 年 7 月采纳[3]。

这些指南认识到抗菌药物使用情况及食源性耐药菌流行情况监测项目的重要性。这对于探索抗菌药物使用情况与人类、食用动物、农作物、食品、饲料、饲料原料和污泥、废水、肥料及其他垃圾肥料中耐药菌流行情况之间的潜在关系是非常重要的。

该指南还建议对来自食用动物、农作物和食物中的微生物进行耐药性监测，并且最好能与人类耐药性监测项目整合在一起。

最近，WHO 成立了 AMR 一体化监测顾问小组，通过开发工具来支持各国实施地方一体化监测项目[33,34]。

抗菌药物的使用是问题的核心所在。改善抗菌药物的使用是基础。目标是找到使用抗菌药物的使用方法以便充分治疗人类疾病，保护动物健康，同时最大限度地减少抗菌药物耐药的选择压力。20 世纪 90 年代，国际组织首次开始致力于完成这个伟大的目标，为了解决这一问题，在过去的 15 年间开展了大量工作。这些努力也得到各个国家和地区机构的支持，并发行了大量出版物。

3   可行的集成化方案

AMR 一体化监测是一个整合了不同来源信息和数据的系统。根据所整合数据的类型，满足不同的要求。其目标可能是：

- 跟踪和评估各类细菌的 AMR 的趋势；
- 探索 AMR 的进化并将其与影响因素相结合，尤其是抗菌药物的使用；
- 比较人源和动物源性细菌对一种或多种抗生素的耐药趋势和流行情况；
- 比较人用和兽用抗生素的使用情况；
- 收集用于风险分析的数据；
- 使用数据来选择管理措施，并对其结果进行评估；
- 明确需要进一步研究和监测的问题。

在保障食品安全和控制耐药菌时，可通过综合以下不同层面的监测来获取信息（图 1）：

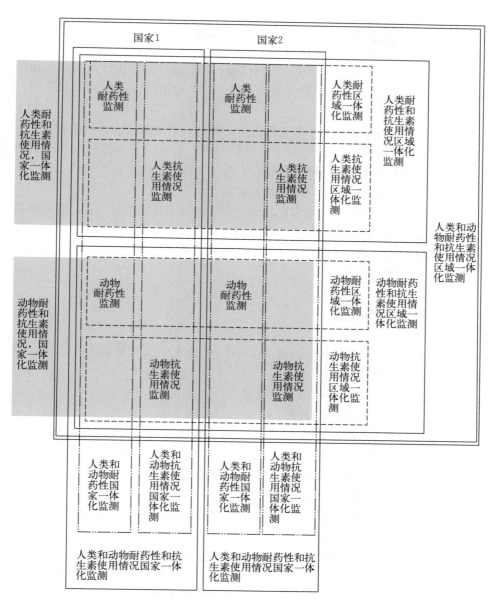

图 1 可行的耐药性一体化系统

（1）分离自患者的食源性细菌的耐药性。

（2）分离自患病食用动物诊断样品中细菌的耐药性。

（3）分离自动物的人畜共患菌的耐药性。

（4）分离自健康动物的共生菌的耐药性。

（5）人类抗菌药物的消耗量。

（6）动物抗菌药物的消耗量。

（7）分离自零售肉类细菌的耐药性。

有时需要增加其他与 AMR 相关的信息，如环境中的细菌、蔬菜和定植于人类中的细菌 AMR。水生动物的抗菌药物 AMR 也可能是一体化项目中的一部分。

当进行监测以避免食品中存在耐药病原体时，水中耐药病原菌的存在是另一个应当考虑的问题[11]。水可以作为烹饪原料，也可以直接饮用和用于清洁厨房。洗涤用水以其巨大的细菌负载量，在不同环境生态系统中传播。没有干净的水就没有食品安全，这一问题常被忽视[1]。

为了获得并管理关于人类和食品动物抗菌药物用量的信息，并从数据中提取有用的参数和比值，来权衡抗菌药物作为耐药菌筛选者的作用，欧洲已经做出了巨大的努力。多数国家已接受了这些研究，并将这些研究作为启动抗菌药物用量监测项目的指南。

4 技术现状和挑战

建立 AMR 一体化监测项目最重要的任务是统一实验室检测方法[23]。这包括统一如下方面的内容：

- 敏感性测定方法（包括质量控制）；
- 应被测试的抗菌药物种类；
- 读取结果的方法、结果的表现形式［定量数据应当包括抑菌圈大小、最小抑菌浓度（MIC）］、判定方法（阈值、临界值）以及菌株的耐药谱；
- 鉴定方法：传统方法和用于进一步研究的分子方法。

也应确定并组织拟订菌株的保存方法。

为了能与 OIE 和 WHO 公布的标准和指南相关的检测方法相统一，需要各国公共卫生基础设施、主管实验室、医师和兽医之间的共同行动。

检测方法的统一还涉及研究人员、抽样方法和目标微生物。动物样本采自生产过程中的不同环节。从农场样本中得到的耐药谱与抗菌药物使用最直接相关。从屠宰后采集的样品中分离的细菌更具代表性，它可能在加工过程中存活下来并出现在食品成品中。零售肉类样本对于鉴定食品动物中的耐药菌是非常重要的，但是，在处理、加工和包装过程中也有可能出现交叉污染。

目标微生物包括人畜共患菌（沙门氏菌、弯杆菌），作为指示的共生菌（大肠杆菌、肠球菌）和动物源性细菌。

其他细菌包括人畜共患菌（如金黄色葡萄球菌、鼠疫耶尔森菌、弧菌）和动物源性细菌。有关动物源性细菌耐药性演化趋势的数据使得共生菌的监测信息更加完整。它可以帮助兽医调整首选治疗方案，并合理使用抗菌药物。

抗菌药物用量监测项目也应该进行统一。这应该包括诸如所报告抗菌药物分类、包含药物产品和使用剂量说明等内容。

建设一个可持续发展、一体化 AMR 监测项目是非常具有挑战性的。它要求：

- 政府和财政的支持；
- 农业和公共卫生部门间的合作；
- 结果应用和危害风险评估；
- 预警系统的创建；
- 制定交流沟通的相应政策。

5 不同国家的现有方案

理想情况下，一体化的监测系统应包括对人用和兽用抗菌药物 AMR 监测和使用监测，但仅有少数国家能够实施此类监测系统。

不同国家和地区有不同的选择。这样一来，不同的国家和地区就会在不同时间里实施特定的监测系统。一旦特定的监测系统运行起来，数据和结果就不具备可比性，这样监测的一体化就变得更加困难。如果秉承一体化思路开发新的监测项目，同时新的监测项目可以兼容现有系统，那么对一体化进程就会很有帮助。

例如，监督欧洲兽用抗菌药物使用情况的 ESVAC 项目，则有意设计成与监测人用抗菌药物使用情况以及共生菌和人畜共患菌耐药性监测相兼容。

当启动一体化系统时，应时刻牢记，一体化系统需要不断演变来面对新的挑战。为了解释数据，系统需要将除了抗菌药物使用情况之外的因素包含进来，因为它并非耐药菌传播的唯一因素。系统的灵活性和与其他地区系统的兼容性都是非常重要的。

对不同国家现存的所有系统进行综述是非常困难的。他们中的大多数都缺乏关于动物源性细菌和抗菌药物用量的相关信息。在近期发表的文章中，Silley 等综述并比较了多个项目[24]。下面就一些国家项目展开综述，这些项目对于数据一体化和区域比较的演变和扩展观念较为重要。

最早开始的是丹麦一体化 AMR 监测和研究项目，随后一些其他欧洲国家（挪威、瑞典、荷兰、德国、法国、意大利和西班牙）的项目相继展开。目前大多数欧洲国家都参与了由欧洲食品安全局（EFSA）组织的 AMR 监测工作[4]。

美国 NARMS 是由美国食品药品管理局（FDA）、疫病控制与预防中心以及美国农业部合作建立。它始于 1995 年，是一个非常庞大的项目。

加拿大抗微生物药物耐药性监测综合计划（CIPARS）是一个精心设计的监测项目。CIPARS 的创建是基于 2002 年咨询委员会就兽用抗菌药物 AMR 及其对人类健康影响的报告。报告指出"同大多数国家一样，加拿大监测的数据是零散且偏颇的，主要集中于细菌性病原体狭窄且多变的范围内，数据收集没有系统的方法，而且由于耐药性检测的方法尚未标准化，实验室间和（或）国家间的数据无法进行比较"[9]。这段话很好地总结了在创建与人类、动物和食品相关的综合系统时所面临的挑战。

在澳大利亚，联合专家技术咨询委员会在 2000 年建议成立抗菌药物 AMR 的综合性系统，以整合所有监测数据。

在亚洲，1999 年日本建立了兽用抗菌药物耐药性监测系统，1997 年韩国建立了全国抗菌药物耐药性监测系统。前者涵盖了动物和人类，而后者主要是针对人类病原。

表 1 列出了某些国家已经实施的监测项目。许多国家都以这些监测项目为模板，并回应了 OIE 和 WHO 的要求。他们开始进行试点研究，或在其现有的项目中增加其他类型的监测，或在官方文件中提出其对控制 AMR 的政策。

表 1 动物、食品和人类的耐药性监测项目实例

项　目	监测类型	国家	网站
NARMS	人类	美国	www.cdc.gov/narms
CIPARS	人类、动物和食品	加拿大	www.phac-aspc.gc.ca/cipars-picra/index-eng.php
荷兰动物源性耐药性和抗生素使用情况监控系统（MARAN）	动物和食品	荷兰	www.cvi.wur.nl/UK/publications/otherpublications/maran/
丹麦耐药性一体化监控和研究项目（DANMAP）	人类、动物和食品	丹麦	www.danmap.org
挪威抗菌药物耐药性监测系统（NORM/NORM-VET）	人类、动物和食品	挪威	www.vetinst.no/eng/Research/Publications/Norm-Norm-Vet-Report

（续）

项目	监测类型	国家	网站
欧洲耐药性监测网（EARS - Net）	人类	多国[a]	www. ecdc. europa. eu/en/activities/surveillance/EARS - Net/Pages/index. aspx
欧洲抗生素用量监测网（ESAC - Net）	人类	多国[b]	www. ecdc. europa. eu/en/activities/surveillance/esac - net/pages/index. aspx
瑞典兽用抗生素耐药性监控系统（SVARM）	动物	瑞典	www. sva. se/upload/Redesign2011/Pdf/Om _ SVA/publikationer/Trycksaker/Svarm2011. pdf
意大利兽用抗生素耐药性监控系统（ITA-VARM）	人类和动物	意大利	http：// 195.45.99.82：800/pdf/ita-varm. pdf
芬兰兽用抗生素耐药性监控和抗生素用量报告系统（FINRES - VET）	动物和食品	芬兰	www. evira. fi/portal/en/animals/current _ issues/? bid＝2436
法国国家流行病抗菌药物细菌耐药性观测局（ONERBA）	人类和动物	法国	www. onerba. org
日本兽用抗生素耐药性监控系统（JVARM）	动物	日本	www. maff. go. jp/nval/tyosa _ kenkyu/taiseiki/monitor/e _ index. html
动物源性细菌耐药性试点监测项目	动物	澳大利亚	www. daff. gov. au/agriculture - food/food/regulation - safety/antimicrobial - resistance/antimicrobial _ resistance _ in _ bacteria _ of _ animal _ origin

注：a. 33 个欧洲国家；b. 34 个欧洲国家。

　　制药行业出于某些特定的原因，已经在对国家或地区开展监测和比较的项目。欧洲动物健康研究中心对动物源性细菌的耐药性进行了检测。SENTRY 抗菌药物监测项目对人源性病原体的耐药性进行监测，并将来自欧洲、澳大利亚、特别是南美洲的结果与美国的结果进行比较[22]。为了提高监测能力，需要全球持续关注这一问题。

6　结论

　　大多数国家仍未实施 AMR 一体化监测。这是一个不断持续的过程，不仅仅局限于食品安全，还包括 AMR 整体情况。

在未来考虑以下几点是很重要的：

• 尽量统一数据的收集和解释方式是十分必要的，而且应当持续进行[23]；

• 对动物抗菌药物用量的监测仍为少数。为了生产健康的动物产品而使用抗菌药物，并采用最佳使用方法，这类监测值得农场、生产商、兽医和制药公司进行研究探索[8]。

所有人都认为，抗菌药物的使用应当谨慎负责，但仍需在优化人类和动物治疗方案方面加以完善，以减少不合理的使用。AMR 监测系统在许多领域都是一个非常有价值的工具，例如流行病学、治疗决策、基础研究、分子跟踪、动物健康和食品安全等[19,21]。

人类感染中耐药病原菌数量的逐渐增多，耐药病原菌在国内外的传播，人类和动物缺乏可用的新型抗生素，以及治疗由多重耐药病原菌引发的传染病时存在的困难，这些问题得到人们日益广泛的关注。人们怀疑医药行业的做法，某些职业人员（如医生和兽医）应为耐药病原菌的出现负有一定的责任。然而，为避免做出冲动或草率的结论，必须考虑到耐药现象的复杂性。各国应做好展开辩论和面对争议的准备。我们对 AMR 演变机制的大量空白是讨论的主要话题，因为缺乏此类知识会导致我们做出错误的结论。

此外，应加强研究者、从业者和决策者之间的沟通，以促进有效的决策和行动。

在某些领域进行基础研究是必需的，这种研究应整合多个问题。但是它可能会导致新问题的产生，例如对一体化抗菌药物监测系统结果的解释可能需要先开发模型。这些模型可能会显示出另外一些应当考虑在内的重要因素，特别是管理方面。

基因组学和流行病学的整合研究将打开制定局部暴发策略和有效遏制疫情传播的新局面[25]。

在过去的 10 年间，AMR 一体化监测在处理这一全球关注问题时迈出了非常重要的一步。为了统一监测系统并使其适应各国的不同背景、社会习俗和优先考虑事项等，仍有很多工作要做。在全球层面和地方层面上的行动应该是互补的。

参考文献

[1] Baquero F. , Martínez J. L. & Canton R. （2008）. Antibiotics and resistance in water environments. *Curr. Opin. Biotechnol.* , 19 （3）, 260 - 265.

［2］Chabert Y. A. & Baudens J. G.（1965）. Transmissible resistance to six groups of antibi-
otics in *Salmonella* infections. *Antimicrob. Agents Chemother.*，5，380 – 383.

［3］Codex Alimentarius Commission（CAC）（2011）. Guidelines for risk analysis of food-
borne antimicrobial resistance. CAC/GL 77. CAC，Rome. Available at：www. codex ali-
mentarius. org/normes – officielles/liste – des – normes/gb/（accessed on 6 June 2013）.

［4］European Food Safety Authority（EFSA）（2012）. The European Union Summary Re-
port on antimicrobial resistance in zoonotic and indicator bacteria from humans，animals
and food in 2010. *EFSA J.*，10（3），2598. doi：10. 2903/j. efsa. 2012. 2598.

［5］European Surveillance of Veterinary Antimicrobial Consumption（ESVAC）（2011）.
Trends in sales of veterinary antimicrobial agents in 9 European countries：2005 –
2009. European Medicines Agency，London. Available at：www. ema. europa. eu/docs/en _
GB/document _ library/Report/2011/09/WC500112309. pdf（accessed on 6 June 2013）.

［6］European Surveillance of Veterinary Antimicrobial Consumption（ESVAC）（2012）.
Sales of veterinary antimicrobial agents in 19 EU/EEA countries in 2010. Second ESVAC
Report. European Medicines Agency，London. Available at：www. ema. europa. eu/
docs/en _ GB/document _ library/Report/2012/10/WC500133532. pdf（accessed on 6
June 2013）.

［7］Gilbert J. M.，White D. G. & McDermott P. F.（2007）. The US national antimicrobial
resistance monitoring system. *Future Microbiol.*，2（5），493 – 500.

［8］Grave K.，Grecko C.，Kvaale M. K.，Torren – Edo J.，Mackay D.，Muller A. &
Moulin G.（2012）. Sales of veterinary antibacterial agents in nine European countries
during 2005 – 2009：trends and patterns. *J. antimicrob. Chemother.*，67（12），3001 –
3008. Available at：http：//jac. oxfordjournals. org/content/67/12/3001（accessed on 6
June 2013）.

［9］Health Canada（2002）. Uses of antimicrobials in food animals in Canada：impact on re-
sistance and human health. Final Report of the Advisory Committee on Animal Uses of
Antimicrobials and Impact on Resistance and Human Health. Health Canada，Toronto.

［10］Hummel R.，Tschape H. & Witte W.（1986）. Spread of plasmid – mediated nourseo-
thricin resistance due to antibiotic use in animal husbandry. *J. basic Microbiol.*，26
（8），461 – 466.

［11］Iversen A.，Kühn I.，Franklin A. & Möllby R.（2002）. High prevalence of vancomy-
cin – resistant enterococci in Swedish sewage. *Appl. environ. Microbiol.*，68（6），2838 –
2842.

［12］Kühn I.，Iversen A.，Finn M.，Greko C.，Burman L. G.，Blanch A. R.，Vilanova
X.，Manero A.，Taylor H.，Caplin J.，Domínguez L.，Herrero I. A.，Moreno
M. A. & Möllby R.（2005）. Occurrence and relatedness of vancomycin – resistant en-
terococci in animals，humans，and the environment in different European regions. *Ap-
pl. environ. Microbiol.*，71（9），5383 – 5390.

[13] Livermore D. M., Macgowan A. P. & Wale M. C. J. (1998). Surveillance of antimicrobial resistance. Centralised surveys to validate routine data offer a practical approach. *BMJ*, 317 (7159), 614 – 615.

[14] McEwen S. A. & Fedorka – Cray P. J. (2002). Antimicrobial use and resistance in animals. *Clin. infect. Dis.*, 34 (S3), 93 – 106.

[15] Marshall B. M. & Levy S. B. (2011). Food animals and antimicrobials: impact on human health. *Clin. Microbiol. Rev.*, 24 (4), 718 – 733.

[16] Monnet D. L. (2000). Toward multinational antimicrobial resistance surveillance systems in Europe. *Int. J. antimicrob. Agents*, 15, 91 – 101.

[17] O'Brien T. F., Acar J. F., Medeiros A. A., Norton R. A., Goldstein F. & Kent R. L. (1978). International comparison of prevalence of resistance to antibiotics. *JAMA*, 239 (15), 1518 – 1523.

[18] O'Brien T. F., Kent R. L. & Medeiros A. A. (1969). Computer – generated plots of results of antimicrobial – susceptibility tests. *JAMA*, 210, 84 – 92.

[19] O'Brien T. F. & Stelling J. (2011). Integrated multilevel surveillance of the world's infecting microbes and their resistance to antimicrobial agents. *Clin. Microbiol. Rev.*, 24 (2), 281 – 295.

[20] Pan American Health Organization (PAHO) (1999). Surveillance of antimicrobial resistance. *Epidemiol. Bull.*, 20 (2).

[21] Pfaller M. A., Acar J., Jones R. N., Verhoef J., Turnidge J. & Sader H. S. (2001). Integration of molecular characterization of microorganisms in a global antimicrobial resistance surveillance program. *Clin. infect. Dis.*, 32 (S2), 156 – 167.

[22] Pfaller M. A. & Jones R. N. (2001). Global view of antimicrobial resistance. Findings of the SENTRY Antimicrobial Surveillance Program, 1997 – 1999. *Postgrad. Med.*, 109 (2S), 10 – 21. doi: 10. 3810/pgm. 02. 2001. suppl12. 61.

[23] Silley P., de Jong A., Simjee S. & Thomas V. (2011). Harmonisation of resistance monitoring programmes in veterinary medicine: an urgent need in the EU? *Int. J. antimicrob. Agents*, 37 (6), 504 – 512.

[24] Silley P., Simjee S. & Schwarz S. (2012). Surveillance and monitoring of antimicrobial resistance and antibiotic consumption in humans and animals. *In* Antibiotic resistance in animal and public health (G. Moulin & J. F. Acar, eds). *Rev. sci. tech. Off. int. Epiz.*, 31 (1), 105 – 120.

[25] Snitkin E. S., Zelazny A. M., Thomas P. J., Stock F., NISC Comparative Sequencing Program, Henderson D. K., Palmore T. N. & Segre J. A. (2012). Tracking a hospital outbreak of carbapenem – resistant *Klebsiella pneumoniae* with whole – genome sequencing. *Sci. Transl. Med.*, 4 (148), 148 – 116. doi: 10. 1126/scitranslmed. 3004129.

[26] Swann M. M. (1969). Report of the Joint Committee on the Use of Antibiotics in Animal Husbandry and Veterinary Medicine. Her Majesty's Stationary Office, London.

[27] Tollefson L., Fedorka-Cray P. J. & Angulo F. J. (1999). Public health aspects of antibiotic resistance monitoring in the USA. *Acta vet. scand.*, 92, 67-75.

[28] Van den Bogaars A. E. & Stobberingh E. E. (2000). Epidemiology of resistance to antibiotics. Links between animals and humans. *Int. J. antimicrob. Agents*, 14 (4), 327-335.

[29] Witte W. (2000). Ecological impact of antibiotic use in animals on different complex microflora: environment. *Int. J. antimicrob. Agents*, 14 (4), 321-325.

[30] Woodford N. (1998). Glycopeptide - resistant enterococci: a decade of experience. *J. Med. Microbiol.*, 47 (10), 849-862.

[31] World Health Organization (WHO) (2000). WHO global principles for the containment of antimicrobial resistance in animals intended for food. *In* Report of a WHO Consultation with the participation of the FAO and OIE, Geneva, 5-9 June. WHO/CDS/CSR/APH/2000. WHO, Geneva. Available at: http://whqlibdoc.who.int/hq/2000/who_cds_csr_aph_2000.4.pdf (accessed on 6 June 2013).

[32] World Health Organization (WHO) (2001). Global strategy for containment of antimicrobial resistance. WHO, Geneva.

[33] World Health Organization (WHO) (2011). WHO AGISAR Antimicrobial Resistance Monitoring. WHO, Geneva. Available at: www.agisar.org/resources/guidelines.aspx (accessed on 6 June 2013).

[34] World Health Organization (WHO) (2013). WHO Advisory Group on Integrated Surveillance of Antimicrobial Resistance (WHO-AGISAR). Available at: www.who.int/foodborne_disease/resistance/agisar/en/(accessed on 6 June 2013).

[35] World Health Organization (WHO)/World Organisation for Animal Health (OIE)/Food and Agriculture Organization of the United Nations (FAO) (2004). Joint FAO/OIE/WHO expert workshop on non-human antimicrobial usage and antimicrobial resistance: scientific assessment, Geneva, 1-5 December 2003. WHO, Geneva. Available at: www.who.int/foodsafety/publications/micro/en/amr.pdf (accessed on 6 June 2013).

[36] World Health Organization (WHO)/World Organisation for Animal Health (OIE)/Food and Agriculture Organization of the United Nations (FAO) (2004). 2nd Joint FAO/OIE/WHO expert workshop on non-human antimicrobial usage and antimicrobial resistance: management options, Oslo, 15-18 March. Available at: whqlibdoc.who.int/hq/2004/WHO_CDS_CPE_ZFK_2004.8.pdf (accessed on 6 June 2013).

[37] World Health Organization (WHO)/World Organisation for Animal Health (OIE)/Food and Agriculture Organization of the United Nations (FAO) (2007). Joint FAO/OIE/WHO expert workshop on critically important antimicrobials, Rome, 26-30 November. FAO, Rome. Available at: www.fao.org/docrep/013/i0204f/i0204f00.pdf (accessed on 6 June 2013).

[38] World Organisation for Animal Health (OIE) (2012). Aquatic Animal Health Code,

15th Ed. OIE，Paris. Available at：www. oie. int/en/international – standard – setting/ aquatic – code/(accessed on 6 June 2013).

[39] World Organisation for Animal Health（OIE）(2012). Terrestrial Animal Health Code, 21 st Ed. OIE，Paris. Available at：www. oie. int/en/international – standard – setting/ terrestrial – code/(accessed on 6 June 2013).

兽药监管机构的作用

M. V. Smith[①]*

摘要： 在兽药生产、上市或在一个特定国家或地区使用前，有效的兽药监管程序包括一份系统翔实的记录文件，涉及该产品安全性和有效性，还必须包括对上述产品使用的全面监控。这些程序可以较好地保障兽医、农民和其他兽药使用者使用的兽药和生物制剂在预防和减轻疫病方面是安全和有效的。尤其重要的是，这些监管确保了经这些药物治疗的动物生产的食品对人类是安全的，无论是在毒理学方面，还是在微生物危害方面，所使用的兽药均经过充分的评估。

全世界对兽药的需求巨大，按照批准的范围使用，它们为大量、多种的动物，包括肉品生产动物、医用动物，在提高动物产品生产能力和生产效率，以及保障食品安全方面，提供了必需的治疗方法。当一种经过批准的、安全有效的、经过良好生产和贴上适当标签的药品送到用户手上，并且可以随时充分控制以确保合规，监管机构的公共卫生使命就达到了。

关键词： 不良事故报告　耐药性　CAC　符合程序　药物残留安全　食用动物　人类食品安全　OIE 兽药联络点　上市前批准　兽药（药物和生物制剂）　VICH

0　引言

安全而有营养的动物食品更有可能来自健康的动物，而不是那些被疫病危害的动物。兽药可有助于预防动物疫病、维持动物健康。兽药监管计划有效地监控此类产品的开发、生产和使用的每个步骤，有助于确保这些重要物质的可利用性和有效性。

---

① 美国，马里兰州，洛克维尔市，FDA 兽药中心（CVM），国际项目和产品标准处主任。OIE/FDA 兽药监管计划合作中心，FDA 在国际兽药产品注册技术要求一致性（VICH）指导委员会代表。

* 电子邮箱：Merton. Smith@fda. hhs. gov。

但是兽药的有效管控，是许多个体与组织的责任，本文的主要目的在于为政府兽药监管机构在确保动物健康与食品安全的兽药监管中扮演的适当角色提供信息。政府的兽药监管和控制通常涉及多个不同机构，甚至是不同的政府部门，在食用动物中使用的兽药的监管方面尤为如此。许多国家设有不同的机构分别负责动物卫生和人类卫生。但是，越来越多的事实表明，健康动物更可能为人类生产出安全的食品，且不太可能成为人畜共患病的寄存宿主与媒介，这就需要政府中负责动物健康和负责人类健康的机构间开展越发紧密的合作。

在这些组织机构复杂的国家，其相关的政府机构之间保持良好的协调与沟通，对于确保兽药有效监控十分必要。任何兽药监管计划的目标，都应该是帮助制造安全、有效且高质量的兽药和生物制剂。这包括确保来自动物的人类食品是无害的。因此，一项有效的计划必须包含保护动物健康和人类健康的共同目标。

值得注意的是，负责农场或牧场中使用的药品和生物制剂的监管机构，通常也是管控伴侣动物或宠物使用的医疗产品的机构。通过安全和有效的医疗干预，来保证这些动物的生活质量是非常重要的。在许多国家，宠物与其主人关系密切，这些宠物与其主人的密切互动为疫病的传播提供了理想途径，因此，许多伴侣动物的治疗药物为防止人畜共患病的发生发挥了重要的公共卫生作用。

1 兽药

兽药一般定义为出于特殊目的为动物使用的产品，此类目的包括诊断、护理、缓解、管理、治疗或预防动物疫病，也包括改善动物身体的任何结构或功能，例如提高繁殖能力，或增强其他产品的使用性能，如提高饲料转化效率、促进动物生长。用作兽药和生物制品的物质可包括化学制品、病毒、血清、毒素、疫苗、菌苗、过敏原、抗生素、抗毒素、类毒素、免疫增强剂、细胞因子、抗原、天然或合成的诊断分子、基因或基因序列、糖类、蛋白质以及其他物质。此类物质可被注射、吞服、吸入、吸收，或通过其他方式如饮水和饲料让动物接触。

由于兽药使用的目的在于让动物产生特殊的生理效果，因此具有内在的风险，其批准与使用必须受到监管机构、农民、兽医、食品生产者、药物和生物制剂生产者，以及其他"从农场到餐桌"食品链环节相关人员的严格管控与监督。内在风险与此类产品的使用，以及潜在的欺骗或误导行为存在相关性，用药前应该综合考虑。换句话说，在允许兽药使用之前，必须对该产品的每项声明用途的效力或有效性进行充分的证明。与其他可能伤害人类或动物的消费产品一样，这些参与兽药生产链条的个体和公司有一个独特的责任，即必须高度关注并采取一切必要措施来确保产品的安全。在某些方面，兽药的管理比类似的人类产品的管控项目更为复杂，因为兽药的设计是为了用来满足大量的、不同种类动物的、表型各异的适应症的治疗和生产需求。

2 支持监管控制的法律框架和原则

政府的监管计划必须得到国家领导人的政治支持和有效运作的法律权利。全世界有多种形式和结构的政府组织，反映出国家间的历史、文化与哲学差异。本文的目的并非为任何特定的政府或经济体制代言。本文描述的兽药监控措施反映出的一般性原则和方案要素部分，无须考虑国家的政治信仰，可以适用于大多数政府机构。总而言之，产品监管的法律基础与实质要求，应该体现每个国家或地区独特的监控重点和环境。一些与兽药监管相关的因素，也可能因国家或地区的不同而有所差异，这些因素包括：

- 关于政府机构与行业、专业机构承担角色和职责的不同看法；
- 可用于监管的不同级别的资源；
- 动物疫病流行的区域差异；
- 兽药使用的差异；
- 农业条件和气候的差异；
- 农场生产实践的差异。

基于国家或区域环境彼此不同，尽管其监管计划差异巨大，但仍可以对兽药的开发和使用进行适当的监管，涉及兽药的批准、监测、合规和执法活动。本文目的是对兽药有效监管的关键原则与核心要素进行描述，适用于世界各国。

大多数监管计划的法律依据包括法律、规则、指导和政策。法律描述了政府机构，如国家立法机构或议会正式采用的具有约束力的行为准则或产品标准。通常，法律不包括解释个体、公司、国家或当地政府，或者其他主体如何运作或确保合规等具体细节，因为立法的过程通常非常困难，且修改非常耗时，而规则、指导和政策则成为提供详细的具体信息更加可行的方式，且能够迅速修订现有的规范。监管修订通常是必要的，因为通过特定的监管和控制应用实践积累了经验，或者因为监管的科学基础发生改变。

贯彻法律的规则或条例应由行政机关通过正式且透明的程序发布，并允许所有相关的利益群体和个体参与。在多数国家，对于有约束力规则的制定，行政机构会从立法机构得到一个特别的授权。在美国，这个授权是基于由国会通过并于 1946 年由总统签署的"行政程序法案"（www. archives. gov/federalregister/laws/administrative - procedure)。

指导文件提供了建议，并反映了行政机构"当前的想法"，但通常并不具有约束力。这意味着若其能满足法律或规定的要求就可以采用替代方法。指导文件是对于一项特定监管事项的政策声明，或是一项法律或规定的阐释，且可能与受监管产品的设计、生产、标注、推销、制造和测试相关。指导文件为企业或其他利益群体提供了如何符合法律和规定的具体建议，避免了执法诉讼。政策是关于监管事项的正式意见，但通常不具有约束力。

特定的监管要求应该公布，以便使所有利益群体均能够知晓。最有效的法律结构往往是完全透明的，且受到全部利益相关方的公开监督，经常通过"通知与评价"程序，这考虑到了保护秘密或专利信息的所有法律规范。试行与最终的规则、指导文件、政策声明通常发表在各国的官方公报之中（例如在美国，该文件为《联邦公报》，见 www.federalregister.gov；在澳大利亚为《化学公报》；在南非共和国为《南非政府公报》）。

制定适当的规则、指导文件和政策的其他程序包括利益相关方直接要求有关机构起草指导方针或条例（例如公民请愿）。当监管者考虑制定新的、复杂的或有争议的规则或政策时，他们可能发现召集外部专家组成正式咨询委员会，向政府机构提出建议是有用的。

有效的监管计划应该包含管控措施，既能够预防不可接受的风险，也能在问题发生时进行干预或回应。他们还应该可以利用机械或测量方法来评估每一计划是否实现了相应目标，从而确保持续地提高和改进。

3 共同责任

许多个体与组织对于兽药的使用承担共同责任，换言之，区域、国家、州和当地监管机构，药物和生物制剂制造者，农民和牧场主，兽医，兽医专业组织，贸易协会，国际标准制定组织，屠宰场和食品加工者，消费者组织及其他。上述个体或机构应该有明确的角色与职责。在许多国家，兽药公司在研究和开发信息及数据方面发挥主导作用，进而能够为其产品提供安全性、有效性和精确性，以便获得批准。这些信息必须以透明且合乎道德的方式，向对应的批准或许可发放机构提供。学术与科研机构也可能扮演一个角色，因其是专家和知识的来源，为有效监管提供基于风险和科学基础的支持。监管机构有责任建立并保持最新的法律规范，并确保国家兽药管控系统的有效运转。此类监管部门必须以一贯且公平的态度在其职权之内运用管控，不受不恰当或不正当或是利益冲突的影响。监管机构同样有责任做出决定，做出这样的决定是基于客观科学的证据信息与风险分析原则。农民、农场主与兽医在管控和监管选择、执行与运用此类产品中扮演重要角色。

所有的利益相关方共同分担监管责任，以确保安全有效的产品获得批准后交付于用户手中。政府的监管机构承担重要责任，确保只有安全、有效、高质量、品质良好且正确标识的兽药和生物制剂在市场中才可供使用，而不安全且无效的产品，例如伪劣与非法的化合药物无法使用。

4   国际和其他标准的应用

兽药监控相关的法律、规定、指导和政策也可参考或基于由国际或多边组织建立和协调的产品标准或合格评定程序，例如 CAC、OIE、WHO 或是 VICH。WTO《SPS 协议》指出，各国政府采用的风险分析框架，应与 CAC 或 OIE 指定的相关风险分析指南和政策相一致。

CAC 和 OIE 标准在许多国家被作为指导文件或是规定使用的标准。若发生一起涉及《SPS 协议》的 WTO 贸易纠纷，则依据 CAC 和 OIE 标准的国家不需要证明其措施是基于可靠的科学与公共卫生或动物卫生保护原则。另外，若一项纠纷超出 CAC 和 OIE 标准所规定的范畴，则维持该标准的国家可能有法律责任，证明其是在基于一项可接受的风险分析框架之上的。

VICH 是一项三方计划，目标是协调兽药注册的技术规定。其成员是欧盟、日本和美国，而加拿大、新西兰和澳大利亚作为观察国参与。代表每一国家的专家从政府监管部门与企业部门中产生。自 1996 年以来，VICH 已经建立并实施了许多协调监管指南，描述了适合的测试方法、标准和程序，用于证明兽药的安全性、有效性与质量。各成员已承诺接受并使用 VICH 的全部最终指导，而观察国接受并使用许多此类指导，但并不做出承诺全部采用（VICH 指南的全部细节见该组织网页：www.vichsec.org/en/guidelines2.htm）。2012 年，VICH 举办了首届 VICH 全球推广论坛，目的是提升参与兽药开发的非 VICH 国家对于 VICH 指南的认识。出席此次论坛的国家与组织包括南非、中国、巴西、阿根廷、俄罗斯、印度、西非经济货币联盟、美洲地区兽药委员会及其他一些组织。

除了重视国际组织建立的指南之外，监管机构还需考虑其他国家为达到相同或类似目的所实施计划的价值。必须先进行一些工作，以使人们有信心，或确定其他国家提供的数据和资料与本国实际的对等程度或可比性。

5   上市前批准的要求与流程

由于兽药本身存在内在风险，大多数国家对其使用都有适当的预防管控，主要包括完善的上市前批准程序或此类产品的许可证发放。兽药监管机构批准那些在安全性和有效性方面满足当地法律的新兽药和生物制剂上市，通常采用一种决策程序来衡量每一个产品的益处和风险。总体而言，新兽药被批准作为商业化使用之前，需要确定四个非常重要的问题。第一，产品必须安全：对动物安全，对消费来自用药动物食品的人类安全，对使用或监管产品的人员安全，并对环境安全。第二，兽药预期用途必须明确有效，这些用途在产品的标签上规定、建议或推荐。第三，兽药必须为品质好的产品，换言之，依照现行药品生产质量管理规范（GMPs）或其他程序进行产品的生产，确保质量与可靠度。第四，产品必须有适当的标识，不仅要告知用户如何使用产品，还要告知用户任何涉及的安全问题、药物和疫苗停药时间，以及储存和处理程序。兽药一旦进入市场就应受到监管，以确保此类规格参数得以维持，且产品被正确使用。

在许多国家，新兽药若仅用于临床试用，则可免于预先批准。例如，若为了进行证明安全性和效力的研究，此类临床研究虽然有限，仍应由监管机构仔细跟进，确保实验中使用的动物受到适当而人道地处理，且来自这些动物的任何食品都不能进入市场被人类消费。在许多国家，此类临床研究必须通知适当的监管机构，确保这些要求得到满足。

对食用动物用药来说，监管机构必须确保治疗行为、动物药物和生物制剂的生产有助于保持动物健康和改善动物福利。通过提高动物的健康与生产能力，这些药品能够反过来促进价格合理、数量充足且有益健康的食品的供给，满足不断增长的世界人口需求。参与新兽药和生物制剂的开发与评估是兽药监管者所面临的一大挑战，特别是采用新型的创新技术，以协助满足对安全、价格合理且数量充足的食品产品日益增长的需求。

在多数国家，由企业开展证明药物和生物制剂安全、有效和质量的研究。许多此类研究同样可以由政府实验室或研究机构进行。但是无论上述数据来源于哪里，政府监管者必须有能力对产品研发方提供的数据进行分析评估。监督者必须高度确信这些数据能够支持产品是安全和有效的。举例而言，如果投资方是新人且经验不足，或者仅提交了一份或为数不多的研究，那么所需数据的完整性与质量级别通常设定得更高。另外，若监督者能够掌握来自相互证实的多个研究数据，则有助于提升他们对数据的信心，更易于接受这些数据。一般来说，所有的安全性研究必须按照现行良好实验室规范（GLP）的规定或标准进行。世界各地采用了不同的 GLP 标准，然而，许多国家的兽药研发方和监管当局采用了经济合作与发展组织（OECD）制定的统一标准[2]。有效性研究需要满足当前药品临床试验质量管理规范（GCP）标准。参与 VICH 的代表已经制定了一个 GCP 指南[12]，其已被许多研究者和监管方采用。

6 市场前监督和评估的特别技术要求

作为批准或许可证发放程序的一部分,任何产品的评估必须涵盖一系列重要的技术要素,这些技术要求来自数据和其他信息,为证明产品在使用中的安全性和有效性提供理论支撑。这些技术环节的每部分将在下文细述,包括支持人类食品安全风险评估的信息细节。

6.1 人类食品安全

人类食品安全环节的评估需要提供证据,来支持应用于食用动物的兽药和生物制剂的使用范围涵盖所有计划使用的食用动物种类,该信息还必须包括利用可行方法来确定残留在动物体内或人类食品中的新兽药,以及由于药物的使用,导致任何其他物质形成并残留于食品中的数量的描述。信息还应描述耐受时间、停药期或者任何其他用药的限制条件的建议,以确保安全使用该药物。若该兽药具有抗感染性能与残留,该信息还应涵盖任何残留物毒理学和微生物食品安全方面的数据。

人类食品安全评估主要聚焦于药物残留上。残留物可能包括母体化合物及其代谢物,以及由于兽药的使用在动物可食用组织上形成的任何其他物质。兽药残留安全性的评估应基于风险评估原则,而风险是一项特定危害与暴露于该危害的可能性。此类风险包括人类通过消费可食用动物组织、接触药物或相关因子。总而言之,造成人类健康危害的两个关键因素来自兽药使用过程中产生的残留毒物和微生物的作用。

人类食品安全技术要求可以分为三大类别:

- 毒理学;
- 微生物学;
- 残留化学。

6.1.1 毒理学

毒理学研究的目的在于获取信息,建立安全参数,例如每日允许摄入量(ADI)、安全浓度、耐受量或最大残留限量(MRL)和停药期。该人类食品安全数据可能包括短期与长期的毒理学研究,以衡量急性和慢性影响及其他结果。

为了人类食品安全,对食用动物药物安全性的毒理学评估包括肝毒性、肾毒性、基因毒性、致癌性、生殖毒性、发育毒性、神经毒性、呼吸道毒性、免疫毒性,以及致敏试验和刺激。替代性实验动物口服研究,通过剂量-反应曲线认定"无显著"影响,应用适当的不确定性因素推断动物研究的结果,预测对人类的影响，进而确定药物的安全性。有时进行人类使用研究，包括流行病学研究、人类临床研究和人类病例报告。基于这些研究的结果，建立了可食用动物组织中所有药物残留的人体毒理学 ADI 等级。这个 ADI 代表人类每日能够安全消费而无副作用的药物残留数量。具有代表性的是用于奶牛和蛋鸡的药物，ADI 分配于可食用组织（肌肉、肝、肾和脂肪）、牛奶和鸡蛋中。假如药物不用于奶牛和蛋鸡，那么 ADI 只分配于肌肉、肝、肾和脂肪中。通过该过程，可以计量出每一可食用组织的全部药物残留的安全浓度值。

在测试方法、多数毒理学研究方法的协调方面已经取得了相当大的成就，这些方法用于评估存在于可食用动物组织的兽药残留对于人类食品安全的影响。该协议是通过 VICH 参与成员的不懈努力而实现的。目前，已经有 7 项用于人类食品安全研究的 VICH 最终版指南文件[26,27,30,31,33,34,44]。

6.1.2　微生物学

致病微生物对药物耐药性的增加是兽医和人类医学都面临的主要问题。在兽医方面，这些问题已经超越了对动物病原体耐药性的研究。作为在食用动物上应用的抗菌药物批准前评估的一部分，人们已经对其在食源性、人畜共患病病原体上产生耐药性的潜力进行了大量研究。

食用动物治疗后，耐药性的产生、选择与传播是一种复杂的生态学现象，涉及基因改变与交换、微生物的选择压力与耐药性的传播，以及耐药表型的持久性。兽药监管机构应采取明智的抗菌药物使用原则，以帮助解决发生在食用动物使用抗菌药物时遇到的这个问题。例如，FDA 制定了指导意见，承诺在食用动物中减少、避免或防止不必要的抗菌药物的使用，这些药物对人医及公共卫生来说至关重要[5]。

对于动物用抗菌兽药或具有抗菌活性的化合物，申报方应通过评估抗菌药物使用后是否产生耐药性，在动物产品上（里）存在的、影响公共卫生的食源性细菌是否已经对人类有任何临床相关的影响，来评价和解决食品中的微生物安全问题。

FDA 的 CVM 已经有丰富的经验，在药物批准前，通过实施基于风险的方法，来对食用动物使用抗菌药物后产生潜在的耐药性进行评估。虽然基于该经验获取了大量的信息，但挑战依然存在。对于这些批准前评估，一项量化的方案（换言之数据丰富）非常适于评估风险，并推荐适当的风险环节措施，来减小用药后可能产生的耐药性。但是，迄今为止，很少有真正量化的风险评估被实际用于评估抗菌药耐药性的例子（例如，恩诺沙星和维吉尼霉素的部分使用，已经采用了量化风险评估）。许多抗菌化合物无法用量化数据来评估，特别对那些在特定使用条件下处理特定细菌的特定药物。这种"药物/错误/使用"信息是理想化的，作为特定抗菌药物也必须经过批准前评估。因此，CVM 使用了一项不具有约束性的定量量化风险评估方法[3]，同时鼓励申报方尽可能多地使用量化信息，处理其风险评估中的特定要素，包括任何在监测过程中关于抗生素耐药性的任何可用数据。VICH 已经建立了一项指导原则，概述了研究的类型与数据，这些研究和数据被推荐用来描述在假定动物用药条件下可能出现耐药性的情况[32]。

对于食用动物不同组织所有残留药物，建立一项人类毒理学 ADI 等级的研究。但是，值得注意的是，如果被评估的药物是一种抗菌药物，则 ADI 可以基于微生物的 ADI 而非毒理学的 ADI 评估，这取决于哪一项估值更小。微生物 ADI 反映了两项值得关注的内容：侵染屏障的破坏与人类肠道菌群细菌抗性的改变。正常肠道微生物菌群的重要功能是限制结肠中病原菌的增殖。在评估食品中可能存在的抗菌药物残留安全性时，必须评估破坏这一功能的潜力。此类残留也可能造成人类肠道细菌耐药性的增加。因此，VICH 制定了一项相关指南，用于设计适当研究，以确定是否有必要解决微生物带来的两个人类食品安全的问题。

6.1.3 残留化学

残留化学研究可用于管控暴露于任何已经通过上述毒理学或微生物食品安全研究确定的有毒物质的水平。这些研究可包括总残数、代谢研究、比较代谢研究、分析方法验证研究，以及组织残留损耗研究。参与 VICH 的国家代表已经达成了有关残留化学研究的四项协议[49-52]。

6.2 目标动物安全

药物投资方提交的信息应包括一项该药物对于动物累积效应评估，以确认其不会对被治疗动物产生不良影响。目标动物安全研究必须包括所有研究的完整报告，这些研究将体现兽药对于目标动物种类是否安全。目标动物安全数据可能包括识别药物相关的毒性症候群的研究，以及对于用药动物使用产品的安全边际的研究。VICH 建立了三项目标动物安全研究的指南[42,43,46]。

6.3 用户安全

也应考虑与兽药管理相关的危害信息，也就是对兽医或养殖者的危害风险。用户安全还包括药品生产者的安全，既包括生产现场的直接接触者，又包括工业排放的间接接触者。考虑空气、水、废物相关的危害同样重要，这些物质可能因制造、使用和处理药物而受到污染。

6.4 疗效

药效信息包含所有的研究报告，这些研究表明，动物药物是否对其预期用途有效。申报方应通过确实的证据，证明药物具有其声明的功效，在建议标签中说明这些功效。申报方还应提供选择剂量的信息（即剂量描述）。申报方可提供一个合乎逻辑的科学原理，或采用一系列研究，来展示这些疗效信息，包括：

- 对于靶动物种类的研究；
- 对于实验动物的研究；
- 现场试验；
- 生物等效性研究；
- 体外试验。

药动学和药效学研究能够进一步证明药物疗效。申报方可以从许多数据来源中获取剂量特征，包括剂量滴定研究、预备试验、国外研究、发表的文献、体外研究、物种间剂量外推，以及药动学和药效学研究。VICH 成员已达成了9 项疗效研究的协调指导细则[15,18-25]。

6.5 化学和生产控制

化学、生产和相关控制部分应包含完整的数据，包括生产方法和控制、稳定性数据及符合 GMP 规范或相关信息，这对于确保向公众销售的药物，其质量与此药物所标明的安全性和有效性相类似是非常重要的。换言之，必须确保生产产品的质量满足适当的标准，且产品生产按照相关标准进行，并在标签上表明是同一种物质。

申报方需要回答的问题包括：

- 该药物是如何以及在何处制造的？
- 原材料是如何受到测试与监控的？
- 有何种管控程序确保产品的一致性与质量？
- 产品的特性与性能是否受到充分的确认与描述？
- 用于监督产品质量的测试方法是否适当？
- 产品在生产之后其品质能够保持多久？

许多国家要求在药物被批准之前实行现场检查，以证实申报中描述的化学和生产管控，以及生产中记录使用的档案是真实的。至关重要的是，在任何时候，有必要向监管部门提供在任何时间进入制造和配送场地的记录（包括能够接触保证质量的，以及其他方面的相关记录）。产品获得许可证或批准后，应继续进行定期检查，以监控 GMP、批量释放控制和分发操作，例如冷链和运输控制。VICH 成员已经建立（或在某些情况中，正在建立）19 项协调指南，涵盖了各种产品质量问题[6,7,8,9,10,11,13,16,17,28,29,37,38,39,40,47,48,55,56]。

6.6　环境影响

环境影响数据应表明药物的使用、制造和处理不会对环境产生明显的风险或严重影响。这些数据应包括一项环境影响评价（EIA），或是提供免于 EIA 监测的数据。在新兽药批准之前，监管机构要考虑使用产品对于环境的潜在风险。在许多情况中，对于小物种的多个使用者，可能不需提供一项环境影响评价。在其他情况中，例如新化学药物（且往往总是水生物种的药物）需要 EIA 以某些形式表明其对于环境没有重大影响。VICH 建立的协调指导细则描述了需求的数据和基本的风险评估程序，用以衡量兽药及其使用对环境造成的潜在影响。此类 VICH 指导细则包括基于暴露的筛查和定量风险评估程序[14,35]。

6.7　标签

申报方应向管理机构提供产品标签，包括出现在直接包装（如药瓶、注射器、盒）上的内容，或是塑料袋标签、包装说明书和外包装（外盒或纸板箱）。标签可包括使用说明和靶动物、剂量和给药途径、田间试验报告的副作用、治疗周期和其他任何帮助使用的建议。它还可能包括靶动物安全性研究结果，以及适当的警告与紧急症候声明，也可包括食用动物组织的停药时间，以及储存条件和配方信息。

标签必须指明产品是否只能在处方下才能使用，还是可在柜台销售的非处方药（OTC）。处方药仅为执业医师（即兽医）能够适当使用或管理的药物，提供用药注意事项，指导药物安全使用，或处理副作用。关于该药物的使用是否有效，取决于诊断是否准确以及药物是否正确使用，以及是否能够跟进疫病进展过程，从而确保药物使用成功与否。监管机构也可检查该标签，确保产品的买卖、专有名词不会以不恰当方式进行，或推销和使用。

6.8　其他信息

其他信息可包括与药物安全性和有效性相关的所有资料，这些资料已被申报者从任何渠道获得。它应包括来自任何调查、实地研究报告、国外市场经验、科学文献报告，以及任何其他未经申报方作为主要技术环节提交的数据信息。该信息应全面且均衡，并包括有利与不利的文献。申报方的责任是透明并向监督者提供任何申报方了解的信息，该信息包括产品的安全性或有效性，即使该信息并非由申报方发现。

7　一般兽药的其他注意事项

有些兽药是已经获批兽药的仿制品，按照标签使用也可证明其安全和有效。仿制品通过评估流程后可能通过，但要求制造商证明他们的药物与以前批准的"已开发"产品具有相同的有效成分，有效成分具有相同的浓度，且产品具有生物等效性。

VICH 成员正在制定一项指南，该指南描述了与兽药动物体内研究、血液水平的生物等效性研究相关的研究方法和数据要求。该指南目前正处于草案阶段，并将讨论如下主题：生物等效性的一致定义；开发合理科学的、血液水平生物等效性研究需要考虑的因素/变量；血液水平生物等效性研究报告中需要涵盖的信息。

在许多国家，仿制药品相较于创新药可能需要较少的证据来证明其安全性和有效性。然而，这些国家仍然要求非注册产品与此前批准产品的一致性数据；非注册产品表明的标签和已批准的创新药的批准标签；标明生产过程中所有有效和非有效成分的特性，以及生产过程中使用的任何其他成分，及其在最终产品中的浓度的同一性；与批准产品相同的有效成分和相同效力、剂量和用药方式；若其用于食用动物，需要提交该非注册产品的组织残留消除研究，以及制造过程的细节，包括制造设备、关键人员、分析方法、规格、质量控制程序等。仿制药物的使用还应包括环境影响的评估。

8　部分兽药产品的特殊政策

一些类别的兽药和生物制剂在确保安全有效产品的供应方面出现了特别的挑战，用于非主要品种或轻微适应症的药物尤其如此。在此情况下，"主要物种"指的是拥有相对较大潜在使用者的动物物种，而"少量用户"则指在主要物种中很少使用，或仅在少量动物、有限区域内使用。多数国家在确保少数种类或少量食用者的产品供应方面面临困难。若其产品的潜在市场很小，申报方就不愿意投资于审批需要的昂贵研究费用。

一些国家已经制订了特别方案来解决这类挑战。例如美国于 2004 年通过了《少数使用者与少数物种动物健康法案》[4]，该法案旨在向兽医和动物所有者提供更多合法的药物，以治疗少数动物物种以及重要动物物种中并不常见的疫病。该法案提供了将这些类别的药品推向市场的新思路，并设计方案以帮助制药公司解决提供有需求但使用量少的兽药时所面临的资金障碍，例如允许"有条件批准"，在收集药物审批所必需的全部有效性数据之前进行生产（仅需要对药物的疗效进行合理的解释，且证明用药后安全）。另一项美国法案的激励措施是给予这些新药申报方有条件的资金资助，帮助其进行安全性和有效性评价，或给予申报方某一时段的市场专有经营权。

当市场存在不利于药物发展的障碍时，允许"标签外使用"或"非标签使用"是解决这类药物能够获得的另一种措施。非标签使用意为兽医（或在一些情况下，其他卫生专家甚至是外行人）不依照标签或包装说明的方式，使用一种获得批准的产品，该行为包括在没有相应的产品可供兽医使用的前提下，将人类药物在动物身上使用。非标签使用是兽药实践的重要组成部分，许多非标签使用都是有效和安全的，关于这一点，经常被许多兽药产品后续的批准使用所证明。

产品监管机构有时认为，兽医的非标签使用与兽药实践相关，因此可能在其职权之外，当存在明确的兽医/病患关系时尤为如此。然而，当在食用动物上也进行非标签使用时，对它们的监管是合理的，因为食用动物中药物使用的安全性不仅涉及兽医和患病动物，也包括潜在的食品消费者。在这种情况下，监管机构有必要确保通过标签外使用治疗动物疾病时，并不损害来自受治疗动物的食品的安全。因此，监管机构通常对食品生产动物的非标签使用设定限制（插文 1）。

插文 1　北美对食用生产动物兽药产品非标签使用的限制

加拿大食品和药品法规 C.01.610.1：若药物中含有以下成分，禁止销售用于生产食品或用作食品消费的动物使用：氯霉素或其盐或衍生物；5-硝基呋喃化合物；克仑特罗或其盐类、衍生物；5-硝基咪唑化合物，或己烯烯雌酚或其他二苯乙烯化合物。

美国食品和药品条例第 530.41 节：禁止动物标签外使用的药物。下列药物、某类药物、物质禁止动物标签外使用，禁止人药在食品生产动物中使用：氯霉素；克仑特罗；己烯雌酚；二甲硝咪唑；异丙硝唑；其他硝基咪唑类；呋喃唑酮；呋喃西林；磺胺类药物在哺乳类奶牛中（批准使用的磺胺地托辛，磺胺溴二甲嘧啶和磺胺乙氧嗪除外）；氟喹诺酮；糖肽；以及 20 个月及以上雌性奶牛使用的苯基丁氮酮。受到批准用于治疗或预防 A 型流感的下列药物或药物类别，禁止对于鸡、火鸡和鸭进行标签外应用：金刚烷，以及神经性胺酶抑制剂。

9　药物售后不良反应的监督

兽药监管机构监控批准并投放市场的药物使用是非常重要的，因为支撑药物上市前批准要求的研究是基于有限数量的动物试验结果，当这些产品投放市场时，其面对的动物数量通常增加成百上千倍。不良反应报告计划的首要目的是提供关于药物不良影响和缺乏效率的早期预警，这些在药物上市前产品测试中尚未检出或预测到。此外，这些计划可以用于监督未经合法批准，或未被批准用作动物特殊用途的药物。参照不良反应信息制定产品安全建议，可能包括标签的改变或其他监管行为，包括撤回批准或没收产品。这些报告应考虑一些混杂因素，例如：

- 剂量；
- 药物的同时使用；
- 动物接受用药时的医学和生理状况；
- 环境和管理变化；
- 产品缺陷；
- 标签外使用。

参与 VICH 国家数年来致力于制定协同指南，用于不良反应的药物警戒报告。当前，这些国家正日益趋近于实施与 VICH 指导相一致的国家报告计划[36,41,45,53,54]。

10 食源性微生物的耐药性监测

监督耐药性病原体和其他食源性微生物的流行情况的计划，可以由药物批准监管机构实施，来辅助识别、追踪耐药模式，并收集动物、人类和零售肉类中细菌耐药性水平的数据。这些信息可用于帮助制定监管干预措施，以减慢耐药性的发展。当前，与人类食品相关的细菌种群的耐药性比例增加的事实可能会增加人们对公共卫生的关注，这些细菌可能来自抗生素治疗的动物，而这些抗菌药物又与人类医学直接相关。随着人们的关注日益增加，监管行动就应该被考虑，包括修订标签的使用说明，或收回对抗菌药物的批准。

11 确保合规监督

每一个国家都存在对于兽药监管计划合规性进行监督的重要需求。监管计划对于售后监督通常具备详细的书面要求，但是，通过进一步检查发现，一些国家用于实施此类计划的资源十分有限，需要有足够训练有素、经验丰富、技术能力强的人员承担这些重要任务。有如下几个特别重要的领域需要受到监督，以确保合规。

- 数据质量；
- 兽药残留。

11.1 数据质量监督

有效的兽药监管计划应包括对研究设施、临床研究者或合约性研究机构进行现场检查的权利。这些合规性方案有助于确保科学测试的完整性，以及向监管机构提交的测试数据的可靠性。此类检查允许机构通过审计程序和实时检查来评估所提交数据是否足够可信，以便机构能够对药物产品的安全性和有效性做出正确的判断。

这些监督计划应确认符合如下标准：GLPs（特别对于安全性研究和药物代谢动力学研究）以及GCPs（最典型的药效研究，包括实验室有效性研究）。通常，这些检查由应用数据和结果核对专家提出（例如人类食品安全或制造技术核查人员）。

在美国，通常在研究进行过程中开始这些检查（实时或终生检查），或在研究完成之后（数据审核）。实时检验允许监督机构在研究进行中观察研究的某些方面，因为他们正在分析或观察审查者关注的某个特定事项。数据审核检验可以对研究进行完整的核算，它可以在研究结束前或在数据递交给监管机构审查之后执行。

11.2 兽药残留监督

有权管控兽药的监管机构应充分监督动物来源的食用产品，确保这些产品不含有违反耐药性或MRLs规定的药物残留，这一点极为重要。在一个国家的食品供应中，非法药物残留可能造成严重的公共卫生问题，引起公众关心的兽药残留问题应给予优先强制执行或采取补救措施。在必要情况下，应采取行动禁止食品流通，限制食品零售、屠宰，限制兽医或农民的权利，从而预防可能出现的违法现象。多数国家都拥有代表国家水平的MRLs或临界值清单。自1985年以来，参与CAC食品兽药残留项目的国家，已经开展了许多国际合作，这些合作的结果是达成了超过100种兽药化合物的MRLs清单。世界上许多国家已经将CAC许多兽药MRLs标准作为指导或规定文件，CAC也出版了《支持CAC兽药MRLs分析鉴定的措施纲要》[1]。

12 强制执行

有效的监管计划必须通过法律授权来实施惩罚、制裁和采取其他措施，此类措施应包括迅速从市场中撤出违规产品的程序，以及禁止或关闭制造者、从业者和任何其他参与分销和使用非法或不安全产品的链条的过程。应向公众提供所有的执法信息以及这些行动的依据，作为一项有效的信息，告知所有人遵守监管规定的重要性。

13　稀有健康保护资源的充分利用

每一个公共卫生和动物健康保护机构的资源都是有限的，包括资金、人员与时间，有效利用可用资源的每一次机会都至关重要，应对这些计划进行认定和利用。正如上文所述，世界上有多种多样的兽药监管方法。许多监管机构在产品被注册或发放许可证之前，对关于其安全性、有效性和质量的部分或全部数据进行审查；另一些监管机构若对这些项目实施充满信心的话，则可能集中其监管知识与资源，与其他拥有类似监管计划的国家机构共同审查并监督产品；还有一些监管机构较少或并不发挥本文中所述的兽药管控功能。但是，无论国家资源如何有限，所有国家的监管机构必须致力于确保该国兽药的使用安全有效，无论是通过全面的审查和监督计划，或是通过对其他国家药物批准科学依据的深刻理解，或是依赖获得的其他相关信息。保护本国动物和人类健康与安全是每一个国家政府主权责任的一部分。各国的监管计划必须努力建立一套核心的科学竞争力和专门技术，以便做出必要的公共卫生和动物卫生决策。必须有可应用的标准与程序，且能在进行数据评估和对他人所进行的评估进行全面了解时能够执行。那些拥有很少或没有安全性和有效性管控计划的国家，可能或者将可能是不安全或者无效兽药提供者极具"吸引力"的市场。

应共享兽药安全信息，跨越地理和政治的界限，协同强化重要的监管行动，并充分利用有限的资源。如今，通过信息技术的使用，例如互联网、电子邮件以及视频会议，机构间实时共享数据比过去任何时候更具可行性。在采取特别预防措施，保护某些非公共或秘密信息的前提下，可共享的信息种类包括：上市前产品审查；监管标准，评估标准和程序；不良行为警告；GMP/GLP/GCP的检查结果，以及关于产品召回和其他强制措施的信息。

在国际和区域内标准制定机构间，如 OIE、CAC、WHO、药品检查协定计划组织（www.picscheme.org/）以及 VICH，建立和共享信息是巩固公共兽药监管机构共同成果特别有效的途径。两个或多个机构间的正式与非正式双边协议，也是有效的交流重要信息的途径。

OIE 承担了许多此类重要的信息共享工作：首先，通过识别 OIE 每一负责管控兽医产品的成员的国家或地区联络点；其次，支持 OIE 合作中心的工作，该机构有能力强化国家或地区兽药产品监管的基础设施。OIE 和这些合作中心不断邀请世界各地相应的官员与专家来共同举办会议，合作并分享重要信息，从而确保为全球提供抗击动物疫病的安全有效的药物。

14　挑战

为了使动物医药行业能够生产出足够的、多样化的药物和生物制剂，为满足动物治疗和生产需求的兽药企业，其监管程序的设置不但要满足法定要求，而且要有效率，并有利于新产品的开发。乍听起来，这些说法似乎互相矛盾。负责任的管控机构，必须首要确保新兽药安全且对其预期用途有效。他们还必须阻止不安全且无效的产品流入市场，并将市场中已经存在的无效产品撤出。但与此同时，监管机构必须具有有效的程序，来回应利益相关方的需求，包括及时审查决议、有效且及时的沟通，以及档案或应用检查的有效管理。

兽药和生物制剂的监管者发现非传统产品正在不断增长，这些产品是采用生物技术、纳米技术和免疫学技术制造的。对于生产食品的动物，监管者正在寻找更多既能提高生产，又可保持环境可持续性发展的药品。对于不生产食品的动物，监管者正在评估更多慢性疾病治疗、癌症治疗以及生命提升的药物。还有一些与药物批准有关的特殊问题，例如抗菌药耐药性问题、新抗生素的限制研发、作为抗生素替换物的新药物的增加，以及对抗寄生虫药物耐药性的担忧。

毫无疑问，在许多国家，新兽药的开发与销售是一个复杂而繁重的过程。为了满足不断增长的安全、有效产品的需求，未来的监管者必须更加积极地在新兽药开发和评估的早期阶段与申报方合作，尤其在采用创新技术的情况下。未来的兽药可能并不适于当前的审查模式，这些产品的评估可能会用到监管者尚未料到的新科技，同时对这些产品的安全性和有效性的评估标准尚未建立。满足安全性和有效性的严格标准，保持研发和生产产品的高质量，这是兽药研发所面临的巨大挑战。随着产品的变化，监管机构必须采用基于科学的新方法，以便能够证实药品的安全性与有效性，但同时也要避免矫枉过正，超出科学研究的范畴。

经批准兽药的使用保护了动物、公众和产品制造者的安全。世界各地一致的、公平的标准确保了开发商的利益，他们的竞争对手将不得不满足基本相同的监管要求。此外，提供一个经过严格审查、批准的动物药品，因其有别于与其竞争但未经批准、非法伪造或非法药品复合物，这也为养殖者和兽医提供了使用可靠和高质量产品的保证。

参考文献

[1] Codex Alimentarius Commission (CAC)(2012). Compendium of methods of analysis identified as suitable to support Codex veterinary drug MRLs. CAC, Rome. Available at: www. codexalimentarius. org/standards/veterinary - drugs - mrls/en/(accessed on 2 July 2013).

[2] Organisation for Economic Co - operation and Development (OECD) (2013). Good laboratory practice (GLP). OECD, Paris. Available at: www. oecd. org/chemicalsafety/testingofchemicals/goodlaboratorypracticeglp. htm (accessed on 2 July 2013).

[3] United States Food and Drug Administration (FDA)(2003). Guidance for industry # 152. FDA, Washington, D C. Available at: www. fda. gov/downloads/AnimalVeterinary/GuidanceComplianceEnforcement/GuidanceforIndustry/UCM052519. pdf (accessed on 2 July 2013).

[4] United States Food and Drug Administration (FDA)(2004). The Minor Use/Minor Species Animal Health Act of 2004. (PL 108 - 282, 2 Aug. 2004). Available at: www. fda. gov/AnimalVeterinary/DevelopmentApprovalProcess/MinorUseMinorSpecies/default. htm (accessed on 2 July 2013).

[5] United States Food and Drug Administration (FDA)(2010). The judicious use of medically important antimicrobial drugs in food - producing animals. FDA, Washington, DC. Available at: www. fda. gov/AnimalVeterinary/SafetyHealth/AntimicrobialResistance/JudiciousUseofAntimicrobials (accessed on 2 July 2013).

[6] VICH (International Cooperation on Harmonisation of Technical Requirements for Registration of Veterinary Medicinal Products) (1998). VICH GL1: Validation of analytical procedures: definitions and terminology. VICH, Brussels. Available at: www. vichsec. org/en/guidelines2. htm (accessed on 2 July 2013).

[7] VICH (1998). VICH GL2: Validation of analytical procedures: methodology. *Ibid.*

[8] VICH (1999). VICH GL3: Stability testing of new drug substances and products. *Ibid.*

[9] VICH (1999). VICH GL4: Stability testing: requirements for new dosage forms. Annex to the VICH guidelines on stability testing for new drugs and products. *Ibid.*

[10] VICH (1999). VICH GL5: Stability testing: photostability testing of new drug substances and products. *Ibid.*

[11] VICH (1999). VICH GL8: Stability testing for medicated premixes. *Ibid.*

[12] VICH (2000). VICH GL9: Good clinical practice. VICH, Brussels. Available at: www. vichsec. org/pdf/2000/Gl09 _ st7. pdf (accessed on 2 July 2013).

[13] VICH (2000). VICH GL17: Stability testing of new biotechnological/biological products. VICH, Brussels. Available at: www. vichsec. org/en/guidelines2. htm (accessed on 2 July 2013).

[14] VICH (2001). VICH GL6: Environmental impact assessments (EIAs) for veterinary medicinal products (VMPs) (Phase I). *Ibid.*

[15] VICH (2001). VICH GL7: Efficacy of anthelmintics: general requirements. *Ibid.*

[16] VICH (2001). VICH GL10 (R): Impurities in new veterinary drug substances (revision). *Ibid.*

[17] VICH (2001). VICH GL11: Impurities in new veterinary medicinal products. *Ibid.*

[18] VICH (2001). VICH GL12: Efficacy of anthelmintics: specific recommendations for bovines. *Ibid.*

[19] VICH (2001). VICH GL13: Efficacy of anthelmintics: specific recommendations for ovines. *Ibid.*

[20] VICH (2001). VICH GL14: Efficacy of anthelmintics: specific recommendations for caprines. *Ibid.*

[21] VICH (2002). VICH GL15: Efficacy of anthelmintics: specific recommendations for equines. *Ibid.*

[22] VICH (2002). VICH GL16: Efficacy of anthelmintics: specific recommendations for swine. *Ibid.*

[23] VICH (2002). VICH GL19: Efficacy of anthelmintics: specific recommendations for canines. *Ibid.*

[24] VICH (2002). VICH GL20: Efficacy of anthelmintics: specific recommendations for felines. *Ibid.*

[25] VICH (2002). VICH GL21: Efficacy of anthelmintics: specific recommendations for poultry. *Ibid.*

[26] VICH (2002). VICH GL28: Studies to evaluate the safety of veterinary drugs in human food: carcinogenicity testing. *Ibid.*

[27] VICH (2002). VICH GL31: Studies to evaluate the safety of veterinary drugs in human food: repeat-dose (90-day) toxicity testing. *Ibid.*

[28] VICH (2003). VICH GL25: Testing of residual formaldehyde. *Ibid.*

[29] VICH (2003). VICH GL26: Testing of residual moisture. *Ibid.*

[30] VICH (2004). VICH GL22 (Revision 1): Studies to evaluate the safety of veterinary drugs in human food: reproduction testing. *Ibid.*

[31] VICH (2004). VICH GL23 (Revision 1): Studies to evaluate the safety of veterinary drugs in human food: genotoxicity testing. *Ibid.*

[32] VICH (2004). VICH GL27: Pre-approval information for registration of new veterinary medicinal products for food producing animals with respect to antimicrobial resistance. *Ibid.*

[33] VICH (2004). VICH GL32 (Revision 1): Studies to evaluate the safety of veterinary drugs in human food: developmental toxicity testing. *Ibid.*

[34] VICH (2004). VICH GL37: Studies to evaluate the safety of veterinary drugs in hu-

man food: repeat – dose (chronic) toxicity testing. *Ibid.*

[35] VICH (2005). VICH GL38: Environmental impact assessments (EIAs) for veterinary medicinal products (VMPs) (Phase II). *Ibid.*

[36] VICH (2006). VICH GL29: Pharmacovigilance of veterinary medicinal products: management of periodic summary update reports. *Ibid.*

[37] VICH (2006). VICH GL39: Test procedures and acceptance criteria for new veterinary drug substances and new medicinal products: chemical substances + decision trees. *Ibid.*

[38] VICH (2006). VICH GL40: Test procedures and acceptance criteria for new biotechn-ological/biological veterinary medicinal products. *Ibid.*

[39] VICH (2007). VICH GL10 (Revision): Impurities in new veterinary drug substances. *Ibid.*

[40] VICH (2007). VICH GL11 (Revision): Impurities in new veterinary medicinal prod-ucts. *Ibid.*

[41] VICH (2007). VICH GL24: Pharmacovigilance of veterinary medicinal products: management of adverse event reports (AERs). *Ibid.*

[42] VICH (2008). VICH GL41: Target animal safety: examination of live veterinary vac-cines in target animals for absence of reversion to virulence – annexes. *Ibid.*

[43] VICH (2008). VICH GL44: Target animal safety for veterinary live and inactivated vaccines. *Ibid.*

[44] VICH (2009). VICH GL33 (Revision 2): Studies to evaluate the safety of residues of veterinary drugs in human food: general approach to testing. *Ibid.*

[45] VICH (2010). VICH GL30: Controlled list of terms. *Ibid.*

[46] VICH (2010). VICH GL43: Target animal safety for pharmaceuticals. *Ibid.*

[47] VICH (2011). VICH GL18 (Revision): Impurities: residual solvents in new veterina-ry medicinal products, active substances, and excipients. *Ibid.*

[48] VICH (2011). VICH GL45: Bracketing and matrixing designs for stability testing of new veterinary drug substances and medicinal products. *Ibid.*

[49] VICH (2012). VICH GL46: Studies to evaluate the metabolism and residue kinetics of veterinary drugs in food – producing animals: metabolism study to determine the quanti-ty and identify the nature of residues. *Ibid.*

[50] VICH (2012). VICH GL47: Studies to evaluate the metabolism and residue kinetics of veterinary drugs in food – producing animals: in comparative metabolism studies labora-tory animal. Ibid.

[51] VICH (2012). VICH GL48: Studies to evaluate the metabolism and residue kinetics of veterinary drugs in food – producing animals: marker residue depletion studies to estab-lish product withdrawal periods. *Ibid.*

[52] VICH (2012). VICH GL49: Guidelines for the validation of analytical methods used in

residue depletion studies. *Ibid.*

［53］ VICH （2013）. VICH GL13：Pharmacovigilance：electronic standards for transfer of data. *Ibid.*

［54］ VICH （2013）. VICH GL36：Studies to evaluate the safety of residues of veterinary drugs in human food：general approach to establish a microbiological ADI ＋ SC. *Ibid.*

［55］ VICH （2013）. VICH GL34：Test for the detection of *Mycoplasma* contamination in biological products. *Ibid.*

［56］ VICH （2013）. VICH GL51：Statistical evaluation of stability data. *Ibid.*

整合从屠宰场获得的动物健康和
食品安全的监测数据

J. A. Lynch[①]*   P. Silva[②]**

摘要：屠宰场层面的动物健康和食品安全监控的目的包括临床病理学、病原体、药物残留、化学污染和耐药性的检验检测。政府、行业和学术界是此类监控的主要倡导者。从自愿到法定政策与政策手段都在促进或强制参与屠宰场实施监控。在此类不同机构间整合数据，也面临着重大的法律、组织和财政方面的挑战。强化政策以鼓励有效的动物健康和食品安全监控数据一体化，应推动：长期方案；政府、行业和学术界间的合作；风险预案的应用；公众获取数据透明度，并促进以消费者为中心数据的交流。强有力的论据证明，持续进行屠宰场监控对于动物健康与食品安全双方面的互补追求，能够起到辅助作用。

关键词：动物 食品 健康 一体化 政策 安全 屠宰场 监控

0 引言

作者意在强调屠宰场层面，从几个方面改善整合动物健康和食品安全监控数据的政策与方法，以更好地告诉我们使动物与人类健康受益的关键决策。本文将涉及技术数据抓取的数个领域和一些普遍的挑战与一体化方法，并通过一系列问题、思考与权限，引用或提出最佳实例。本文意在体现历史演化与全球视野两方面。

屠宰场层面的动物健康和食品安全监控目的，很大程度上通过政府、行业或学术界单独发起或合作发起而实现。它可能是有时限的一项单独的风险或研究项目，或是一项针对特定动物疫病或具有公共卫生重要性、广泛进行中的监

---

① 安大略，加拿大。

② 加拿大食品检验局动物卫生科学局/科学处，渥太华，加拿大。

* 电子邮箱：lynchjo@rogers.com。

** 电子邮箱：primal.silva@inspection.gc.ca。

督项目的一部分。以此类活动为基础的政策与政策手段很大程度上由中央主管机关决定，且选择权向领导支持方或赞助者开放，并针对达成预期目的最有效、高效的方法进行初步分析。

CAC 的《肉制品操作规范》（CHPM）包括肉类卫生的基本国际标准，并包含一项应用于卫生措施方面的贯穿肉类生产链条的风险监管方式。宰前检验是屠宰前肉类卫生的主要组成部分，而宰后检验则是宰后肉类卫生加工管控的主要组成部分。CHPM 十分认可能达成动物健康和公共卫生双重目标的屠宰场检验活动[9]。

努力设计并实施有效政策，目的在于鼓励与优化动物健康与食品安全监控目标的集成，这从屠宰场层面而言是合理的，从战略理论层面而言是稳健可靠的。但是，他们也日趋认同面临着一系列组织、经营、财政和科学上的阻碍。通过屠宰场监控，将在本文中讨论已收集或正在收集的动物健康和食品安全数据，包括病理学、病原体、药物残留、化学污染和耐药性的记录。

1 病理学

历史上，已在检验过程中建立了屠宰场监控：如有明确指出，宰前检验会与宰后大体组织病理学检查相结合。场内筛查试验可作为补充检验，例如：

- 抗生素残留测试，例如现场拭子测试（STOP）[7]和磺胺现场测试（SOS）；
- 肾抑制拭子试验[1]；
- 特定寄生虫病原体快速显微镜检测，例如旋毛虫；
- 迅速的药物血清筛查，例如布鲁氏菌（如卡片测试）。

但是，当前在多数发达国家，在屠宰场工作的兽医很少面对由此类人畜共患病病原体造成的大体病征性损伤，或是动物健康和食品安全重要性相关有毒药剂的可视证据。他们现场兽医诊断频率过低，不足以形成有效数据。传统方法仍然在某些发展中国家使用，在这些地区，大体病理观察是形成动物健康和食品安全监控数据的关键工具。

虽然过去在许多国家，检验屠宰个体有效地支持了人畜共患病的消灭计划（例如布鲁氏菌病、牛结核病），并阻止了某些动物健康和食品安全相关的违规残留，但是在这些目标总体实现的情况下，由专业兽医检查员执行，逐个胴体外观检验或实地筛查的价值将大幅减弱。持续证实变得成本高昂且效率低下。当前禽类加工线逐步加速，这种检查成为影响生产力的巨大阻碍，甚至是不可能的。因此，检疫便走上更为分散且专业的道路，检测动物或人类病原体；检测药物残留、化学和抗生素耐药性，在食品生产一体化的屠宰点，如今需要更加精密的实验室分析和确认。

因此，在政策要求下，一些检验项目正从政府兽医执行的直接胴体检验，转为由受到专业训练的初级产品检验员或企业检验人员进行检验。兽医的角色是核实检验程序资格，证实检测的分散性损伤，并关注更为广泛的 HACCP 监管计划和记录，以适当的频率进行实地检查。除了真实性，某些国家仍在强制要求兽医检察员每天出现在屠宰场，对与其有出口交易的国家也有同样的要求。

2 病原体

许多主要问题的当前危害会影响动物健康，并造成相关物种减产，而这并不在食品安全的关注范围内，反之亦然。所以，如上所述，许多国家取得了历史性的进步，使用传统监控进行检验，彻底消除了人畜共患病病原体，如布鲁氏菌病和牛型分枝杆菌未来与多数发达国家将不再相关。然而，牛海绵状脑病的产生使人们再度聚焦屠宰场监控，由于没有可用于确认的宰前测试，出于动物健康和食品安全双方面的考虑，为了确保适当移除确认特定风险物质，并收集诊断试剂，需要支持国家监控项目。随着许多国家牛海绵状脑病发生频率的下降，当前屠宰场监控级别在现有基础上可能并不合理，但是，类似异常的潜在风险，或者国际级别的人畜共患病病原体的出现频率仍居高不下，这加强了屠宰场层面对于动物健康和食品安全的持续监控。

因此，当前发达国家屠宰场对于病原体的关注，尤为集中于动物健康方面，如查明减产（损害企业或学术利益）的主要原因；或是主要集中于动物储存方面，食品安全相关的主要病原体（例如弯杆菌、沙门氏菌及人类病原体大肠杆菌）。且这种关注并非关乎整体利益，例如猪圆环病毒这种证实或疑似动物产品问题的产生根源，需要屠宰场进行持续监控，但是该病原体通常没有已知或疑似的食品安全后果。完整未加工畜体的多数食源性疾病病原体的存在，从历史上而言对于生产者几乎没有产生影响，既不因其不存在带来附加费用，亦不因其存在产生收益或产量下降的不足，可见其对生产者的重要性是有限的。因此，生产者未能广泛投资于特殊措施，降低其存在率。

但是，政府主导的降低病原体合作计划的发展带来了公共成果，该计划围绕屠宰场数据的收集展开，而性能指标的建立与结果的公共传播，直接提高了企业对于其他少数动物健康威胁的关注。在这样的举措下，此类屠宰场数据的使用与公布，以及相关的企业鉴定，可以证实鼓励减少病原体措施的实施是有效的，例如大肠杆菌 O157：H7 疫苗，而其他激励方式，诸如减少疫病、高价值产品定价以及政府补贴仍存在缺位。

3　药物残留

由于生产者和兽医没有充分注意到屠宰场动物组织中存在已批准药物的适量残留，如由于适当的用药剂量、用药执行方式和停药时间，或是针对某种疫病用药后的新陈代谢产物[11]。偶尔可能存在针对某些特定物种使用未受许可药物的情况，这是因为未受法律许可药物，针对其适用的其他物种，其用药停药时间的指导实践经验缺乏。极少情况下，由于可能存在非法的黑市行为，动物存在使用如氯霉素等法律禁止药物的情况。抗生素残留的监控是全部检测残留的主要组成部分，历史上曾以真正和半合成抗生素和化学疗法制剂通过两步程序实施这种监控。首先，在实地或地区实验室进行定量或半定量的生物筛查试验。然后，对筛查为阳性的胴体样本进行定量色谱确定试验。实地定量筛查相对廉价，技术相对简单，且有可防胴体腐烂的周转时间。非兽医药物部门进行的正常清除机制不充分的药理学评估，可能给消费者带来致命的过敏或毒性反应，或检出极高水平的，如氨基糖苷类威胁动物健康的某些病原体等此类成分。因此，此类化合物的常规采样，和基于高度可疑动物的选择性检验（例如有肺炎或可见注射部位迹象的动物）两方面，构成了屠宰场经典抗生素监控项目的基础。

广泛存在的对药剂产品的担忧，需要使用更为常规电脑辅助的精密化学分析，如较为典型的半自动色谱法。除国际批准的标准之外，某些 β 兴奋剂的大量公开非法使用，如促进生长的克仑特罗，以及莱克多巴胺等其他生长促进化合物，在某些权限内是不被允许的，这也推动着扩展药物残留监控的需求。精密分析实验室中，此类批量处理检测集中化，资源密集可以应用多残留技术和有效样品处理，促进了同时完成多种分析，扩大了范围并提高了效率。

4　化学污染

除制剂产品之外，药物残留的范围逐步扩大（例如重金属、杀虫剂、持久性有机污染物），而为了生产，动物可能有意或偶然地暴露于此类残留物中，具有了潜在毒性，且残留物可能对动物健康和食品安全造成不良影响。例如，随着廉价竞争的激化，利用生物质能开发可再生能源资源，如生物柴油，增加了主要饲料污染事件的可能性，2010 年欧洲发生的二噁英事件就是如此[4]，存在潜在体内生物毒素的聚积。屠宰场数据收集是处理该事件的重要组成部分。

另外，国际农业食品产品市场复杂性的加剧，且掺杂物检测的广泛精密化学分析的常规应用存在成本限制，为经济动机掺假（EMA）增加了动物健康和食品安全威胁，数年前的"三聚氰胺"事件印证了这点。需要有远见卓识的政策确保良好商业智能的运用，基于风险来直接选择测试，从而使此类动物健康和食品安全中肆无忌惮行为的不良影响最小化。

因此，在众多法律管辖区域内，特别是动物源性食品的出口方，对化学残留实行并公布了多层次的相关外部监控计划。这利用了屠宰场样本集合，为检验人员的追踪和收集提供了方便，因此在必要情况下，适当跟进后续行动。现代监管环境现状是支持公开发布所收集数据的透明化政策，以及后续行动的阐释和认证，对于切实感知动物健康和食品安全威胁的管理具有必要性。

5 耐药性

WHO 和 OIE 均指出，在确保动物健康和食品安全的背景下，耐药性日益受到关注。抗生素产品过度或不适当的使用，通过加剧生存选择压力使得获得致病性种类抗性加速增长，产生了大幅降低抗生素这种有力工具效能的危害。然而畜牧学中过度或不适当（或者一些人可能说是任何程度）的使用，使人类病原体耐药性程度的临床意义具有了争议性。畜体抗生素使用很有可能成为降低这些药物治疗人类疾病效用的一项重大影响因素。已在食品链的许多环节执行抗药性趋势的监管，包括在屠宰场[10]。

设计、发展和实施基于屠宰场的抗药性持续监控，相较其他对于动物健康和食品安全有重要性的屠宰场监控有更多的限制。在加拿大，抗微生物药耐药性监测综合计划总览（CIPARS）已实行了 10 年。除农场和零售层面之外，基于屠宰场的采样也是该多重监控系统的组成部分，这也使比较评估食品链成为可能。该计划在加拿大公共卫生署领导下，是一项利用联邦资金实施的公共卫生项目，但要与其他利益相关方合作共同承担，需要年复一年持续推进，不需要更为强制的政策工具来约束。

其他集成屠宰场层面监控计划的国际事例包括美国食品及药品管理局实行的国家耐抗菌素监测系统（NARMS)[8]，丹麦耐药性监测和监督综合方案[3]，以及哥伦比亚耐药性监测综合方案[2]。WHO、OIE 和其他组织，推动着许多捕捉人类和动物病原体数据相关的计划，并努力使其网络相联系[5,6]。

6 政策工具和运用

多重公共政策工具可以运用来发起、促进并集中监控行动，更好地实现屠宰场的动物健康和食品安全数据一体化，并从中获益，如图 1 所示（D. Caron，加拿大食品检验局，个人通信）。适当的选择取决于一项行动最有力的提倡者——政府、行业和学术界，以及他们"胡萝卜"加"大棒"的措施。

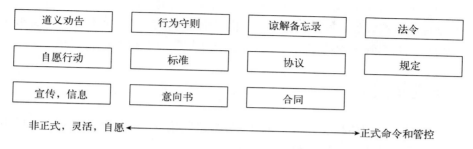

图 1　实现监控目的的多种可用政策工具

选择一项工具的诸多考虑因素包括：
- 该行业的本质与能力；
- 将降低的风险与将实现的结果；
- 可利用信息与知识空白；
- 内部与外部所需的专家；
- 评估工具的标准（如实现成果的有效性、效能、成本/收益、国际义务）；
- 合规率；
- 诸多工具相互配合的方式。

　　政府有能力通过正式而不可动摇的立法或规定的方式，推进监控项目的参与程度和实现，但这是一条缓慢、繁重且往往冲突不断的途径，一般需要政府承担主要开支。无偿或推广措施可能更容易且迅速地实施，然而这需要向全部参与者说明益处，这些成员虽共担成本，但可能并非长期参与。工作守则和谅解备忘录（MOU）是典型运用集体分担成本以及某种层面默认长期参与的方式。可以采用全部方式，但是 MOU、协议或工作守则通常为诸如监控的行动提供最佳权衡与资源分配。

　　通过协会政策和实践，行业通常有能力快于政府实施相关政策和计划，因为行业通常不受相同的经济和行政束缚的限制。这可能极具优势。行业亦可能有能力施加影响，获取经济支持，并通过与立法和监管模式同样具有强制力的市场政策，激励成员的参与。

　　学术界拥有有限的政策选择能力，通过科学而非基于道义来推动监控行动。但是，其吸引拨款和分配固定资源的能力，以从短期或试点视角解决潜在问题的角度，显示出促进其在政府或行业利益相关领域的力量。

　　农场食品安全计划（OFFSPs）、生物安全计划和溯源计划形成了一组政府推动、企业实施的一种非正式、灵活且非强制性的工具，用来支持动物健康和食品安全。为确保可追踪性全面与一致的应用，越来越多的管辖区域正在通过监管手段，保证可追踪性成为强制性，这显然是在企业的合作下进行设计和实施的。出于屠宰场层面的动物健康和食品安全目的，此类措施有潜力集成并提高全面的数据收集。与 OFFSPs、生物安全性计划细节和可追踪性系统相呼应的生产记录起到了预警作用，并大幅强化了屠宰场监控的信息基础。

7 当前挑战

不同机构（例如政府、行业和学术界）之间集成数据以沟通关键决策的努力面临着重大的法律、物资和财政挑战。

数据所有权问题、知识产权和保密性、安全性问题、数据格式化和维持成本，以及数据存取和公开权，使得更多人卷入其中，合作努力更为复杂。

重要的考虑事项与潜在的障碍为技术信息管理和信息技术的问题。实地应用的无线手持设备的产生，与所谓的"云"计算机为这些挑战的管理带来了令人激动的选择。

政府、行业和学术界稳定的经济支持，是当前基于不可控的全球经济以及特定行业关注状态所决定的一项挑战。为了抵消监控计划投资的公共、私人和学术收益，必须将全部各方作为此类监测计划的组成部分。

8 结论

当前影响发达国家动物生产环境、动物健康和食品安全等主要问题的病原体差异较大。举例而言，人类致病病原体的主要类型中，弯杆菌、沙门氏菌和大肠杆菌并非是动物减产的主要原因。然而，药物残留、化学污染和抗药性则是共同关切的问题，因此有必要鼓励整合。此类问题可能具有特定的短期目标，但是多数情况下，反映长期整体的动物健康或食品供给安全的评估。

建议一：如有可能，支持整合的政策应以长期运行为目标，从而保证对干预措施影响趋势的分析和评估，这些干预措施的目标是从总体上降低动物健康和食品安全风险。所以，就此观点而言，为了完善动物健康和食品安全监控，政府作为领导或是主要协作方，应拥有长期的正式命令、相对稳定的资源基础，以及对于数据类别更为全面的掌控。短期关注领域最好由行业和学术界掌管。

政府关注点很大程度在瞄准自身责任，即保障食品供给安全、识别动物来源的主要外来疫病的威胁。政府拥有广泛而卓有实效的政策工具来实现这些目标，包括立法和监管工具。利用这些工具能够进行经济处罚，或是通过许可证发放和期限与条件的登记义务，以及交互联系的合规性来促进履职，并有能力运用有力的道义劝告和其他教化的非强制手段来实现履职。

行业追求的利益在很大程度上是聚焦其商品团体的经济健康，追求竞争优势。这不仅包括考虑当前造成严重死亡率和发病率的原因，也包括长期从形象和品牌价值的观点出发，考虑食品安全问题。或者更进一步，为了满足不断增加的新客户的标准或出口的要求。具备该职权的市场主体机构可能在利益导向和政策杠杆下，通过一系列自愿计划与政府结合或独立建构，实施包括强制验证性实验在内的措施以支持监测。

该领域中学术界的关注点通常是以项目为导向，且本质上是短期利益——与从事有公开价值的学术研究相联系。该群体的政策工具和可利用手段最为有限，很大程度上局限于向行业提供免费或分担成本的有价值信息，作为其研究工作的成果。但是，学术界有能力利用流行病学和生物信息学工具取得研究进展，开发出新型的监控方法和模型。

建议二：为推动提升屠宰场层面动物健康和食品安全一体化政策做出努力，旨在尽可能地整合与行业和学术界的协作，汇聚力量，节省成本。

显然，在识别每种得失的情况下，监测动物健康和食品安全的总体获益潜在机遇，将远远超过任何或全部相关方其各自可利用资源带来的获利机遇。

建议三：在可用资源范围内，需要一项合理的基于风险的计划和评估程序，依据风险优先方案，有效优化最为普遍的样本类型与样本分析。

随着消费者和媒体对于动物健康和福利及食品安全的关注日益增加，新的公众压力正施加于农业食品企业，贯彻尽职调查，以确认食品生产动物以健康方式生长，且安全地进行食品加工生产，行动包括全球食品安全倡议或其他第三方证明的驱动。虽然多数消费者仍不愿意为更安全食品支付差别溢价，大型食品零售商却日益要求其供给方承担安全食品生产第三方证明的成本，作为进入其市场支出的一部分。

建议四：屠宰场层面的动物健康和食品安全数据必须透明且让公众可利用，且必须用于提供动物健康和食品安全状况及以消费者为中心的常规信息，从而强化其带来的投资价值。

强有力的论据证明，对于可持续的动物健康和食品安全双方面的互补追求，在很大程度上，能够得益于屠宰场层面监控的有效协助。该方案提供的解决食物链中主要威胁的效率与能力，远远大于其呈现出的挑战。该方案切实地与"同一健康"最佳实践相适应，集成了关键的利益相关方，从行业生产者到加工者、政府、经销方、学术界以及消费者，创造卓越可持续的动物健康与公共卫生成果。

9 致谢

感谢加拿大食品检验局首席兽医官与首席食品安全官 Brian Evans 博士在本论文准备与评审过程中所做的贡献。

参考文献

［1］ Canadian Food Inspection Agency (CFIA) (2011). Sampling and testing，Chapter 5. *In* Meat hygiene manual of procedures. CFIA，Ottawa. Available at：www. inspection. gc. ca/english/fssa/meavia/man/ch5/5 - 2 - 9 - 6e. shtml (accessed on 20 March 2013).

［2］ Colombian Integrated Program for Antimicrobial Resistance Surveillance (COIPARS) (2012). Available at：coiparsamr. wix. com/coipars (accessed on 20 March 2013).

［3］ Danish Ministry of Food，Agriculture and Fisheries &. Danish Ministry of Health (2012). The Danish Integrated Antimicrobial Resistance Monitoring and Surveillance Programme. Available at：www. danmap. org (accessed on 20 March 2013).

［4］ European Commission (EC) (2011). Feed contamination. Dioxin in Germany. Directorate - General for Health and Consumers，EC，Brussels. Available at：ec. europa. eu/food/food/ chemicalsafety/contaminants/dioxin _ germany _ en. htm (accessed on 20 March 2013).

［5］ Public Health Agency of Canada (PHAC) (2007). Canadian Integrated Program for Antimicrobial Resistance Surveillance (CIPARS). PHAC，Ottawa. Available at：www. phac - aspc. gc. ca/cipars - picra/index - eng. php (accessed on 20 March 2013).

［6］ Silley P.，Simjee S. &. Schwarz S. (2012). Surveillance and monitoring of antimicrobial resistance and antibiotic consumption in humans and animals. *In* Antimicrobial resistance in animal and public health (J. Acar &. G. Moulin，eds). *Rev. sci. tech. Off. int. Epiz.*，31 (1)，105 - 120.

［7］ United States Department of Agriculture (USDA) (2006). Performing the swab test on premises (STOP) for detection of antibiotic residues in livestock kidney tissue. USDA，Washington，D C. Available at：www. fsis. usda. gov/pdf/stop. pdf (accessed on 20 March 2013).

［8］ United States Food and Drug Administration (USDA) (2012). National Antimicrobial Resistance Monitoring System (NARMS). Available at：www. fda. gov/animalveterinary/ safetyhealth/antimicrobialresistance/nationalantimicrobialresistancemonitoringsystem/default. htm (accessed on 20 March 2013).

［9］ World Organisation for Animal Health (OIE) (2011). Chapter 6. 2. Control of biological hazards of animal health and public health importance through ante - and post - mortem meat inspection. *In* Terrestrial Animal Health Code，20th Ed. OIE，Paris，238.

［10］ World Organisation for Animal Health (OIE) (2011). Chapter 6. 7. Harmonisation of national antimicrobial resistance surveillance and monitoring programmes. *In* Terrestrial Animal Health Code，20th Ed. OIE，Paris，258.

［11］ World Organisation for Animal Health (OIE) (2011). Chapter 6. 9. Responsible and prudent use of antimicrobial agents in veterinary medicine. *In* Terrestrial Animal Health Code，20th Ed. OIE，Paris，275.

食品安全领域的动物医学教育（包括动物卫生、食品病原及食源性疾病的监测）

S. M. Vidal[①]*　　P. I. Fajardo　　C. G. González

摘要： 动物食品行业在过去几十年已经发生了变化，主要由于以下因素：人口数量的增加及平均寿命的延长、城镇化及移民的加剧、人畜共患病及食源性疾病的兴起、食品安全问题、动物生产体系的技术进步、贸易全球化及环境变化。千年发展目标和"同一健康"理念为有效解决消费品安全、食品安全及动物源性疾病相关风险提供了全球性指导。因此，根据当前市场对知识及技能的需求，参与供应链的专业人员发挥着积极的作用。鉴于此，将这些技巧纳入本科生和研究生的动物医学课程范围是有必要的。本文分析了兽医教育中与食品安全相关方面应采用的途径，并强调了动物卫生、食品病原及食源性疾病监测的重要性。

关键词： 动物卫生　食品病原　食品安全　食源性疾病的监测　兽医教育

0　引言

根据当前市场对知识及技能的需求，动物食品的开发、生产和制造方面的进步和显著变化，亟须供应链相关专业人员发挥积极的作用。至于动物产品，兽医在食品生产系统和制备过程（一直延伸到产品分配及销售）中均发挥着关键作用。

引起动物食品市场变化的因素多种多样：技术流程的进步；造成市场全球化的市场间互动及全球范围内的整合；饮食习惯的改变；近几十年传染性疫病的发生；将药物添加到家畜饲料中而未考虑到所产出动物食品的安全性等行为；生物恐怖主义以及人口统计问题。其中最重要的变量是日益增加的世界人口数量及人均寿命、人口老龄化、城镇化及移民问题。

因此，全世界人口现在有近一半居住在城市（47%），这一比例在发达国

---

①　智利圣地亚哥马约尔大学兽医学院。

*　电子邮箱：macarena. vidal@umayor. cl。

家为 76%，在发展中国家为 41%。很多原因促成了农村人口减少的过程：创造就业并确保农村地区基本服务建设，并以此来"保持"人口的发展模型未能成功[20]。城市人口密集区人口数量一直在稳定增长。

这些人口变化，特别是在发展中国家，会给当地居民带来许多健康和福利方面的挑战。因为人们对更多优质水的需求量越来越大，对满足消费者感官品质和官方安全标准的健康、安全、营养食品的需求越来越多，对人和动物消费安全的要求也越来越高[19]。

畜牧业在密集型肉类生产系统的发展、单一物种生产的增加、全球分布的垂直整合及发展，以及靠近市中心的密集型家畜生产系统的建立等方面的结构性变化，创建了一个动物-人类-生态系统的交界面，这一交界面增加了新发传染性疫病出现或已知传染性疫病加剧的风险[12]。

此外，气候变化会引起降雨格局的变化，从而影响动物和人类病原体及疫病的生命周期[7]，包括新病症的出现及现有疫病发病率的改变，尤其是那些媒介传播性疫病。

不同生态位中的微生物群落，依靠它们各自的流行病学链，从人到人、从动物到动物、从动物到人、从动物到食物或从食物到人进行传播[26]。

这些病原体与食源性疾病有关，食源性疾病不仅对全世界公共卫生造成了持续威胁，而且也是发病的一个主要成因。

食品安全要求保持家畜和家禽健康，没有可传染给人类的病原体[5,23]。此外，兽医产品的使用，特别是动物饲料中的抗菌药物，已认定为是人类抗菌药物耐药性发展的一个主要影响因素[24]。

因此，食源性疾病监测及食品污染控制系统应该提供一些信息，以满足微生物学及化学风险定量评估的需求。

以上所有因素均影响着动物食品的生产和销售，因此有必要对食物链实施严格的质量管控以预防和控制终端产品成分及出现化学性、物理性和生物性污染等问题。

1 食品安全及食源性疾病的重要性

食源性致病微生物，包括细菌、真菌、原生动物、病毒、寄生虫及其某些微藻类，会带来健康风险。这些病原体涉及卫生微生物学的两个关键领域：食物变质的起因或食源性疾病病原体[10]。

在过去 30 年中，食源性疾病流行病学发生了变化，其中部分原因是病原体的出现和复发。这些变化包括食源性疾病流行病的发生率增加了，与食品及新食品载体的关联也增加了。沙门氏菌、大肠杆菌及霍乱弧菌是引发食源性疾病的主要病原菌。因此，控制食物中病原体对预防食源性疾病非常重要。

粮食保障、食品安全与动物和人类健康之间有着紧密联系。这些概念在消除饥饿和营养不良中起着决定性作用，特别是在粮食紧缺的低收入国家[31]。因为动物食品，如牛奶及奶制品、肉类和肉制品、蛋类和鱼类产品都富含人类维持良好生长和发展所需的必要营养元素。

然而，动物食品由于容易变质会带来很高的流行病学风险，除非从农业生产、经过准备，至产品到达消费者的餐桌所有环节的问题均能得到控制。

此外，食品中的化学污染物本来很难与食品相关联。这些化学物包括自然产生的如霉菌毒素的有毒物质，以及如二噁英、水银、铅和放射性核素的环境污染物。但它们被广泛用于食品添加剂、杀虫剂及兽医药物的合成，所以一定要确保这些物质的安全使用。

糟糕的食品卫生质量在很多方面具有破坏性。食物腐败会导致疾病、医疗费和经济损失，会破坏旅游业，甚至引发死亡[10]。

WHO 将食源性疾病定义为疾病，通常由通过摄取食物进入体内的病原体引起，本质上具有传染性或毒性[30]。

由微生物危害引发的食源性疾病日渐成为一个主要的公共卫生问题。拥有食源性疾病报告系统的大部分国家已通过记录发现，近几十年里由微生物危害引发的疾病显著增加，包括沙门氏菌、空肠弯杆菌、单核细胞增生性李斯特菌及大肠杆菌 O157：H17[13]。

2008 年，WHO 估测 15.3% 的全球死亡是由传染病和寄生虫病导致的，其中又有 4.3% 是由腹泻类疾病引起的。同年，拉丁美洲和加勒比次区域的低收入及中等收入国家中，有 34 000 人死于腹泻，占总死亡人数的 1%，每 100 000 人中就有 6 人死于腹泻。根据不同国家的情况，WHO 还补充道，15%～79% 的腹泻是由食物污染引起的。在拉丁美洲及加勒比国家，该比例为 70%。在 WHO 美洲区域，上报国际卫生条例事件管理系统的数据分析显示，2002—2012 年第一季度期间，969 例上报事件中，共有 161 例是与食源性疾病或动物源性疫病相关（16.6%），且这一比例近几年呈上升趋势。截止到 2012 年 2 月 29 日，共上报 47 例确诊的食源性疾病病例[32]。

食源性疾病病例的不完整记录仍是数据分析与解释的主要缺陷，即使是在发达国家也是如此。在过去 9 年里，WHO 和 PAHO 的食源性疾病流行病学区域化监测信息系统，收到来自 22 个拉丁美洲和加勒比国家的 6 511 份疾病报告，这些疫情致 250 000 人受影响，其中 317 人已死亡。

在巴西，1999—2009 年，共上报了 6 349 例食源性疾病疫情，这些疫情影响了 124 000 人，导致 70 人死亡。FAO 的一项近期研究预估，中美洲哥斯达黎加每年有近 150 000 例腹泻发生，耗费成本约 1 125 万美元。在萨尔瓦多，食源性疾病预估耗费成本在 2 300 万美元以上。

在智利，春夏时节，疾病会有季节性的高涨，如由副溶血性弧菌、肠炎沙门氏菌、志贺氏菌及其他因素引起的腹泻。伤寒和甲型肝炎在此季节也有所增加[22]。

2010 年，通过智利卫生统计和信息部登记系统（DEIS）上报的食源性疾病疫情共有 742 例，比例为每 100 000 位居民中有 4.3 例。2011 年共上报 976 例食源性疾病疫情，比例为每 100 000 位居民中有 5.7 例[22]。

在美国，每年约上报 7 600 万食源性疾病病例，其中 325 000 例入院接受治疗，5 000 例死亡[18]，而在英格兰和威尔士，每年约有 2 366 000 例食源性疾病病例，其中 21 138 例入院治疗，718 例死亡。

食品生产和贸易全球化在持续发展，例如，在过去 5 年里，进口到美国的产品数量预计翻了一番，而且现在美国进口产品约来自 200 个国家的 240 000 多家企业[25]。这使得食品污染相关的国际事件风险有所增加。因此，食品安全问题不仅要在国际层面，还要在区域层面进行解决。

全球范围内食源性疾病病例的增加源于多个方面的发展，包括国际旅游和移民的增加、活畜和食品贸易的增加、发展中国家城镇化的加快、食品加工和消费者行为的改变，以及多由艾滋病、疟疾及肺结核等其他疾病引起的免疫缺陷个体的增多。

2　兽医角色

兽医学是一种医疗健康专业，可通过确保动物蛋白质的安全生产和良好品质来对抗营养不良，而动物蛋白质的缺乏是全世界人类发展所面临的最大制约[27]。

兽医学是一种与 21 世纪社会相关的专业，因为近几十年人类活动的显著增加已导致生物体系发生了前所未有的变化，尤其是大量的人口和货物运输以及城镇化的发展。这为不安全性创造了生物学条件，并带来一系列影响：动物群体尤其是人类中疾病的兴起、动物性疫病、入侵物种扰乱生态系统、人口粮食生产不足，以及人类活动的增强，这些都会为可持续性带来影响。

人类和宠物医学均专注于诊断、治疗和治愈生病或受伤的个体，以减少痛苦并延长寿命。相比之下，兽医及其他食品和生态系统兽医关注的目标则是改善健康系统、食品安全生产及其他避免生病或受伤个体出现。很显然，根据兽医的专业领域，他们需要不同的技能组合、培训和实践[16]。

兽医在动物食品生产中的角色在过去一个世纪已经发生了变化，且仍需要快速转变[6]。兽医应该采取更全面的方法来应对动物健康保护及生产能力，将生产与人类和动物健康保护相联系。这是从定量生产模型向定性生产模型转变的新步伐。

兽医是唯一一类接受过多种比较医学训练的健康专业人士。因此，他们可以提供农业与人类医学间的关联，以及与动物健康、食品安全生产及动物性疫病的预防、控制和根除直接相关的活动[15]。

兽医应该通过培训投身于新的全球情景下，理解跨领域、多学科及"同一健康"理念。后者是一项全球行动，意在加强不同领域间的协作，例如加强医生之间、兽医之间及其他健康专业人士之间的协作，从而促进对领导力与技能的管理。此行动的目标是共同致力于人类健康、动物健康及环境领域，但应考虑它们之间的相互依存性，"同一健康"理念是由 WHO、FAO、OIE 及世界银行共同提出和推动的。

3 培训项目

正如本文引言中讨论的那样，传统的兽医学课程并未为学生在新的非传统职业道路提供充分准备[4]。因此，有必要回顾现有的兽医教育模型，并将教育培训（专业培训）的工程模型与兽医学模型（通才人士）进行对比[4]。

学术界必须要应对这些新挑战，开发灵活、以学生为中心的教育项目，同时，减少理论性内容，并关注解决问题的技能、跨学科方法的大量使用，以及沟通技巧的改善。学术界还要引导大众设计一些课程学习单元，来为学生提供所需的技能，从而有效应对一系列不同的情形与环境，并投身于与食品安全和动物健康相关的新的专业发展领域[8,9]。

考虑到动物健康、可持续生产、动物福利及公共卫生间的平衡，该课程将农业生态系统健康这一概念包括在内，促进当前的定量食品生产模型向定性模型的转变，而此过程中所存在的最大挑战便是在生产能力与维护健康生态系统之间寻求平衡。这需要将生产系统面向整个生态系统，以发展健康的生态系统，并将生物与非生物环境以及生产效率的社会变量考虑在内[21]。

在此情景下，公共卫生成了协调卫生问题的关键工具。这些问题源自动物、人类与环境间的互动。这一内容需被纳入课程当中，通过温习训练贯穿于本科课程，最终融入研究生教育，并且需要将所有有关"同一健康"理念的各项内容包括在内：可持续生产系统、环境卫生、质量保证系统、食品安全与质量以及国际贸易[4]。

对于学生而言，学习所有全球化时代需要掌握的科目变得越来越困难，但是当前可用的网络信息和创新学习资源使得这一过程并不像之前那么重要；学术培训项目必须要进行重大调整，而且需要开发以能力为导向的课程。在学术培训期间，学生必须获取一定的必备知识，来为胜任今后调研奠定基础，但是培训内容必须进行一定调整。

在与动物健康、食品病原体及食源性疾病监测相关领域的活动中，兽医需要掌握临床兽医实践病理学、微生物学、流行病学、定量及定性分析的相关知识和技能，以人群为基础的预防医学、生态学、动物生产及社会经济学。兽医还有必要接受非技术性的技能培训[4,17,28]。所有这些均是对兽医进行公共卫生、生态系统卫生、粮食保障与食品安全相关培训的特殊优先事项[29]。

OIE 总干事 Bernard Vallat 博士曾说："OIE 重视兽医在社会中做出的主要贡献，以此来确保动物、人类及生态系统的健康和福祉，并且倡导高品质兽医学教育的重要性，不论是在初期还是在今后。"OIE 意识到兽医学教育在世界各地各不相同，且注意到大部分成员在这一领域均存在不足[33]。

OIE 兽医学教育专项小组，包括了来自 5 个 OIE 区域的兽医学教育领域的院长、学者及专家。因此，该小组起草了 OIE 兽医毕业生推荐技能（"1 天"毕业生）以确保"全国兽医服务质量"（"1 天"技能）。该文件列出了兽医毕业生所需的"最低技能"，为参与入门级的全国兽医服务（公共及私有部门）做好充分准备。

由于所有未来的兽医均要负责改善动物健康、动物福利、兽医公共卫生及食品安全，毕业生应该拥有以下特定技能（根据 OIE 提出的技能列表）。

他们必须能够识别普通动物源性疫病的症状，如食源性动物疫病，且必须理解这些疫病的病原学、发病机理及传播、后果及对人类群体的影响。

他们必须知道和理解流行病学的基本原则及其在预防、控制和消除人群疾病方面的应用，不但能将疫情研究的方法论用于解决群体中的健康问题（流行病学调查、取样、结果分析程序），知晓动物源性疫病和食源性疾病传播的主要诊断技巧，而且还能够根据研究中的疫情对结果进行解释。

他们还必须能够为食物链中的每一环节设计流行病学监测研究，从而为检测结果做出恰当解释。

由于兽医的操作范围涉及整个食物链，所以他们必须：

• 了解食物链可追溯性及主要动物生产系统的准则，知道如何管理与家畜生产和食物链相关的化学残留物的预防与控制基本战略，确保对环境的保护及其与动物生产的融合。兽医还应该了解动物福利的宗旨及其对动物产品的食品安全的影响。

• 了解动物食品产业、动物食品加工技术以及质量保障系统，如 HAC-

CP、标准作业流程（SOP）与卫生标准操作流程、整体质量管理及国际标准化组织（ISO）的标准。兽医还应该了解验尸前后检验及动物产品的标准，以及人道宰杀动物的流程。

• 评估食品的微生物性和化学性污染，以此为工具确保最终产品的健康和卫生。要想做到这一点，他们必须了解主要食品病原体及食品产业残留物，理解耐药性概念及其对公共卫生的影响。兽医必须意识到有关在家畜中滥用抗菌药物的责任性，并且知晓理性使用不同药物和生物制剂的适当标准，以保持人和动物体内抗生素的效力。

• 对于食源性疾病监测，兽医必须知道和理解风险分析方法论及其在兽医学公共卫生中的应用。他们必须能够评估食品中的潜在微生物性和化学性风险，以识别危险及其特征，从而进行定量风险评估。该评估同样会用于食源性疾病的预防及风险管理战略[13]。

除以上技能外，兽医还应该知晓发展动物健康与人畜共患病（问题树及逻辑框架分析）项目的基本原则，理解疫病早期检测和早期预警的概念，而且了解应急计划的架构。

兽医还必须对以下内容有一定了解：国家立法和当地法规的基础知识，与兽医公共健康和国际贸易相关的政府部门及国际组织的结构、执行领域、功能、主要项目、它们之间的互动性，以及与私营企业兽医间的关系。

他们作为私人或国家兽医这一角色，要求他们能够为动物或家畜进行临床检查，以证实疫病的存在与否，并出具一份国家证明。兽医必须了解动物产品或副产品的检测过程，然后给出适合人类消费的证明。

最后，考虑到动物食品安全的重要性，兽医必须有健康教育技能，从而使其能够将动物保护及人类健康与食品安全的相关知识传达给公众，并且在履行职责时，践行职业道德准则。

参考文献

[1] Adak G. K., Long S. M. & O'Brien S. J. (2002). Trends in indigenous foodborne disease and deaths, England and Wales: 1992 to 2000. *J. Gastroenterol. Hepatol.*, 51 (6), 832.

[2] Álvarez E. (2006). La salud pública veterinaria en el siglo XXI. *Biomedicina*, 2 (2), 180-185.

[3] American Veterinary Medical Association (2008). One health. A new professional imperative. *JAVMA* [special report].

[4] Baker J., Blackwell M., Buss D., Eyre P., Held J. R., Pappaioanou M. & Sawyer L. (2003). Strategies for educational action to meet veterinary medicine's role in biode-

fense and public health. *J. vet. med. Educ.* , 30 (2), 164 - 172.

[5] Buntain B. (1997). The role of the food animal veterinarian in the HACCP era. *JAVMA*, 210, 492 - 494.

[6] Buss D. D. , Osburn B. I. , Willis N. G. &. Walsh D. A. (2006). Veterinary medical education for modern food systems: setting a vision and creating a strategic plan for veterinary medical education to meet its responsibilities. *J. vet. med. Educ.* , 33, 479 - 488.

[7] De la Rocque S. , Rioux J. A. &. Slingenbergh J. (2008). Climate change: effects on animal disease systems and implications for surveillance and control. *In* Climate change: impact on the epidemiology and control of animal diseases (S. de la Rocque, S. Morand &. G. Hendrickx, eds.). *Rev. sci. tech. Off. int. Epiz.* , 27 (2), 339 - 354.

[8] Fernandes T. H. (2004) . General panorama of European veterinary education. *J. vet. med. Educ.* , 31, 204 - 206.

[9] Fernandes T. H. (2005). European veterinary education: a bridge to quality. *Vet J.* , 169, 210 - 215.

[10] Fernández E. (2000). Microbiología e inocuidad de los alimentos. Universidad Autónoma de Querétano, Mexico.

[11] Food and Agriculture Organization of the United Nations (FAO) (2009). Enfermedades transmitidas por alimentos y su impacto socioeconómico: estudios de caso en Costa Rica, El Salvador, Guatemala, Honduras y Nicaragua. Available at: www. fao. org/docrep/011/i0480s/i0480s00. htm (accessed on 15 July 2012).

[12] Food and Agriculture Organization of the United Nations (FAO) (2009). State of Food and Agriculture 2009. Part 1. Livestock in the balance. FAO, Rome. Available at: ww. fao. org/docrep/012/i0680s/i0680s05. pdf (accessed in August 2012).

[13] Food and Agriculture Organization of the United Nations (FAO)/World Health Organization (WHO) (2002). Pan - European Conference on Food Safety and Quality, 25 - 28 February, Budapest, Hungary. FAO, Rome.

[14] Hendrix C. M. , McClelland C. L. , Thompson I. , Maccabe A. T. &. Hendrix C. R. (2005). An interprofessional role for veterinary medicine in human health promotion and disease prevention. *J. Interprof. Care*, 19, 3 - 10.

[15] Hoblet K. H. , Maccabe A. T. &. Heider L. E. (2002) . Veterinarians in population health and public practice: meeting critical national needs. Special report. *J. vet. med. Educ.* , 30 (3), 287 - 294.

[16] Larson R. (2004). Food animal veterinary medicine: leading a changing profession. *J. vet. med. Educ.* , 31, 341 - 346.

[17] Latham C. E. &. Morris A. (2007). Effects of formal training in communication skills on the ability of veterinary students to communicate with clients. *Vet. Rec.* , 160, 181 - 186.

[18] Mead P. S. , Slutsker L. , Dietz V. , McCaig L. F. , Bresee J. S. , Shapiro C. , Grif-

fin P. M. & Tauxe R. V. (1999). Food - related illness and death in the United States. *Emerg. infect. Dis.*, 5 (5). Available at: wwwnc. cdc. gov/eid/article/5/5/99 - 0502. htm (accessed on 3 May 2012).

[19] Neves M. F. (2009). The food crisis will be back. Paper presented at the Global Think Tank Summit, July 2009; Beijing, China.

[20] Roses M. (2004). La población y sus necesidades de salud: identificación de áreas prior-itarias y sus políticas públicas correspondientes. *Rev. Fac. Nac. Salud Pública* (Medellín), 22, 9 - 21.

[21] Stephen C. (2009). The challenge of integrating ecosystem health throughout a veteri-nary curriculum. *J. vet. med. Educ.*, 36, 145 - 151.

[22] Subsecretaría de Salud Pública, División de Planificación Sanitaria, Departamento de Epidemiología, Chile (2012). Informe de Brotes por enfermedades transmitidas por ali-mentos (hasta 6 semana de 2012). Available at: epi. minsal. cl/epi/html/bolets/re-portes/ETA/ETA _ SE6 _ 2012. pdf. (accessed on 17 April 2012).

[23] Tauxe R. V. (1997). Emerging foodborne diseases: an evolving public health challenge. *Emerg. infect. Dis.*, 3, 425 - 434.

[24] Tenover F. C. & Hughes J. M. (1996). The challenges of emerging infectious diseases: development and spread of multiple resistant bacterial pathogens. *J. Am. med. Assoc.*, 275, 300 - 304.

[25] United States Food and Drug Administration (FDA) (2010). Strategic priorities 2011—2015. Responding to the public health challenges of the 21 st Century. FDA, sil-ver Spring, Maryland.

[26] Vergara Y., Goñi P. & Agudo C. (2004). Desinfección y salud pública. *J. antimicrob. Chemother.*, 49, 497 - 505.

[27] Villamil L. C., Reyes M., Ariza N. & Cediel N. (2005). Public health from the per-spective of veterinary sciences. *Monogr. electr. Patol. vet.*, 2 (2), 68 - 93.

[28] Waltner - Toews D. & Jones A. Q. (2006). A philosophy and approach to teaching the epidemiology of food - borne, waterborne, and zoonotic diseases. *J. vet. med. Educ.*, 33, 598 - 604.

[29] Willis N., Monro F. A., Potworowski J. A., Halbert G., Evans B. R., Smith J. E., Andrews K. J., Spring L. & Bradbrook A. (2007). Envisioning the future vet-erinary medical education: the Association of American Veterinary Medical Colleges foresight project, final report. *J. vet. med. Educ.*, 34, 1 - 41.

[30] World Health Organization (WHO) (2000). WHO initiative to estimate the global bur-den of foodborne diseases. WHO, Geneva. Available at: www. who. int/foodsafety/foodborne _ disease/ferg/en/(accessed in February 2011).

[31] World Health Organization (WHO)(2010). Advancing food safety initiatives (WHA63. 3). *In* Proc. 63rd World Health Assembly, 17 - 21 May, Geneva. WHO, Geneva.

[32] World Health Organization（WHO）（2012）. World Health Statistics：a snapshot of global health. WHO，Geneva.

[33] World Organisation for Animal Health（2012）. OIE Recommendations on the competencies of graduating veterinarians（Day 1 graduates）to assure National Veterinary Services of quality. OIE，Paris.

国际组织的作用

OIE 在信息交换和动物疫病（包括人畜共患病）防控工作中的作用

C. Poissonnier[①]   M. Teissier[②]*

摘要： 全球化进程推动着人口、动物和动物产品在国际上的流动，动物疫病和人畜共患病的重要性不断增加，这都强化了 OIE 在动物疫病防控中所发挥的作用。自 1924 年成立以来，OIE 一直致力于促进公共卫生、动物卫生和科学信息的交流，以此进一步防控并消除动物疫病。WTO 的《SPS 协议》中，将 OIE 认定为制定动物疫病和人畜共患病标准的国际参考组织。OIE 国际代表大会所采用的兽医公共卫生标准和动物卫生标准记录于 OIE《陆生法典》《水生法典》《陆生手册》《水生手册》之中。OIE 也是成员间公共和动物卫生交流的参考组织，这一组织是通过基于国家或地区间透明交流的信息、报告和警告体系来实现的。

OIE 在为查明国家或地区法定传染病状态中提供科学专业知识，以确保其获得口蹄疫、非洲马瘟、牛传染性胸膜肺炎和牛海绵状脑病无疫状态的官方认可。OIE 也将其专业知识用于利益相关方的监控培训和动物疫病及人畜共患病的防控，对兽医服务效能进行评估，从而提高其作为国家或地区疫病防控基石作用的工作水平。

关键词：《SPS 协议》 动物疫病 动物卫生信息 通知 OIE 监控《陆生法典》 透明度 人畜共患病

0 引言

2011 世界兽医年庆祝了兽医职业诞生 250 周年：1761 年，法国里昂开办了世界上第一所兽医学校，当时欧洲正在受到动物传染病的侵袭，特别是牛瘟。国际兽医年也是具有里程碑意义的一年，因为 2011 年 5 月 25 日，在巴黎

---

① 法国迈松阿尔福。
② 法国巴黎，OIE。
* 电子邮箱：camille. poissonnier@gmail. com。

召开的一年一度的全体会议上，OIE 国际代表大会正式宣布牛瘟已从世界上彻底消除。这一事件标志着几个世纪以来牛瘟控制达到高潮，也成为消除其他动物疫病（包括人畜共患病）的基准。

人类已经付出了长久的努力来管控动物疫病，特别是在牛瘟事例中，数百年以来，尤其是在欧洲扑杀了大批牛群。牛瘟从西欧消除之后，该疫病又于 1920 年复发：来自印度去往巴西的染病瘤牛群停靠在了安特卫普港口，又一次将牛瘟带入了比利时，造成大规模的暴发。5 个月后，疫情才在严格的措施之下得到控制。

这一事件提升了国家对于人类和动物疫病脆弱性的认识。疫情无国界，且由于国际贸易，随时有迅速复发的风险。在此次牛瘟之后，动物疫情管控合作的国际意愿迅速提高。因此，1921 年 5 月，由法国主办的人畜共患病研究国际大会在巴黎召开，42 个国家出席。此次会议最后达成一项国际协议，1924 年 1 月 25 日于巴黎创立国际兽疫局。协议由 28 个创始国〔阿根廷、比利时、巴西、保加利亚、捷克斯洛伐克（今捷克和斯洛伐克）、丹麦、埃及、芬兰、法国、希腊、危地马拉、匈牙利、意大利、卢森堡、摩洛哥、墨西哥、摩纳哥、荷兰、秘鲁、波兰、葡萄牙、罗马尼亚、暹罗（今泰国）、西班牙、瑞典、瑞士、突尼斯和英国〕签署。亚洲与会比例甚少，且北美缺席首次协商[4,10]。

根据该组织 1924 年《组织法》[11]的规定，OIE 具有三方面的使命：

• 促进并协调有必要采取国际合作的，动物接触性传染病病理或预防相关的全部试验和其他研究工作；

• 收集动物传染病传播相关的一般利益信息和文件，及采用的防控手段，并引起政府及其卫生部门的重视；

• 检查动物卫生措施相关的国际协议草案，并向签署国政府提供监督其实施的方式。

1924 年，OIE 列明了 9 项法定传染病：牛瘟、口蹄疫、牛传染性胸膜肺炎、炭疽、绵羊痘、狂犬病、鼻疽、马媾疫和猪瘟。其中三项为人畜共患病（狂犬病、鼻疽和炭疽）。

自此之后该名录迅速扩充，截至 2012 年，OIE 法定传染病已达到 116 项，包括原始清单中的 9 项[14,22]。

2003 年，OIE 重新命名为世界动物卫生组织，但保留其原始缩略名。运行 88 年后，OIE 已有 178 个成员，且其初始职责亦在不断增加，包括如下提高动物卫生、兽医公共卫生、动物福利和提高世界范围内动物角色的新职责[11]：

• 动物疫病防控：标准、技术支持和专业知识技能、科学知识、疫苗库、动物卫生应急管理；

· 在 WTO《SPS 协议》框架下，作为为国际贸易制定标准和提供专业技能的参考机构；

· 动物卫生信息：透明度、通知和信息网、国家动物卫生地位；

· 动物身份识别和可追踪性；

· 国家或地区兽医机构评估；

· 食品安全：降低动物源性产品[5]和食品的风险；

· 动物福利和保护。

在新疫病不断出现的局面下，随着蛋白质的全球需求及人口和货物的国际流动日益增长，OIE 在信息分享和动物疫病，包括人畜共患病管控方面均起着主导作用。

1 乌拉圭回合谈判和 OIE 作为国际参考组织的认定

1.1 背景

乌拉圭回合谈判是 1986—1994 年多边贸易协定谈判，最终在 1994 年 4 月 15 日于马拉喀什签署了 60 项国际贸易协定。1995 年 1 月协定生效，标志着 WTO 于日内瓦成立。

其目标在于适应当时的政治体系，创造一个真正的国际贸易组织。这也是实行《关税及贸易总协定》（GATT）以来，世界贸易的最大改革。审视当时情况，达成如下方面的协议：贸易（货物、服务、智力产品贸易）的一般原则，特定行业的补充协议（包括农业和农产品的卫生规定），纠纷解决，以及贸易政策回顾[36]。

1.2 《SPS 协议》

乌拉圭回合谈判协议涵盖一系列主题，包括《SPS 协议》（1947 年动物和动植物产品贸易的 GATT 的修订版本）。

《SPS 协议》适用于：国际兽医认证，动植物检疫，国家官方动物卫生状况，防止疫病传播，防止食物和饮品的污染和兽药残留，以及其他在进口动物或动物产品时需要采取的卫生预防措施。

因此，其关乎全部如下方面保护的国际标准：

· 人类和动物免受食品相关卫生风险；

· 人类免受动物（或植物）携带的可传染疫病感染；

· 动物和植物免受感染和疫病。

WTO 确保通过如下方式，实现《SPS 协议》的目标：

• 评估进口货物的风险,以协助国家确定可接受风险的等级,并以此制定适当保护级别;

• 向国家提供保护级别选择所必要的保护标准的具体建议;

• 若现行科学知识无法确保产品安全,规定国家定义应急和防护手段的权力。

以上为国家参与动物和动物产品的国际贸易提供了双保险。对于出口国家而言,其协助防止进口国家对产品施加可能成为国际贸易障碍的不公正限制(国家可以基于其希望的公共和动物卫生保护等级标准,自由设置各自的标准,但对于任何限制,必须提供科学证据支持)。对于进口国家而言,其保证进口产品能够适当且充分保证公共和动物卫生状态[36]。

1.3 《SPS 协议》相关的 OIE 职责

WTO 依据《SPS 协议》,指派了一系列国际组织作为国际标准制定的参考方,每个组织都各司其职[36]。

OIE 被指派为动物卫生和人畜共患病[28],包括活体动物和动物产品,提出和推进标准、建议和指导的国际参考机构。

《SPS 协议》官方文本反复强调 OIE 在设置此类标准[36]时的核心角色地位。例如:

序文:"期望进一步推动各成员使用以有关国际组织制定的国际标准、指南和建议为基础的协调的卫生与植物卫生措施,这些国际组织包括 CAC、OIE 以及在《国际植物保护公约》(IPPC)范围内运作的有关国际和区域组织,但不要求各成员改变其对人类、动物或植物的生命或健康的适当保护水平。"

第 3 条、第 4 款。协调:"各成员应在力所能及的范围内充分参与有关国际组织及其附属机构,特别是 CAC 委员会、OIE 以及在《国际植物保护公约》范围内运作的有关国际和区域组织,以促进在这些组织中制定和定期审议有关卫生与植物卫生措施所有方面的标准、指南和建议。"

指派给 OIE 的任务阐明于附件 A,第 3b 款,国际标准、指南和建议:"对于动物卫生和人畜共患病,在 OIE 主持下制定标准、指南和建议。"

《SPS 协议》重点强调了开头部分即点明 OIE 职责的核心原则之一,第 7 条,透明度:"各成员应通知其卫生与植物卫生措施的变更。"

最后,WTO《SPS 协议》要求国家引入风险分析流程,如第 5 条所述:"各成员应保证其卫生与植物卫生措施的制定是以对人类、动物或植物的生命或健康在适合情况下的风险评估为基础,同时考虑有关国际组织制定的风险评估技术。"

2 OIE，国际贸易的参考机构，及通过其标准和专业知识管控动物疫病和人畜共患病

2.1 目标和 OIE《法典》的应用

《陆生法典》2012 年版为第 21 版[29]。

《陆生法典》和《水生法典》均由三年为一任的国际代表大会制定，并由知名科学专家组成的委员会监督——陆生动物卫生标准委员会和水生动物卫生标准委员会。陆生动物卫生标准委员会负责每年更新《陆生法典》，以确保其反映当前动物疫病和人畜共患病的科学知识，提供额外标准并由 OIE 国际代表大会[10]批准。

水生动物卫生标准委员会对于水生动物（鱼类、软体动物、甲壳动物和两栖动物）具有相同责任。

两委员会密切合作，协调两部《法典》。其工作由 OIE 参考中心的知名科学家和专家组成的工作组和特别小组协作，协作者负责准备对于《法典》更新所必要的校正，修改和新标准的建议，并将其呈交 OIE 专家委员会[9,13]。

2.2 《法典》的总体结构

两部《法典》的总体结构类似：第一部分为动物和动物产品贸易总则，适用于全部疫病；第二部分为具体标准，适用于 OIE 所列的每一项法定传染病（OIE 列表）[15,22]。

OIE 列表包括全球范围内的疫病，以及在易感人群中易于传播的可能的人畜共患病风险，或具有人畜共患病风险或迅速传播的新发疫病[15,16,22,23]。

2.3 《法典》对于国际贸易的重要性

OIE《法典》涉及了动物和动物产品[28]国际贸易所适用的数个领域。

风险分析是疫病管控的基础组成部分，决定了动物和动物产品进口相关的疫病风险。OIE《法典》包括风险分析方法论的建议和阶段（兽医服务分析，分区和生物安全隔离区体系及监控体系的评估），向利益相关方进行风险传达的透明度，以及风险管理方法[12]。

OIE《法典》也包括动物疫病确诊、监控和通知的总体建议，以此限制通过国家和地区或国际贸易造成的疫病传播。此类原则需要基于透明且迅速交流的科学信息，以及完善的主管兽医公共卫生的兽医体系。

OIE《法典》同样包括分区和划分的总体建议，以及动物产品和相关活动

通则的总体建议。

最后，有一个章节详细叙述了国际贸易的监管要求。此类规定包括国际兽医证明，进口和出口国家在货物贸易中的责任，以及进口所需的动物卫生方案。

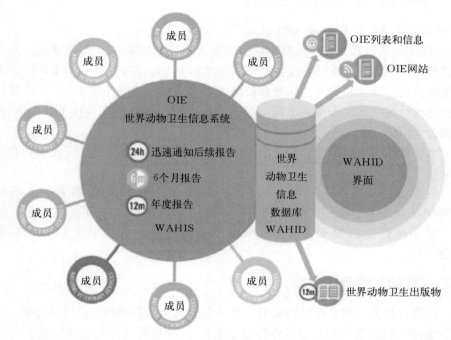

图1　世界动物卫生信息系统和数据库（WAHID）运行示意

2.4 《SPS协议》指定OIE《陆生动物诊断试验与疫苗手册》（以下称《陆生手册》）和《水生动物诊断试验手册》（以下称《水生手册》）为诊断试验、疫苗和实验室标准的参考手册

OIE《陆生手册》和《水生手册》为国际控制和监控主要动物疫病提供统一的方法[12,31,32]。

《陆生手册》的最新版本是由OIE代表大会在2012年5月编写的，在OIE委员会的监督下，由专研小组科学专家进行定期检查和更新。陆生动物标准委员会负责编写《陆生手册》[31]。水生动物卫生标准委员会负责编写《水生手册》，这本书关注水生动物疫病[32]。

《陆生手册》和《水生手册》的第一部分包括实验室操作（质量、生物安全性、生物研究安全性）的一般标准，确诊程序，另外《陆生手册》还有疫苗生产程序。第二部分包括一系列具体建议，包括列表中每一项疫病的诊断步骤，以及关于《陆生手册》上疫苗制作的一些建议。

2.5 OIE 提供专业知识用于兽医体系评估，以协助防控动物疫病，包括人畜共患病的有效方案的实施

由于 OIE 认为有效的兽医服务体系，应为全球公共商品，所以提高成员兽医服务水平并使其符合国际标准是其投资重点。鉴于此，OIE 开发了 PVS 路径，用以评估并提高兽医服务效能。该路径包括通过指派专家用于评估和分析的工具：OIE PVS 工具和 PVS 差异分析工具。其制订了一项五年计划，规定提高国家和地区兽医服务的重点和需求。兽医服务有效管理是提高世界范围内动物和公共卫生的关键，也是符合《SPS 协议》[8] 下国际标准的关键，其主要内容在法典中已详细阐明。的确，兽医通过预先建立监控和应急预案，在动物疫病和人畜共患病的防控中发挥着主导作用。

截至 2012 年 7 月 20 日，118 个成员已经提交了 PVS 评估申请，且已在其中 111 个国家和地区内对兽医服务体系进行了 PVS 评估任务（来源 OIE）。

在 2011 年 6 月 23～24 日的 G20 农业部长会议上，部长们得知了动物疫病防控项目的重要性，特别是通过兽医体系和国际组织实施的项目："就公共卫生、动物卫生和植物卫生而言，我们强调以下重点，即加强国际和区域网络；国际标准的制定应考虑国家和区域差异；信息；监控和可追踪系统；有效管理和官方机构，因其确保早期诊断和应对生理威胁的迅速反应；简化贸易往来并促进全球食品安全。作者鼓励国际组织，特别是 FAO、WHO、OIE、CAC、国际植物保护组织（IPPC）和 WTO 继续努力，促进机构间合作。"

3 OIE，成员间动物疫病和人畜共患病信息共享的参考机构

3.1 信息透明：成员和 OIE 的义务

成员和 OIE 均需秉承以下义务[7,14,22]，迅速且透明地汇报他们的公共和动物卫生状况，以及采取何种措施来控制任何动物疫病和人畜共患病。该义务在《组织法》中阐明，任何不遵守的成员或 OIE 都将构成对于《组织法》的侵害[11]。

快速且准确地汇报确保法定传染病能够得到有效控制，这也是国家国际信用的关键，若未能遵守透明度要求[7]，则可能造成失信。

为使汇报便利化，OIE 依靠各国或地区政府指派的国家代表，在多数情况下，国家或地区代表均为该国或地区的首席兽医官。他们向 OIE 报告国家或地区的动物卫生状况，并明确该国或地区对于 OIE 每一领域的国家或地区

定点联系人。国家或地区定点联系人指负责向代表汇报其具体领域活动的专家，特别是危机管理，以此简化成员向 OIE 进行的数据传输[7]。

为了缩短透明度差距，OIE 同时采用官方信息来源（成员代表）和经认证专家的非官方信息来源[7]。

3.2 国际动物卫生信息体系——一个有效的信息报告和预警系统

OIE 国际委员会（今 OIE 国际代表大会）采取的 31 号决议，促成了世界动物卫生信息系统及其附属数据库的建立（图 1），自 2005 年 1 月 1 日起投入使用[6,7,12,14,22]。

成员使用世界动物卫生信息系统界面，向 OIE 报告公共和动物卫生信息，OIE 进行信息分析，随后将其发布于数据库公共数据平台[6]。

成员需要向 OIE 提供如下几类报告[12,22]：

• 24 小时内迅速告知疫病的暴发或流行病学事件，随后每周递交国家或地区状况报告；

• 为期 6 个月的报告，详细记录 OIE 必须报告疫病相关的国家或地区状况；

• 年度报告，提供成员内兽医服务体系和动物产品的补充信息，以及回顾年度动物卫生状况。

3.3 国家监测系统：动物卫生和科学信息的基础组成部分

根据 OIE 规定，动物疫病，包括人畜共患病监测的目的在于"证明不存在疫病或感染，认定疫病的存在或分布，并尽早诊断外来或新型疫病"[24]。这是一项至关重要的疫病检测和监控工具，也是疫病防控、风险分析和认定无疫病状态的支持工具。

OIE 法典包括成员公共和动物卫生监测相关的质量标准和原则，每一监测项目的目标必须事先做出规定，因其会影响监测方法的选择[17,21,24]。

监测项目必须受到有能力且高质量的兽医服务体系的支持，以及公共部门（国家兽医体系）和私人部门（兽医和助理兽医）基于相互信任的有效合作。由于私人兽医日常与家畜接触，所以最好安排其从事 OIE 必报疫病暴发的监测工作[8,17,21,24,30]。因此，OIE 通过提供教育和培训，推荐援助作用的私人兽医。

该监测项目中利益相关方的交流体系应以如下原则为基础：透明度，对动物疫病或人畜共患病的迅速反应，一致性与准确性，且应协助提高利益相关方对于兽医服务及动物疫病防控重要性的认识[17,21,24,30]。

3.4 鼓励信息共享，预防人畜共患病

世界银行、FAO 和 OIE 的许多研究表明，从经济角度而言，投资用于人畜共患病的预防体系的成本，要比真正人畜共患病的费用更低[2]。

因此，应鼓励各国或地区明确其人畜共患病防控的国家或地区目标，通过风险评估，确认报告动物卫生信息和疫病预防、早期诊断及迅速防控的国家或地区计划。

鉴于此，OIE 通过定期组织代表信息研讨会和国家或地区定点联系人培训会议，提高成员对透明度重要性的认识。

4 OIE 参考中心成为动物疫病和人畜共患病科学信息和专业知识的参考机构

参考中心网络受到国际代表大会的信任与许可，确保 OIE 能够在运作时充分利用各领域杰出科学家的专业知识[6,31,32]。参考中心的具体数量见表 1。

表 1 OIE 参考实验室和协作中心（2012 年 5 月）

	参考实验室	协作中心	总计
数量	236	41	277
国家	37	22	59
疫病/项目	112	38	150
专家	176	—	—

OIE 具有两类参考中心：

• 参考实验室：由一名 OIE 专家领导的参考中心，该人职责为监控与某一具体疫病相关的全部科学议题（监测、控制、培训)[13]；

• 协作中心：某项指定的动物卫生领域的参考中心，负责提供 OIE 必报疫病在该领域内的专业知识（标准、培训等)[13]。

OIE 参考实验室和协作中心在如下方面发挥关键作用：推进使用 OIE 建议的诊断试验；提高接种程序和疫苗生产效率；分析并阐释成员提供的流行病学数据；设定新的 OIE 国际标准；为成员提供动物卫生和人畜共患病的专业知识。

OIE 亦在其参考中心和其他实验室间开设结对项目，用以扩展参考中心

和相关机构的网络,特别是在最不发达国家。最后,OIE 鼓励其参考中心开设培训课程,面向动物生产链的全部利益相关方,以此提高动物疫病或人畜共患病暴发的响应能力[3,13]。

OIE 参考中心也是动物卫生信息的关键来源,因其职责在于无论何时若存在 OIE 必报疫病的确诊阳性病例,均立即向 OIE 和相关国家或地区报告[7]。

5 国际合作和 OIE 对于"同一健康"理念的贡献

OIE 和国际联盟(其支持了 1924 年 OIE 的成立)有着密切合作,且在 1945 年后,继续与其继任组织,即联合国密切合作。但是,OIE 是完全独立的组织。OIE 与 FAO 于 1953 年签署了第一份合作协议,与 WHO 于 1960 年签署。

5.1 国际组织间的合作协议

"同一健康"是一个相当老旧的理念,而鉴于近期暴发的人畜共患病(高致病性禽流感 H5N1、严重急性呼吸综合征),又具有了新的定义。该理念强调不同科学领域间(包括人类医学、兽医学和流行病学)合作的重要性,以此提高人类和动物卫生及环境质量。

该国际组织已决定将其所关注的内容以具体的专业知识,通过以下一系列的合作项目,丰富"同一健康"理念。

2010 年 4 月,OIE、FAO 和 WHO 总干事公布了一份三方协议,命名为"FAO-OIE-WHO 合作:分担责任协力国际合作以应对动物-人类-生态系统层面卫生风险"。该协议总结了组织当前的活动,并划分每一组织的未来角色,以及确立三组织协调的标准流程[3,7]。

2010 年 4 月 20 日,WHO 和 OIE 公布了动物疫病(OIE 的职责)和人类疾病(WHO 的职责)通报的法律依据[7]。

此外,全球逐步控制跨界动物疫病框架(GF-TADs),这一 FAO 和 OIE 2004 年协议的主题,支持促进跨界动物疫病管控的合作,通过地方层级的能力建设并开展具体疫病的防控计划[3,34]。

FAO 和 OIE 也建立了动物流感专家网络(OFFLU),作为其联合战略计划的一部分,控制高致病性禽流感[33]。WHO 全球流感计划(GIP)和 OFFLU 开展了科学技术联合项目,并促进信息交流[3]。

最后,OIE 对于 CAC 的贡献以及任务小组共同促进了动物食品安全和兽医公共卫生国际标准的协调[3]。反之,CAC 亦参与到 OIE 的工作中,优化两机构当前工作的信息共享,并避免了各自标准的遗漏和不连贯性。

5.2 早期风险诊断联合网络的应用：全球早期预警系统

OIE、FAO 和 WHO 建立了联合的全球早期预警系统（GLEWS），应对重大动物疫病，包括人畜共患病。作为三个组织于 2006 年 7 月所达成三方协议的一部分，该系统用以诊断动物-人类-生态系统层面公共和动物卫生风险的存在与发生。

基于三组织现有的工具，GLEWS 平台的目标是，通过早期的危害诊断和评估，简化预防和控制手段，并迅速向全球汇报该危害。虽然 GLEWS 所涵盖的多数疫病为人畜共患病，一些非人畜共患病也纳入其中，例如口蹄疫、猪瘟和小反刍兽疫[35]。

5.3 "同一健康"理念中人畜共患病的重点不可掩盖非人畜共患病的重要性

国际组织和成员倾向于将其行动和资源集中于人畜共患病的防控，因其对人类健康造成直接威胁。

但是，单纯动物疫病的间接影响却鲜少宣传，而这同样可能造成毁灭性影响。在家畜流行病（比地方流行病更为糟糕）暴发的情况下，会出现严重生产损失（死亡、扑杀政策）；并且，非致命疫病也造成生产损失，特别是在乳制品和蛋类制品产业。此类损失会在禁止有风险商品时加剧，导致相关国家重大经济损失。

在畜牧业占据国内生产总值比重最大的国家，通常也是最不发达国家，非人畜共患病成为主要障碍，影响了国家发展、国内贸易及使其动物和动物产品融入国际市场，致使畜牧业者长期处于贫困状态[2,7]。

最后，畜牧业的合理运行是确保充分摄入高质量蛋白质和氨基酸的前提，这也对人类发展至关重要。

鉴于非人畜共患病的防控促进全球经济的发展，OIE 将继续致力于人畜共患病和非人畜共患病双方面的管控。

6 OIE 和关于动物疫病和人畜共患病国家或地区状况的认定

6.1 关于牛海绵状脑病成员风险状况，及其关于口蹄疫、非洲马瘟和传染性胸膜肺炎无疫病状态的官方认定程序

1994 年 5 月，OIE 国际代表大会要求 OIE 口蹄疫和其他家畜流行病学委员会（今动物疫病科学委员会）建立一项 OIE 官方认定成员无口蹄疫状态的程序。自此之后，该程序扩展以至涵盖那些没有非洲马瘟和传染性胸膜肺炎的

国家并得到官方认定，同时也得到了没有牛海绵状脑病风险的官方认定[25]。2013 年 5 月，该程序得到再次扩展，目前国家或地区可由 OIE 国际大会认定不存在小反刍兽疫和猪瘟疫情。

成员动物卫生状况的官方认定对于国际贸易至关重要，也是 OIE 和 WTO 在 WTO《SPS 协议》下重要的法律约束之一，于 1995 年生效。

成员可以向 OIE 专家提请帮助，获取 OIE 官方管控项目的支持和针对这四项具体疫病之一的动物卫生状况的认定。《陆生法典》中涵盖了 OIE 关于此类疫病的成员状况认定的全部程序[12,25]。

6.2　OIE 自我声明程序

OIE 成员可以自我声明其国家或地区或国内一个区域不存在某种 OIE 法定报告疫病（不包括 OIE 已经确立的动物疫病状况的官方认定的具体程序，例如非洲马瘟、传染性胸膜肺炎、口蹄疫、牛海绵状脑病和自 2013 年 5 月起的典型猪瘟及小反刍兽疫）。牛瘟也曾在法定报告疫病之列，直至 2011 年 5 月，官方宣布从地球上彻底消灭了该疫病。现在，应对牛瘟的仅存方法为，由仍然持有病毒株的实验室对病毒新暴发或传播的诊断进行卫生监控。

OIE 法典细化了自我声明的程序，应由成员主动且负责地采用。在自我宣布无疫病状态的情况下，国家或地区必须能够提供充分的证据，证明动物卫生状况相关规定符合 OIE 的标准[12,25]。

成员代表可以向 OIE 提交一份具有科学证据支持的，关于本国或地区疫病状况的自我声明。若认定该自我声明正当合理，OIE 可将其公布于《OIE 公报》以通知全部成员。

6.3　动物疫病区域化管理的作用

动物疫病防控的最终目标在于彻底消灭该疫病。但是，鉴于彻底消除是一项困难且耗时的过程，OIE 鼓励成员根据动物卫生状况的区别，确定动物亚群体，这就是所谓的分区和隔离区。

分区需要根据动物卫生状况的区别，将动物亚群体进行地理分隔；而生物安全隔离区划则采用生物安全措施和适当的家畜管理实践，将存在问题的亚群体和其他亚群体隔离。

OIE《法典》中的隔离区标准供分区内部和外部监测方法的采用。OIE 设置一般标准和具体疫病标准。符合此类标准的分区应被认定为无动物疫病区，即使该国或地区的其他地区并非无疫，或将一项疫病的暴发局限于此，防止其传播。该分区必须受到有效的监督和管控。

国家或地区兽医当局负责明确一个分区无疫病状态。若处于无疫状态，则成员能够参与到国际贸易之中，而进口国家或地区有义务确认无疫区是否符合国际标准[18,19,26,27]。

7 结论

随着新型疫病的不断出现，既包括人畜共患病也包括非人畜共患病，以及动物疫病和人畜共患病全球传播日益的增加，OIE 在提高国家或地区间动物卫生和科学信息交流方面所起到的作用，对于动物疫病和人畜共患病的管控至关重要。主要目标是鼓励三类专业人员（畜牧业从业者、私人兽医、官方兽医），依照成功疫病管控的三步骤（监测、早期诊断、迅速汇报），负责疫病和感染的早期诊断。因此，有必要在畜牧业从业者（其每日监督畜群，并向兽医咨询任何有关其家畜健康的疑问）、私人兽医（其进行诊断并向官方兽医汇报感染情况）和官方兽医（其证实诊断并传递动物卫生信息）间建立有效交流。

OIE 简化成员间的国际合作，以确保后者采取必要措施，对动物疫病，包括人畜共患病实行管控。由此 OIE 和各成员以及许多私人国际组织也签署了合作协议。因此，OIE 的诸多任务包括：设立标准，提供专业知识，培训监测人员，协助提高兽医服务，以及在成员无法对最终实现动物疫病管控的方法达成一致时，负责协助平息争议。

参考文献

[1] G20 (2011). Action plan on food price volatility and agriculture. Meeting of G20 Agriculture Ministers, 22 - 23 June, Paris. Available at: http: //agriculture. gouv. fr/IMG/pdf/2011 - 06 - 23 _ - _ Action _ Plan _ - _ VFinale. pdf (accessed on 27 July 2012).

[2] World Bank (2012). People, pathogens and our planet - Vol. 2: the economics of One Health. Report 69145 - GLB. June 2012. World Bank, Washington, DC.

[3] World Health Organization (WHO)/Food and Agriculture Organization of the United Nations (FAO)/World Organisation for Animal Health (OIE) (2010). The FAO - OIE - WHO collaboration: sharing responsibilities and coordinating global activities to address health risks at the animal - human - ecosystem interfaces: a tripartite concept note. Available at: www. who. int/foodsafety/zoonoses/final _ concept _ note _ Hanoi. pdf (accessed on 1 August 2012).

[4] World Organisation for Animal Health (OIE) (2007). A brief history of the OIE. *In The OIE recognition of country sanitary status. Bull. OIE*, 2007 (1), 6 - 18. Available at: www. oie. int/fileadmin/home/eng/publications _ %26 _ documentation/docs/pdf/bulletin/bull _ 2007 - 1 - eng. pdf (accessed on 28 May 2013).

[5] World Organisation for Animal Health (OIE) (2009). Terms of reference for and modus operandi of the OIE Animal Production Food Safety Working Group. Available at: www. oie. int/fileadmin/home/eng/food _ safety/docs/pdf/torandmodusoperandi _ apf-swg. pdf (accessed on 1 August 2012).

[6] World Organisation for Animal Health (OIE) (2009). World Animal Health Information Database (WAHID) interface. Available at: www. oie. int/wahis _ 2/public/wahid. php/ Wahidhome/Home (accessed on 28 May 2013).

[7] World Organisation for Animal Health (OIE) (2010). Notification of animal and human diseases: global legal basis. Available at: www. oie. int/doc/ged/D7565. pdf (accessed on 28 May 2013).

[8] World Organisation for Animal Health (OIE) (2010). OIE Tool for the Evaluation of Performance of Veterinary Services (OIE PVS Tool). OIE, Paris.

[9] World Organisation for Animal Health (OIE) (2011). Internal rules, terms of reference of the OIE Specialist Commissions and qualifications of their members. *In* Basic Texts: World Organisation for Animal Health, 2011 Ed. OIE, Paris.

[10] World Organisation for Animal Health (OIE) (2011). International agreement for the creation of an Office International des Epizooties in Paris. *In* Basic Texts: World Organisation for Animal Health, 2011 Ed. OIE, Paris.

[11] World Organisation for Animal Health (OIE) (2011). Organic statutes of the Office International des Epizooties. *In* Basic Texts: World Organisation for Animal Health, 2011 Ed. OIE, Paris.

[12] World Organisation for Animal Health (OIE) (2011). Selection of resolutions of the World Assembly of Delegates. *In* Basic Texts: World Organisation for Animal Health, 2011 Ed. OIE, Paris.

[13] World Organisation for Animal Health (OIE) (2011). Terms of reference and internal rules for OIE Reference Centres. *In* Basic Texts: World Organisation for Animal Health, 2011 Ed. OIE, Paris.

[14] World Organisation for Animal Health (OIE) (2012). Chapter 1. 1. : Notification of diseases and epidemiological information. *In* Aquatic Animal Health Code, 15th Ed. OIE, Paris, 1 - 3.

[15] World Organisation for Animal Health (OIE) (2012). Chapter 1. 2. : Criteria for listing aquatic animal diseases. *In* Aquatic Animal Health Code, 15th Ed. OIE, Paris, 4 - 5.

[16] World Organisation for Animal Health (OIE) (2012). Chapter 1. 3. : Diseases listed by the OIE. *In* Aquatic Animal Health Code, 15th Ed. OIE, Paris, 6 - 7.

[17] World Organisation for Animal Health (OIE) (2012). Chapter 1. 4. : Aquatic animal health surveillance. *In* Aquatic Animal Health Code, 15th Ed. OIE, Paris, 8 - 37.

[18] World Organisation for Animal Health (OIE) (2012). Chapter 4. 1. : Zoning and compartmentalisation. *In* Aquatic Animal Health Code, 15th Ed. OIE, Paris, 55 - 58.

[19] World Organisation for Animal Health（OIE）（2012）. Chapter 4. 2. ：Application of compartmentalisation. *In* Aquatic Animal Health Code，15th Ed. OIE，Paris，59 - 63.

[20] World Organisation for Animal Health（OIE）（2012）. Foreword. *In* Aquatic Animal Health Code，15th Ed. OIE，Paris，v - vi.

[21] World Organisation for Animal Health（OIE）（2012）. Section 3：Quality of Aquatic Animal Health Services. *In* Aquatic Animal Health Code，15th Ed. OIE，Paris，47 - 53.

[22] World Organisation for Animal Health（OIE）（2012）. Chapter 1. 1. ：Notification of diseases and epidemiological information. *In* Terrestrial Animal Health Code，21st Ed. OIE，Paris，1 - 3.

[23] World Organisation for Animal Health（OIE）（2012）. Chapter 1. 2. ：Criteria for the inclusion of diseases，infections and infestations on the OIE List. *In* Terrestrial Animal Health Code，21st Ed. OIE，Paris，4 - 8.

[24] World Organisation for Animal Health（OIE）（2012）. Chapter 1. 4. ：Animal health surveillance. *In* Terrestrial Animal Health Code，21st Ed. OIE，Paris，14 - 24.

[25] World Organisation for Animal Health（OIE）（2012）. Chapter 1. 6. ：Procedures for self declaration and for official recognition by the OIE. *In* Terrestrial Animal Health Code，21st Ed. OIE，Paris，29 - 72.

[26] World Organisation for Animal Health（OIE）（2012）. Chapter 4. 3. ：Zoning and compartmentalisation. *In* Terrestrial Animal Health Code，21st Ed. OIE，Paris，124 - 127.

[27] World Organisation for Animal Health（OIE）（2012）. Chapter 4. 4. ：Application of compartmentalisation. *In* Terrestrial Animal Health Code，21st Ed. OIE，Paris，128 - 132.

[28] World Organisation for Animal Health（OIE）（2012）. Chapter 5. 3. ：OIE procedures relevant to the Agreement on the Application of Sanitary and Phytosanitary Measures of the World Trade Organization. *In* Terrestrial Animal Health Code，21st Ed. OIE，Paris，192 - 198.

[29] World Organisation for Animal Health（OIE）（2012）. Foreword. *In* Terrestrial Animal Health Code，21st Ed. OIE，Paris，v - vi.

[30] World Organisation for Animal Health（OIE）（2012）. Section 3：Quality of Veterinary Services. *In* Terrestrial Animal Health Code，21st Ed. OIE，Paris，79 - 113.

[31] World Organisation for Animal Health（OIE）（2012）. Manual of Diagnostic Tests and Vaccines for Terrestrial Animals，7th Ed. OIE，Paris.

[32] World Organisation for Animal Health（OIE）（2013）. Manual of Diagnostic Tests for Aquatic Animals. Online version. OIE，Paris. Available at：www. oie. int/en/international - standard - setting/aquatic - manual/access - online/.

[33] World Organisation for Animal Health（OIE）/Food and Agriculture Organization of the United Nations（FAO）（2012）. OIE/FAO network of expertise on animal influenza（OFFLU）. Available at：www. offlu. net（accessed on 30 July 2012）.

[34] World Organisation for Animal Health (OIE)/Food and Agriculture Organization of the United Nations (FAO) (2012). The Global Framework for the Progressive Control of Transboundary Animal Diseases (GF – TADs). Available at: www. oie. int/fileadmin/Home/eng/About _ us/docs/pdf/GF – TADs _ approved _ version24May2004. pdf (accessed on 30 July 2012).

[35] World Organisation for Animal Health (OIE)/Food and Agriculture Organization of the United Nations (FAO)/World Health Organization (WHO) (2012). The Global Early Warning System (GLEWS). Available at: www. glews. net (accessed on 30 July 2012).

[36] World Trade Organization (WTO) (1998). The WTO Agreement on the Application of Sanitary and Phytosanitary Measures (SPS Agreement). WTO, Geneva.

世界卫生组织倡议评估食源性疾病的全球负担

T. Kuchenmüller[①]***   B. Abela‐Ridder   T. Corrigan   A. Tritscher

摘要： 食源性疾病是一类涉及多部门的公共卫生风险，尤其与农业和动物卫生部门密切相关。许多食源性疾病在本质上是人畜共患病。WHO首次通过食源性疾病独立专家机构（即食源性疾病负担流行病学参考小组，FERG）的建议，力图评估食源性疾病的真正危害。通过FERG的协助，WHO不仅对现有数据进行收集和鉴定，同时还鼓励相关国家将其自己的研究数据提供到食源性疾病的国民负担中。为得到进一步补充，还努力确保调查结果对政策制定者和其他研究者有用、有意义，以便执行相应已颁布的政策和措施。要想有效开展行动和实现防控目标，需要培养各环节和各层面之间的协作，特别是人与动物层面的协作。

关键词： 伤残调整寿命年（DALY） 疾病负担 食品安全 食源性疾病 人畜共患病

1 食源性疾病——全球公共卫生的一项主要挑战

食源性疾病发病率的增加通常与疫情暴发有关，这威胁着全球公共卫生安全并引起了国际的关注。随着国际贸易、移民及旅游业的发展，受污染的食品和粮食产品跨边境传播有所增加。食品和农业系统中具有多种能够促进病原体在人类和动物之间传播的显著因素，其中这些病原体有很多是食源性的。这些显著因素包括家畜的数量、家畜生产空间密度、混合生物安全机制的存在、动物产品出口的增加、疫苗和药物的不恰当使用，以及耕作系统的过度开发[13]。食品市场链的日益复杂增加了这一公共卫生风险。

食源性疾病可以看作是通过摄入食物而传播的疾病[18]。从传统意义上讲，食源性疾病与食物微生物污染所引起的急性、相对温和的且自限性的胃肠道症

---

① WHO食品安全与人畜共患病部，瑞士日内瓦。

* 电子邮箱：TKU@euro. who. int。

** 经WHO友好授权而出版。

状（恶心、呕吐与腹泻）相关。但是，食源性疾病可以引起严重的慢性后遗症，影响着心血管系统、骨骼肌系统、呼吸系统与免疫系统。多器官功能衰竭、流产及神经症状是食品污染导致的其他后果。食品的化学性污染，包括甲基汞、铅、砷、二噁英及黄曲霉毒素等，可能会引起急性和慢性健康问题，例如神经发育障碍、心血管疾病、癌症及肾疾病。

发展中国家每年有约 220 万人死于腹泻，其中大部分为儿童[17]。这些疾病中有绝大部分可能是通过不安全食品传播的。然而，食源性疾病的整个影响和花费成本相比于单纯腹泻造成的负担要大得多，而且需要考虑由细菌、病毒、寄生虫（其中许多为人畜共患性寄生虫）与化学危险、自然产生的毒素所引发的多种情形。为了预防和更好地管控这些潜在的致命性及代价高昂的社会危害，我们需要由主要因素导致的食源性疾病全球负担的可靠数据，用以指导食品安全政策的制定，并改善全球公共卫生状况[18]。

传统监测系统通常被视作获取制定公共卫生决策的主要证据来源之一，倾向于仅仅获取一小部分现有的食源性疾病负担和人畜共患病负担。监测系统的局限性众所周知：它们倾向于漏报，且可能不会获取到人类疾病信息，这是由于摄入特定食品之后才感染，或某些食源性疾病可引发后遗症造成的[5]。例如，一项研究发现在猪带绦虫盛行的地区中，有约 1/3 的癫痫病患者病例与脑囊虫病有关[11]。

2 WHO 评估食源性疾病的全球负担的倡议

WHO 在 2006 年发起食源性疾病全球负担评估倡议（WHO 食品安全指令的具体内容请见插文 1）。该倡议的发起是为了解决统计漏报所带来的挑战，并以一种更加广泛与综合的方式，为政策制定者提供有关不安全食品对公共卫生影响的更完整信息。与其他食品相关问题（肥胖症和营养不良）的额外疾病负担，并不能通过此倡议解决，但是可以通过单独的举措进行评估[13,16,19]。

食源性疾病全球负担评估倡议利用 WHO 的公共卫生领导力，在全球范围内汇集完成了食源性疾病负担有史以来首个定量描述。截至 2013 年年底，将会根据年龄、性别及所在 WHO 区域，计算并评估全球范围内的食源性疾病负担，以便得出一份致病微生物、寄生虫及化学性因素的清单。本倡议采用了一种 DALY 形式的简要健康度量标准[16]。这一单一、基于时间的度量指标是在 20 世纪 90 年代由 WHO 及其合作伙伴发展起来的，用以描述世界各地由疾病、外伤及风险因素导致的健康损伤及死亡。DALY 指标会量化造成健康损失的不同原因的相关贡献（在死亡率、发病率及伤残率方面），使之更易对比两种疾病间的健康危害[2,10]。

除了准确的健康信息相关条款外，本倡议还旨在鼓励公共卫生决策者使用食源性疾病负担评估来指导他们的食品安全政策，并通过引导对食源性疾病负担的国家评估来加强各国的能力[22]。

插文 1 WHO 有关食品安全的指令

WHO 是联合国的一个专门机构，负责指导和协调有关国际公共卫生工作，它的使命是通过所有人的努力成就最高水平的健康[15]。WHO 在食品安全及动物疫病中的首要角色是通过建议或帮助成员减少"从农场到餐桌"这个过程的动物性和食品卫生的风险接触，从而降低负面的人类健康影响。WHO在此领域的职责在 WHO 宪法中做了规定[15]，并且在世界卫生大会有关食品安全的第 53.15 决议（2000 年 5 月）[14]，以及有关推进食品安全倡议的第 63.3 决议（2010 年 5 月）[20]中也做了强调。2012—2021 年，将推进三个关键性战略指南：

- 提倡和协助开发基于风险、可持续性的统一食品安全体系；
- 在整个食物链中提供科学措施，通过评估、预防和应对食品安全和动物风险以保护健康；
- 改善国际和国内各部门间的合作，并加强沟通和宣传。

3 食源性疾病负担流行病学参考小组

FERG 成立于 2007 年，是一个外部的独立专家机构，由来自多领域的国际知名科学家组成。该小组的目的是给 WHO 提供建议，以实现本倡议的目标。其他 WHO 项目曾成功采用过利用技术专家小组进行疫病负担评估的流程，从中吸取的经验为 FERG 的建立提供了指导原则[12]。

FERG 采用一种整合途径，获得动物卫生及食品安全领域的研究及实践经验。它整合之前割裂的学科〔包括食品科学、流行病学、兽医科学、微生物学、化学及其他风险评估、食品政策法规、统计学及地理信息系统（GIS）〕，以便获得对所有科学工作者均富有意义的调查结果。该项工作细分为六大主题工作小组（图 1），包括：

- 肠道疾病；
- 寄生虫病；
- 化学物和毒素；
- 归因源头（把疾病负担归因于特定食物源）；
- 有关食源性疾病负担（及知识转化）的国家研究；
- 计算。

FERG 为本倡议做出了全球性和国家性的贡献。就全球而言，FERG 汇集、评估和上报有关食源性疾病负担预估的信息。更准确地说，FERG：

• 指导对各主要食源性疾病的死亡率、发病率和伤残率进行流行病学综述〔系统综述中的数据来源一般包括：出版的调查研究、未出版的调查研究、来自拥有可靠监测系统国家的常规数据以及 PubMed、CAB 摘要（BIDS）、WHO 图书馆（WHOLIST）和欧洲灰色文献信息系统（SIGLE）等数据库；食源性人畜共患病综述，同时还要考虑动物健康设置中的疫病流行情况，包括来自监测、屠宰场、实验室等的适当数据〕；

• 收集、评价和上报有关食源性疾病负担的现有评估，为缺乏数据的负担评估提供模型；

• 开发来源归因模型以预估疾病中食源性疾病的比例；

• 开发适合用户的工具，以研究各国有关食源性疾病的负担以及食品安全政策环境。

截至 2013 年年底，FERG 意欲提供负担评估的病原体已被列在表 1 中。这些危害中有许多是人畜共患性的，而且该表显示出通过各国系统中的联合监测活动对动物卫生和食源性疾病研究数据进行整合的重要性和必要性。

尽管有关此表中的致病病原相关的疾病负担评估工作仍在继续，FERG 的初步结果显示食源性疾病负担看起来像被极大地低估了。截至当前，来自 FERG 工作的同行评审出版物的话题包括腹泻、肺泡型包虫病、脑囊虫病、旋毛虫病、食源性吸虫病以及花生过敏症。这些及其他信息来源可在 WHO 网站上获得（www. who. int/foodsafety/foodborne_disease/ferg/en/index7. html）。

就国家层面而言，单个国家的食源性疾病研究将补充全球性流行病学评估，并提供第一手负担预估信息。在 2011 年年底的"首次"会议决定启动四个试点国家的研究，来自试点国家（阿尔巴尼亚、日本、乌干达及泰国）的代表参与了此会议，并熟悉了 FERG 已开发的研究工具。FERG 国家研究工作小组对全国食源性疾病试点研究的实施进行了监督，并提供了所需的技术支持。各国还会获得特定的培训机会以提高他们进行食源性疾病负担评估的能力。就全球而言，FERG 试点国家将参考动物卫生和食源性疾病的数据，基于各国特定的已识别的优先风险列表，对各国的食源性疾病负担进行评估。

在四个试点研究完成后，人们将对 FERG 国家研究工具及培训模块进行评估和修改。改进后的工具可以用于对开展本国食源性疾病负担研究感兴趣的其他国家。它们当中的一些已经联系了 WHO，并表明了自己的兴趣。

尽管食源性疾病全球负担的评估在本质上是一项重要的科学举措，但是如果调查结果用于告知决策者们制定适当政策和程序来解决食品污染引发的风险，那么该项工作则仅与公共卫生和动物卫生有关。一些为了建立食品安全循证决策的特定措施是食源性疾病负担国家研究的有力补充。

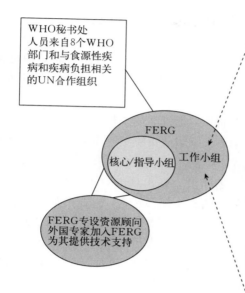

图1　食源性疾病负担流行病学参考小组

表1　食源性疾病负担流行病学参考小组优先病原体列表

(资料来源：WHO)

肠道疾病	寄生虫病	化学物品及毒素
金黄色葡萄球菌	肝泡型包虫病（多房棘球绦虫）	黄曲霉毒素
产气荚膜梭菌	异尖线虫	铅
蜡样芽孢杆菌	先天性弓形虫病（刚地弓形虫）	甲基汞
肉毒梭状芽孢杆菌	肝囊型包虫病（细粒棘球绦虫）	镉
布鲁氏菌	食源性吸虫（华支睾吸虫、泰国肝吸虫、	磷酸酯
单核细胞增多性李斯特菌	肝片吸虫、卫氏并殖吸虫）	杀虫剂
		木薯氰化物
牛型结核菌	肠道原虫（隐孢子虫、痢疾内变形虫、贾	
	第虫）	花生过敏原
诺瓦克病毒		砷
非侵入性沙门氏菌	脑囊虫病（猪肉绦虫）	二噁英
产志贺毒素大肠杆菌	旋毛虫病（旋毛虫）	
侵入性沙门氏菌（包括由非伤寒性菌株引起的血清型伤寒、甲型副伤寒及传染病）		

4 应对食物链中连接调研与政策、行动的挑战

尽管世界各国在公共卫生和动物卫生研究方面进行了大量的投资，但是相关证据表明决策制定者往往未能最好地利用科学研究结果，这导致效率降低、公共卫生成果减少以及生产率下降[6]。

将科学依据融入食品安全的政策周期是一项复杂的工作[4]。事实证明，仅简单地发表调查研究结果并依靠科学结果来影响政策决策是不够的[8]。研究人员和政策制定者在影响力、信息和优先事项的不同领域中工作[1]，这导致阻碍进程的结构性和专业性张力的出现[9]。鉴于此，新出现的有关研究-政策相关的文献提倡研究从采用线性视角向更复杂的动态模型转变，这需要研究人员与政策制定者之间的双向互作[3]。

现有三种主要的途径来促进政策制定者与研究人员之间的互动[7]。

（1）推动式战略。所谓的"推动式"战略关注的是研究者一侧。它们依靠的是一种假设，即当他们知道如下情况时，研究群体可以更加有效地转移和理解科学证据：

- 如何将研究呈现给他们认为需要接收的受众；
- 转移这些研究结果应该达到什么效果。

在开发令研究成果更易于接受的传播技术和工具（例如合成体、政策简报及视频）时，理解目标群体的背景和需求可能会是一项重要的工作。

（2）拉动式战略。所谓的"拉动式"战略关注的是研究结果的使用者一侧。当政策制定者和其他利益相关方有能力识别和获取相关研究信息，批判性地评价其质量及当地适用性并应用这些信息时，他们可以更有效地将研究结果用于其政策制定与实践操作中。

（3）联系和知识交换战略。根据知识交换战略，研究生产者和使用者通过一个互动性的过程聚到一起，通过培养长期或短期合作，在研究的使用者之间创建一个更加以研究为中心的文化氛围，同时在研究的生产者之间创建一个与决策更加相关的文化氛围。这些互惠互利的合作可以发生在研究或政策制定过程中任何环节：在定义研究问题和假说时，筛选适当研究方法时，执行研究程序时，对研究结果进行解释和文字表述时，以及在政策制定和实践中应用研究结果以解决实际问题时。

从一开始，本倡议就已经清楚认识到促进食品安全研究与政策群体之间联系的必要性。已应用了两大主要战略：

- FERG 国家研究工作小组的一个专门子小组 KTPG（知识转化与政策小组）已经建立并全面授权促进 FERG 疾病负担研究结果的应用，并确保今

后的食品安全政策制定建立在牢固的流行病学依据之上。

• FERG 多方利益相关者会议已召开，以便向相关利益方简要介绍本倡议的进程，并获取他们的投入及对初期调查结果的反馈，进而最终促进利益相关方的买入，并加强食源性疾病负担数据的使用。

5 食源性疾病负担流行病学参考小组的知识转化和政策小组

KTPG 的目标是促进 FERG 内部研究团体和政策团体之间的对话和交流，以培养彼此间的信任和理解，并最终使研究结果满足持有决策权个体的需求，从而催化倡议的行动和影响力。KTPG 由许多专家组成，这些专家拥有公共卫生政策分析、知识转化及食品安全政策制定与法律条例方面的知识背景。

KTPG 的工作主要依靠两大支柱：

• 食品安全政策背景映射与情景分析，以便为各国利益相关方及 WHO FERG 提供有关环境因素更深入的理解。这些环境因素影响着食品安全政策的形成与执行。

• 推动、拉动及交换战略。

6 食品安全政策背景映射

将研究证据转化为全国性政策需要对各国的政治、经济、社会文化及制度环境有一个清晰的了解。政策背景映射由 KTPG 在国际和国家层面开展，以提供有关政策流程复杂性与研究-政策交界面的信息。

此分析在各领域之间增加了各种正在进行的相互关系，例如在动物健康、食品安全与公共卫生领域之间的关系。这些知识与不同中介机构的利益、权力关系、价值与理念，以及结构性、经济性、政治性、社会性和文化性因素相关。

该分析也检验了这些因素如何影响政策议程设置、政策形成、政策执行与政策结果。最终，政策背景映射会使人们深刻理解如何为政策的开发与实施（包括促进动物卫生与食品安全整合的潜在需求），以及影响路径的识别提供最佳支持。

7 知识转化与政策小组的推动、拉动及交换战略

通过 KTPG，本倡议的 WHO 秘书处会日益致力于以下领域：

• 提升各国研究人员的能力，以开展各国食源性疾病负担的研究，并将研究结果"转化"为一种能吸引用户的语言和形式（推动途径）。

• 增加食品安全决策者有关疾病负担数据的知识与理解，并明确如何在政策制定及实践中批判性地评价与利用这些数据（拉动途径）。

• 促进各国食品安全研究人员与决策者之间的持续性对话与交流（交换途径）。

8 食源性疾病负担流行病学参考小组多利益方会议

在 FERG 会议上，所有 FERG 工作小组成员聚在一起回顾和评价他们的工作。与每年的 FERG 会议相关联，WHO 已组织召开了利益相关方活动，参与者来自多个领域，包括 WHO 成员的多部门伙伴、多边机构、科学网络、相关产业（食品、家畜、动物卫生与农业）、消费群体，以及科学与公共媒体。FERG 利益相关方在此过程中扮演着双重角色（图 2），既是本倡议的贡献方（提供技术与经济支持），也是受益方（是本倡议调查结果的终端用户）。

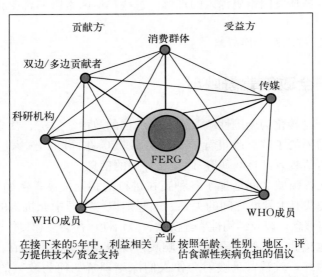

图 2 食源性疾病负担流行病学参考小组及其利益相关方
（资料来源：WHO）

FERG 利益相关方活动的总体目标如下：

• 为所有食物链相关的领域提供契机，以积极参与本倡议开展的研究。

• 培养各领域间的合作、网络及筹资。

• 获取食源性疾病影响的全球性认可，并向国际社会寻求食源性疾病负担评估及流行病学数据使用方面的支持。

来自 FERG 利益相关方活动的多领域合作伙伴的输入受到 FERG 的审议，

并在确保 FERG 的调查结果尽可能对终端用户有用且有意义并足够可行时，被融入未来的规划与实施之中。

9 结论

2006 年 WHO 启动了一项食源性疾病全球负担的评估行动倡议，旨在填补当前世界范围内食源性疾病程度及成本方面的现有数据空白。本行动顾问团（FERG）评估的食源性疾病中有许多是人畜共患病。本行动的首次结果已经在同行评审文章中发表；其他同行评审出版物会在本倡议的有效期内发行。2014 年有关食源性疾病负担发病率、伤残率及死亡率的全面报道及全球图册可在网上获取，且发展中国家的科学家可通过软件获取。这也是 FERG 的一项工作。

除了提供准确的健康信息外（这也是本倡议的主要目标之一），本倡议还会致力于以下展望的问题：

• 加强各国开展食源性疾病负担评估的能力，并增加开展食源性疾病负担研究国家的数量。

• 鼓励各国使用食源性疾病负担的评估，以制定具有实证依据的政策，最终为政策决策者和其他利益相关方提供数据和工具，以帮助他们设定国家层面适当的、有实证依据的食品安全优先事项。

在 2010 年世界卫生大会 "推进食品安全行动" 决议（WHA 63.3）中，国际社会已经意识到且 WHO 成员也再次重申了食源性疾病负担评估在指导食品安全政策制定方面的重要性[20]。疾病负担数据对食品安全决策者实现以下内容至关重要：

• 适当分配资源以预防和控制食源性疾病，优先考虑一个国家内特定的食品安全问题；

• 提供一个监测和评估今后食品安全的基准；

• 进行国际贸易标准和监管标准之间的协调；

• 开发新的食品安全标准；

• 评估干预措施的成本效益；

• 量化货币成本的负担。

尽管食源性疾病负担数据主要应用于公共卫生领域，但是该数据对动物卫生领域也很重要，可以帮助评估和证明兽医学干预措施的公共卫生意义，并协助实施预防和控制措施。要想完整评估食源性疾病的负担，就需要考虑动物负担及生产力或死亡率方面的相关损失。这些或许会给食品安全和贸易带来影响。

通过帮助他们建立食源性疾病先前未能测定的基准，以及对全球数据生成做出贡献，FERG 的研究结果最终将有益于各类广大食品安全利益相关方群体。食品安全利益相关方，包括兽医领域，通过提供技术支持及初始数据，将继续在完善本倡议中发挥关键作用，以便帮助人们在人类-动物层面对疾病负担有更全面的理解。

参考文献

[1] Caplan N. (1979). The two - communities theory and knowledge utilization. *Am. behav. Scientist*, 22 (3), 59 - 70.

[2] Gold M. R., Stevenson D. & Fryback D. G. (2002). HALYS and QALYS and DALYS, Oh my: similarities and differences in summary measures of population health. *Annu. Rev. public Hlth*, 23, 115 - 134.

[3] Gravois L. R. & Garvin T. (2003). Moving from information transfer to information exchange in health and health care. *Social Sci. Med.*, 56 (3), 449 - 464.

[4] Havelaar A. H., Braunig J., Christiansen K., Cornu M., Hald T., Mangen M. J., Mølbak K., Pielaat A., Snary E., Van Pelt W., Velthuis A. & Wahlström H. (2007). Towards an integrated approach in supporting microbiological food safety decisions. *Zoonoses public Hlth*, 54, 103 - 117.

[5] Kuchenmüller T., Hird S., Stein C., Kramarz P., Nanda A. & Havelaar A. H. (2009). Estimating the global burden of foodborne diseases: a collaborative effort. *Eurosurveillance*, 14 (18).

[6] Landry R., Amara N., Pablos - Mendes A., Shademani R. (2006). The knowledge value chain: conceptual framework for knowledge translation in health. *Bull. WHO*, 84 (8), 597 - 602.

[7] Lavis J., Becerra Posada F., Haines A. & Osei E. (2004). Use of research to inform public policymaking. *Lancet*, 364 (9445), 1615 - 1621.

[8] Lavis J. N., Robertson D., Woodside J., McLeod C. & Abelson J. (2003). How can research organizations more effectively transfer research knowledge to decision makers? *Milbank Q.*, 81 (2), 221 - 248.

[9] Mitton C., Adair C. E., McKenzie E., Patten S. B. & Perry B. W. (2007). Knowledge transfer and exchange: review and synthesis of the literature. *Milbank Q.*, 85 (4), 729 - 768.

[10] Murray C. J. L., López A. D. & Mathers C. D. (2002). Summary measures of population health: concepts, ethics, measurement and applications. World Health Organization, Geneva.

[11] Ndimubanzi P. C., Carabin H., Budke C. M., Nguyen H., Qian Y. J., Rainwater E., Dickey M., Reynolds S. & Stoner J. A. (2010). A systematic review of the frequency of neurocysticercosis with a focus on people with epilepsy. *PLoS negl.*

trop. Dis., 4 (11).

[12] Stein C., Kuchenmüller T., Hendrickx S., Prüss - Jstün A., Wolfson L., Engels D. & Schlundt J. (2007). The global burden of disease assessments. WHO is responsible? *PLoS negl. trop. Dis.*, 1 (3).

[13] World Bank (2012). People, pathogens and our planet: the economics of one health. World Bank, Washington, DC.

[14] World Health Organization (WHO) (2000). World Health Assembly Resolution 53.15 on Food Safety. WHO, Geneva.

[15] World Health Organization (WHO) (2006). Constitution of the World Health Organization. Basic Documents, 45th Ed., Supplement. WHO, Geneva.

[16] World Health Organization (WHO) (2007). WHO consultation to develop a strategy to estimate the global burden of foodborne diseases. WHO, Geneva.

[17] World Health Organization (WHO) (2008). The global burden of disease: 2004 update. WHO, Geneva.

[18] World Health Organization (WHO) (2008). WHO Initiative to Estimate the Global Burden of Foodborne Diseases: first formal meeting of the Foodborne Disease Burden Epidemiology Reference Group (FERG) in 2007. WHO, Geneva.

[19] World Health Organization (WHO) (2009). Global health risks. Mortality and burden of disease attributable to selected major risks. WHO, Geneva.

[20] World Health Organization (WHO) (2010). World Health Assembly Resolution 63.3 on Advancing Food Safety Initiatives. WHO, Geneva.

[21] World Health Organization (WHO) (2012). Advancing food safety initiatives. Strategic plan for food safety and zoonoses. WHO, Geneva.

[22] World Health Organization (WHO) (2012). Initiative to Estimate the Global Burden of Foodborne Diseases. WHO, Geneva. Available at: www.who.int/foodsafety/foodborne_disease/ferg/en/index2.html (accessed on 8 August 2012).

可经食物传染给人类的动物
疫病暴发的快速响应计划

C. J. Savelli*   B. Abela – Ridder   K. Miyagishima①**

摘要： 对食源性动物传染病暴发快速应对的计划，需要各部门协调合作，因此这一过程存在固有的复杂性。FAO 和 WHO 已经发布了指导文件，其主题是调查食物传染病的暴发，建立食品安全突发事件应急预案，设立应用于食品安全突发事件发生时的风险分析原则，以及建立国家食品召回制度。国家当局应根据指南制订国家计划，这些计划需互相参考，以保持在国家层面上的一致性。FAO、WHO 及 OIE 均为国际性组织，它们负责全球范围内的人类和动物健康、食品安全和保障等事项。就此而论，这些机构需要继续努力，共同建立一个跨部门的机制，在面对食源性传染病的暴发和其他食品安全突发事件时，联合开展灵活、及时的风险评估。INFOSAN、最新强化的 GLEWS，包括动物传染病，以及 FAO EMPRES 有潜力帮助做好各国或地区准备应对食源性动物传染病的暴发并组织开展后续响应工作。

关键词： 食品安全突发事件　食源性动物传染病　疫病暴发响应计划

0　引言

由病毒、细菌和寄生虫引起的动物疫病一般会传染给人类。通常食源性传染病，如动物源性传染病潜在地影响农业生产，导致食品安全问题，造成国际贸易壁垒，带来工业生产力的损失，除此之外还会造成人类发病和死亡。随着全球人口的不断增长，对动物源性食品的需求也随之增长，这导致了密集型农业和食品生产，以及食品供应的全球化。上述变化引起食物链中的风险特征的改变，如食品链中存在动物传染病病原体，在动物生产过程中滥用抗菌药物等问题可能会扩大公众健康的风险。

---

①　瑞士日内瓦，食品安全和动物传染病部门，WHO。

* 电子邮箱：savellic@who. int.

** 本文的出版得到了 WHO 的友好授权。

控制食源性动物传染病对公众健康非常重要，这需要许多利益相关者的参与，也包括除公共卫生部门外的利益相关者，特别是需要那些从源头上实施预防和纠正措施相关的利益相关者。关于食源性动物传染病暴发的快速响应计划需要涉及所有上述利益相关者，也包括农业和动物卫生部门。这就要求制定有关协定和议定书，就食品或饲料带来的风险问题，及时交换信息，同时采取措施应对这些风险。

各个国家对动物来源的食源性疾病暴发的责任调查和管理的职责不同，并且在多项因素上面有差异，包括暴发性质和规模、对公共卫生潜在的影响，以及对经济的影响等。成功调查和控制食源性疾病的暴发取决于协调所有利益相关者的水平。为了使协调快速响应有效率，在疫病暴发期间，所有参与调查的机构和人员需要充分了解自己的角色和职责。理想情况下，在大规模疫病暴发之前，他们应该对自己的角色和协调形式进行讨论，并且达成一致。

1   总则

应对食源性动物传染病的暴发本来就很困难，是因为其要求多个部门的参与和协调。在任何一个国家，应对通过食物传播给人类的动物疫病，常常要由从地方到中央各级政府的不同部门共同承担责任。这些参与者之间的合作以及跨部门的合作极为重要，主要表现在以下几个方面：有效管理疫病暴发，跟踪有关食物来源，并从源头上实施纠正和预防措施等。准备应对食源性疾病暴发的最好方法是促进这种协作和合作进程落到实处。为应对这些挑战而进行的规划很重要，因为彻底调查食源性疾病的暴发往往可以促进科学技术的快速进步。例如，调查可能会发现新的食源性病原体，并提供有关原有和新出现病原体的传播，以及病原体新的来源或携带方面的信息[9]。

2   国家层面

WHO颁布了关于调查和控制食源性疾病暴发的准则[11]。该准则是为以下人员所制定：公共健康从业人员、食品和健康检查员、地区和国家医务人员、实验室工作人员和其他有可能参与调查和控制食源性疾病暴发或承担责任的人员。虽然准则注重有关疫情暴发调查和控制的实际问题，但其提供了适用于单个国家为满足当地需求的一般性指导。对于地方性调查，该准则有助于开展初步的流行病学、环境和实验室调查，实施适当的控制措施，在更复杂的情况下提醒调查人员需要寻求援助。在国家和地区层面，该准则有助于决策者确定和协调资源，并创造适合于管理食源性疾病暴发的环境条件。

虽然这些准则没有明确是为指导调查动物来源的食源性疾病暴发而制定，但是疫情调查的一般原则是通用的，它们可以在规划过程中提供参考和支持。还应明确相关信息的来源，以向风险管理人员或研究人员提供关于潜在危险、背景信息的资源。FOSCOLLAB（www. who. int/foodsafety/foscollab/N/）是一个处于开发中的有用资源，其为一个有关食品安全数据和信息的全球平台。

如前所述，对疾病暴发进行快速反应需要采取协调合作。因此，对于食源性疾病的暴发进行调查时，每个国家都要建立多机构协调小组（MACG），这一点非常重要。该协调小组的名称可因国家而异，但各小组具有相同目标，即把所有相关数据源联系起来，并确保告知所有利益相关者。这样，所有相关的政府机构将致力于降低消费者风险、最大限度地减少对公众健康的影响，清除市场上所涉及的产品，并且从源头上制定控制措施。在规划过程中，应说明相关各国家机构的角色和职责，把应对疫情暴发的程序记录在案，并且把该程序与一切现有的国家食品安全突发事件应急预案联系起来。这将确保在整个调查过程中采取一致的做法，并能顺利给予每个参与人员（那些调查人类健康问题、调查食品安全以及负责动物健康的人员）工作上的协助。图1阐述了一个国家MACG结构的例子。

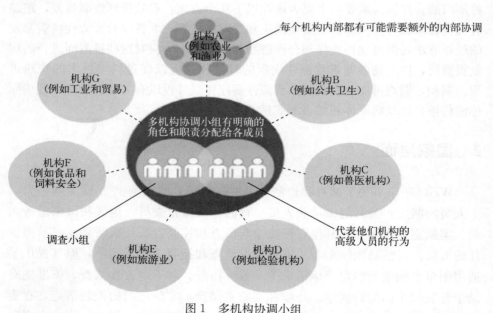

图1　多机构协调小组

注：为制定国家食品安全应急反应预案，改编自FAO/WHO框架[4]

2.1　流行病学调查

在国家层面，MACG 应以一定的标准评估所需要的信息，并确定最有能力收集这些信息的合作方，同时将其整理为标准化格式。国家主管部门应努力达到这样一个工作标准，即整合来自不同部门的监控数据。当涉及多个合作伙伴时，需要协调全面整理和分析流行病学资料，有一个机构领头时这项工作最容易完成。该分析过程将为调查疫情暴发的各个方面的结果提供支持[8]。同时，确定承担主要责任的机构也至关重要。该机构需根据国际卫生条例（IHR 2005）[10]向 WHO 提交报告，根据 OIE 的《陆生法典》和《水生法典》[14,15]向 OIE 提交报告。

2.2　食品安全调查

当确定疫情暴发的源头为动物食品时，将进行食品安全调查，同时尝试明确食品被污染的根本原因，确定从源头上防止后续疫情暴发可实施的措施。如果涉及的食品已经进口或者由国内生产出口国外，则应该报告给 INFOSAN 秘书处，其为 FAO 和 WHO 的联合项目[12]。为确保过程的一致性，开展针对食源性疾病暴发的食品安全调查应遵循国家计划。为帮助国家主管部门制定国家食品安全突发事件应急预案，FAO 和 WHO 制定了相关框架。应急预案应参照有关规定或国家立法提供其实施的法律依据。此外，当存在其他国家计划时，例如那些有关应对食源性疾病暴发的（如上所述）计划，它们应与应急预案联系起来，以确保协调应对[4]。

流行病学调查和食品安全调查通常需要涉及实验室检测。作为调查任务的一部分，每个相关机构将负责进行适当的实验室数据分析。MACG 需确保实验室分析协调进行，防止空白和重复工作，可进行问题讨论及成果共享。在某些情况下，主要机构可能不具有进行实验室检测的能力或专业技术。此时，应该联系实验室提供支持，以便将样品寄给具备所需的专业技术和能力的实验室。WHO、OIE 和 FAO 可以增进国际合作，为没有这样专业技术的国家或地区提供支持。在突发事件之前确定可检测关键病原体的实验室是良好规划的一部分。INFOSAN 可用于识别具有特定能力的实验室，并将其与需要提供援助的国家主管部门联系起来。在规划过程中，当明确各国能力的差距时，全球食源性传染病网络（GFN）可以利用培训和指导来提高实验室检测和流行病学调查的能力。

2.3　对数据分析和健康风险分析进行协调

来自流行病学、食品安全和实验室调查的资料和数据需要以协调和统一的方式进行分析，进而为决策提供信息，允许根据一切可用的数据做出结论。应与 MACG 的合作伙伴共享流行病学、实验室和食品安全的调查结果，并且将其进行整合，明确疫病暴发的原因和来源，确定需要进一步调查的地区。

在食源性疫情调查期间，为确保做出适当的风险管理决策，防止其他污染食品波及消费者，应快速和及时地做出基于科学的健康风险评估。为确定由食物造成的风险水平，应该在健康风险评估中考虑那些通过综合数据分析收集到的数据。这一过程应遵循 FAO、WHO 和 CAC[3] 制定的准则。为了协助国家当局，特别是在紧急情况下（如在动物源性食品已被确认为疫情来源的情况下），理解风险分析应用中的基本要素，FAO 和 WHO 制定了风险分析应用原则指南，以及食品安全突发事件处理程序指南[5]。指南中描述的原则和程序，可能也适用于与食源性疾病暴发不相关的其他食品安全事件，即那些需要在时间有限、情况不明时采取行动的事件。文件概述了在食品安全突发事件下应用风险分析的最佳做法，并提出了切实可行的办法，即把这些做法整合到现有系统中。本文描述的食品安全风险包括与食品消费有关的生物、化学和物理风险（但不限于与通过食物传播给人类的危害有关的风险）。除了已经建立的 CAC 的指导方针，以及有关食品安全风险分析的相关文本，文件还提供了以世界各地专家提供的最佳实践范例集合为基础的实用的指导。

2.4 对公共健康和食品安全行动进行协调

在食源性疾病暴发期间，采取行动找到疫情的源头，防止人类疾病的进一步扩大，这需要由 MACG 的一个或多个合作伙伴开展的各种各样的活动。这些活动示例如下：

- 从市场上召回食品；
- 扣留产品；
- 处理受污染或可疑的食品；
- 与公众沟通，介绍推荐的预防和控制活动，与弱势群体沟通提高他们的认识；
- 病案管理；
- 从源头上采取预防和控制措施（如在养殖场、屠宰场等）。

为了让 MACG 专注于快速和有效地管理应对工作，尽可能多地提前做好准备工作是必要的。在真正紧急状况下，事前准备也可降低对可行办法进行谈判的需求，减少需要做出决策的数目，并且减轻参与管理紧急事件人员的压力。还可以考虑进行模拟练习，以测试行动计划的可靠性。

可以提前绘制有利于迅速行动的模板、检查表和决策树，可以预先商定以下的反应关键要素：

- 风险类别，包括定义、说明和实例；
- 适合单个风险类别的风险管理方案；
- 实施方法；
- 适合于个别风险管理方案的沟通方法，包括与国际机构和其他国家政府的沟通；
- MACG 成员的角色和职责；
- 从市场上清除产品的体系和规则。

因为食品召回是应对食源性疾病暴发而采取风险管理的基本手段，因此国家食品召回制度要到位。一些国家仍然需要一个有效的召回制度和支持该制度的必要基础设施。一个成功的制度需要强有力的法律基础/管理框架，需要预先建立有效的协议，以及在主管部门和食品经营者之间进行必要的合作。食品和食品中的成分越来越丰富，世界各地不同地方加工和消费，这给开展有关食品召回的关键活动带来新的挑战，如向前及往回追踪可疑食品或被确认为不安全和与疫情暴发有关的食品。即使一些国家建立了基于科学的最先进的国家食品控制体系，它们也可能会面对食品市场全球化的挑战。为协助建立和实施有效的国家食品召回制度，FAO 和 WHO 已经发布了指导性文件[6]。

3 国际层面

OIE、FAO 和 WHO 是在全球范围内负责人类和动物健康、保障食品安全的国际性组织。他们通过合作增加了检测和评估在人、动物与生态系统交互作用层面上有可能引起国际关注的健康事件的机会，包括野生动物的健康事件，目的是告知预防和控制食源性疾病暴发的措施。通过分享他们的专业技术、数据和功能性的全球网络和系统，这三个组织可以促成一个独特的跨部门机制，在面对食源性疾病暴发等食品安全突发事件（除了在人、动物与生态系统交互作用层面上的其他健康问题）时进行灵活和及时的联合风险评估。这有助于确保这三个组织内部及组织之间、成员、其他利益相关者，包括公众针对国际关注的健康问题进行相关、高效、协调的风险交流。

3.1 国际食品安全网络

国际食品安全网络除了通过紧急联络点接收信息以外，还系统地监控可能与国际食品安全有关的事件。该监控的执行需要与 WHO 警报系统和反应行动计划密切合作，后者是 WHO 事件检测活动的一部分。国际食品安全网络在《国际卫生条例》[10]的总体框架下开展工作，它促进了可能引起国际关注的食品安全事件的识别、评估和管理。国际食品安全网络与各国密切合作，开发了警报系统，并把这项任务分配给会员国。为协助各国对食品安全紧急情况发生包括食源性疾病暴发做出反应，国际食品安全网络鼓励制定单独的 INFOS-AN 紧急联络点，负责协调国家食品安全应急反应，并在食品安全问题上有利害关系的其他国家机构建立额外的联络点。指定国际食品安全网络成员机构将有可能包括以下所有列在图 1 中的机构，在食品安全紧急情况下组成 MACG。国际食品安全网络合作伙伴、全球疫情警报和反应网络（GOARN）、全球重大动物疫病早期预警系统（包括动物传染病，GLEWS）三者共同合作，促进整个食物链连续体的无缝行动[12]。

为进一步加强在国家和全球层面上的跨部门协调与合作，国际食品安全网络秘书处与 OIE 合作，邀请 OIE 动物产品安全国家或地区联络点（来自国家或地区兽医主管部门）成为国际食品安全网络成员，让其解决"从农场到餐桌"整个范围的食品安全问题。

3.2　全球预警系统＋

GLEWS＋是近期全球预警系统的加强版。除了汇集三个组织的信息和专业技术以外，该系统还促成了更多的联合风险评估、更好的疾病暴发事件检测，以及改进的风险沟通。通过促进在人、动物与生态系统相互作用层面上健康威胁的快速检测及评估，GLEWS＋的目的是为了更好地告知预防和控制措施。这个目标是实现 OIE、FAO 和 WHO 三者长远规划的关键。该长期规划即世界能够通过多部门的合作和强有力的伙伴关系预防、检测、抑制、消除和应对由人畜共患病和动物疫病引起的动物和公众健康风险，对食品安全产生影响。GLEWS＋将作为 OIE、FAO 和 WHO 各事件协调、互补、验证过程的桥梁，并为快速共享信息和专业技术提供框架。动物疫病暴发增加公共健康监测的直接预警的需要；反之，公共健康监测可能引发对动物的调查。GLEWS＋认识到在人、动物与生态系统界面各方面的相互依存关系，将提供网络之间的互联互通。WHO（IHR 2005）[10] 和 OIE《陆生法典》与《水生法典》，世界动物卫生信息系统和兽医服务途径的性能[14,15] 提供的法律和监管框架支持较早地发现和报告事件，包括在人、动物与生态系统界面新出现的事件。从 GLEWS＋中集合的信息提供了一个更完整、更适当的流行病学研究背景[13]。

3.3　FAO 食品安全紧急预防系统

FAO EMPRES 与 FAO 成员和其他合作伙伴共同合作，协助预防和管理全球食品安全突发事件。它是 FAO 食物链危机管理框架（FCC）的一个基本组成部分，以综合方式解决所有从生产到消费的食物链威胁，包括动物健康、植物保护和食品安全等。食品安全紧急预防系统用预警、突发事件预防和快速反应三大支柱支持其成员，旨在补充和加强 FAO 目前在食品安全、动物健康和植物健康方面的工作。EMPRES 与国际食品安全网络衔接起来并且加强了这个网络，这主要是通过公众健康以外的其他相应部门成员的加入，如食品安全和农业部门，以及对各成员灌输和强调专注于情报收集的主动措施，而不是被动的做法[2]。

3.4 未来全球发展前景

我们必须应对源于动物传染病的食源性疾病暴发，尽管其环境是不断变化和发展的，但是我们可利用的监测和响应技术也是不断变化和发展的。例如全基因组测序（WGS），可通过对 DNA 样品进行完整 DNA 测序确定是否存在病原。在最近几项研究中[1,8]，包括 2011 年德国暴发肠出血性大肠杆菌的跟踪，已证实了 WGS[7] 在诊断微生物设置和"跟踪并追踪"工作效率方面具有很大潜力。在肠出血性大肠杆菌病暴发时，来自世界各地的科学家对该病原体进行了 WGS，并共享了他们的分析结果。这些研究人员进行合作，可以联合及快速分析基因组序列，揭示了关于大肠杆菌新菌株的重要细节，包括它表现出如此强烈毒性的原因。相对传统病原鉴别技术，这是一个重要的改变，这些新技术和新方法正在普及，它们价格相对低廉，并且能够快速操作和易于应用。目前正努力在全球范围内探讨如何把这种技术作为一个通用的工具，促进全球健康，防治传染病，提高食品安全。具体到食源性疫情调查，WGS 可以把被污染的食物与人类病例联系起来，进而提供有力证据，并揭示环境中食源性病原体的来源。通过提供有关毒性和病原体耐药性的细节，利用 WGS 获得的数据也可以用于提供治疗方案建议。

4 结论

为有效应对食源性动物传染病暴发，首要挑战是确保跨部门协作和协调规划，同时充分利用现有的技术。然而，关于规划和实施跨部门行动的过程是复杂的，每个国家都需要制定或审查自己的战略和方法来进行跨部门行动。由 WHO 和 FAO 发布的关于食源性疫情调查的指导性文件，建立了食品安全突发事件应急预案，在食品安全突发事件中应用风险分析原则，制定和完善食品召回制度，这些都应该被国家当局作为参考用于制订国家计划，并且互相参考，达成一致。国家行动，以及 OIE、FAO 和 WHO 进行的国际行动，应鼓励在公众健康、动物健康、动物传染病控制和食品安全等领域中，跨部门的各利益相关方在响应工作规划方面的合作。

5　致谢

在此作者特别感谢 FAO 以及 S. 卡希尔。

参考文献

［1］Allard M. W.，Luo Y.，Strain E.，Li C.，Keys C. E.，Son I.，Stones R.，Musser S. M. & Brown E. W. (2012). High resolution clustering of *Salmonella enterica* serovar Montevideo strains using a next - generation sequencing approach. *BMC Genomics*，13 (1)，32.

［2］Food and Agriculture Organization of the United Nations (FAO) (2010). Emergency Prevention System for Food Safety. Strategic Plan. FAO，Rome. Available at：www. fao. org/docrep/012/i1646e/i1646e00. htm (accessed on 22 April 2013).

［3］Food and Agriculture Organization of the United Nations (FAO) & World Health Organization (WHO) (2007). Food safety risk analysis：a guide for national food safety authorities. FAO Food and Nutrition Paper No. 87. FAO，Rome. Available at：www. fao. org/docrep/012/a0822e/a0822e00. htm (accessed on 22 April 2013).

［4］Food and Agriculture Organization of the United Nations (FAO) & World Health Organization (WHO) (2010). FAO/WHO framework for developing national food safety emergency response plans. WHO，Geneva. Available at：www. who. int/foodsafety/publications/fs _ management/emergency _ response/en/index. html (accessed on 22 April 2013).

［5］Food and Agriculture Organization of the United Nations (FAO) & World Health Organization (WHO) (2011). FAO/WHO guide for application of risk analysis principles and procedures during food safety emergencies. WHO，Geneva. Available at：www. who. int/foodsafety/publications/fs _ management/risk _ analysis/en/index. html (accessed on 22 April 2013).

［6］Food and Agriculture Organization of the United Nations (FAO) & World Health Organization (WHO) (2012). FAO/WHO guide for developing and improving national food recall systems. WHO，Geneva. Available at：www. who. int/foodsafety/publications/fs _ management/recall/en/index. html (accessed on 22 April 2013).

［7］Mellmann A.，Harmsen D.，Cummings C. A.，Zentz E. B.，Leopold S. R.，Rico A.，Prior K.，Szczepanowski R.，Ji Y.，Zhang W.，McLaughlin S. F.，Henkhaus J. K.，Leopold B.，Bielaszewska M.，Prager R.，Brzoska P. M.，Moore R. L.，Guenther S.，Rothberg J. M. & Karch H. (2011). Prospective genomic characterization of the German enterohemorrhagic *Escherichia coli* O104：H4 outbreak by rapid next generation sequencing technology. *PLoS ONE*，6 (7)，227 - 251.

［8］ Potron A., Kalpoe J., Poirel L. & Nordmann P. (2011). European dissemination of a single OXA－48－producing *Klebsiella pneumoniae* clone. *Clin. Microbiol. Infect.*, 17 (12), 24－26.

［9］ Tauxe R. V., Doyle M. P., Kuchenmüller T., Schlundt J. & Stein C. E. (2010). Evolving public health approaches to the global challenges of foodborne infections. *Int. J. Food Microbiol.*, 139, S16－S28.

［10］ World Health Organization (WHO)(2005). International Health Regulations 2005, 2nd Ed. WHO, Geneva. Available at: http://whqlibdoc. who. int publications/2008/9789241580410 _ eng. pdf (accessed on 5 June 2013).

［11］ World Health Organization (WHO) (2008). Foodborne disease outbreaks: guidelines for investigation and control. WHO, Geneva. Available at: www. who. int/foodsafety/ publications/foodborne _ disease/fdbmanual/en/(accessed on 22 April 2013).

［12］ World Health Organization (WHO) (2012). The International Food Safety Authorities Network (INFOSAN). Available at: www. who. int/foodsafety/fs _ management/in-fosan/en/(accessed on 22 April 2013).

［13］ World Health Organization (WHO) (2013). Global Early Warning System for Major Animal Diseases, including Zoonoses (GLEWS). Available at: www. who. int/zoono-ses/outbreaks/glews/en/(accessed on 22 April 2013).

［14］ World Organisation for Animal Health (OIE) (2012). Chapter 1. 1. Notification of dis-eases and epidemiological information. *In* Aquatic Animal Health Code, 15th Ed. OIE, Paris. Available at: www. oie. int/index. php? id＝171&L＝0&htmfile＝chapitre _ 1. 1. 1. htm (accessed on 5 June 2013).

［15］ World Organisation for Animal Health (OIE) (2012). Chapter 1. 1. Notification of dis-eases and epidemiological information. *In* Terrestrial Animal Health Code, 21 st Ed. OIE, Paris. Available at: www. oie. int/index. php? id＝169&L＝0&htmfile＝ chapitre _ 1. 1. 1. htm (accessed on 5 June 2013).

实 **3** 例

"从农场到餐桌"的食品控制：食品法典委员会和世界动物卫生组织的标准的实施

S. C. Hathaway[①]*

摘要： 食品法典中的国际食品标准有助于确保食品安全，同时促进国际食品贸易中的公平交易。实施这些标准时运用风险管理框架法（RMF）来进行决策，在各国政府的食品控制方案中越来越常见。CAC 在整个系统和食品交易方面都提供了相应的指南。在人畜共患病的情况下，CAC 和 OIE 在风险分析方法上设定的标准具有一定的相似性，这使得食品控制系统得以整合。风险分析方法中的相似度用于支撑由高度执行食品控制系统一体化的 CAC 和 OIE 制定的标准。CAC 和 OIE 在食源性人畜共患病和其他疫病标准制定方面的合作越来越多，以便使这些标准简洁、结合紧密，并且可以广泛应用于整个食物链。

为了更好地控制食源性人畜共患病，需要对食品安全和动物健康的监控信息进行有效整合。CAC 和 OIE 标准以多种方式共同支持这种整合，在国家层面，利益的实现高度依赖于主管部门和其他食品安全利益相关者之间的协调及信息共享。

关键词： 法典　CAC　OIE　标准　监测　人畜共患病

1　国际标准和食品安全

1.1　食品安全规范

食源性人畜共患病和其他食源性危害的管理规定在过去的 10 年中经历了一个显著的转变。"从农场到餐桌"以保证食品安全，在这一中心主题下，CAC 制定和审查了与人类健康风险有关的通用标准和商品特定标准。与此相关的新标准从风险分析原则[2]一直延伸至特定人畜共患病的细化风险指南，如

---

① 第一产业部，惠灵顿，新西兰。

* 电子邮箱：steve. hathaway@mpi. govt. nz。

肉鸡中的沙门氏菌和弯杆菌[5]。食品法典中的大部分标准除在国际贸易中适用外，对国内消费食品同样适用。

1.2 WTO《SPS 协议》

在国家层面上实施食品法典规范必须遵守 WTO 的《SPS 协议》。鉴于食品法典中的标准目前已采用的风险分析工具，具有可扩展性和操作性，因此，主管部门在实施时应根据本国的实际情况，确定本国面临的公共卫生风险，仅在保护人类健康所必需的限度内实施控制措施。如食品法典标准已有规定，那么就应该在本国适用，除非：

- 有经科学证明的其他更为严格的控制措施；
- 国家出于保护消费者决定采取高于食品法典的标准。

1.3 CAC 和 OIE 标准制定

CAC、OIE 和 IPPC 是 WTO《SPS 协议》认定的三个主要的国际标准制定机构，OIE 主要针对动物健康和人畜共患病、IPPC 主要针对植物健康。

CAC 拥有广泛的职能。食品法典标准及相关文本，如指南或实施规程等，涵盖了诸如食品安全和食品质量、营养和标签、检测认证问题以及分析和采样方法等所有方面的内容。CAC 在食品方面的职能显然比 OIE 更广，但在食源性人畜共患病以及与其他食源性风险相关的农场兽医服务方面，两者存在较多的重叠，如农业化合物残留、传播耐药性的食源性病原菌等。

1.4 CAC 与 OIE 的合作

CAC 和 OIE 在制定食品安全和人畜共患病标准中的合作及整合关系日益加深，这种关系在多个层面上均有体现（插文 1）。

插文 1 CAC 和 OIE 在制定食品标准中的合作

OIE 与 CAC 成员参与食品标准的制定工作：OIE 代表参与 CAC 和特别工作组标准制定的工作，CAC 代表参与 OIE 特别工作组标准制定的工作。

OIE 总干事参加 CAC 年度会议并提供共同关注活动的信息。

CAC 主席参加 OIE 大会并提供 CAC 活动的相关信息。

CAC 和 OIE 在国家和地区层面上的联络点可以协调 CAC 和 OIE 工作项目中的共通内容。

OIE 有关动物产品食品安全联系点与 CAC 相关专家间的联络。

OIE 和 CAC 在政府间的任务小组中共同工作，例如 2007—2010 年细菌耐药性的政府间任务小组。

CAC 和 OIE 在整个食物链中进行食品安全合作，例如 CAC 是 OIE 动物产品食品安全工作组的成员之一。

主管部门逐步协调国际和国家标准并将其作为"从农场到餐桌"食品控制系统的一部分。

CAC 和 OIE 通过这些活动建立了伙伴关系，显著提高了其所制定食品安全相关标准的质量、一致性和有效性。

然而，尽管这两家机构正在越来越多地共享工作方案和资源，但由于启动新工作和制定标准的流程不同，在协调他们制定标准时，必须要考虑到这些差异[15]。一般来说，要根据各个独立常设委员会授权和优先顺序的设定进行起草提案，制定新的食品法典工作建议书，经食品法典执行委员会严格审查，最终由 CAC 通过。所有提案的关键要素是现实需要和专家们的科学建议。各个独立委员会完成新标准的时间期限一般不应超过 5 年，报由 CAC 最终采纳还有一个规范且逐步细化的流程。

OIE 标准的新章节的制定或现有章节的修订提案可能有多种来源，由独立的专家小组（特设工作组）来提出提案，并向专家委员会报告。通过后提案文本发送给各成员，成员进行评审后向 OIE 反馈。通常，所拟标准会在临近的 OIE 大会上进行表决。

1.5 共享风险管理法

用来支持 CAC 和 OIE 标准制定的风险分析方法的相似性使整合食品控制系统成为可能，这种整合可以使农场和整个食物链充分运用各种控制措施。

CAC 将危害描述为"食品中可能对人体健康造成不利影响的生物、化学、物理因素或状况"[4]。同样，OIE 将危害描述为"动物或动物产品中可对人体健康造成不利影响的生物、化学、物理因素或状况"[14]。

食源性风险是根据对消费者造成不利影响的可能性和严重程度确定的[3]。由于食品法典标准仅适用于食物链，因此其决定的是对消费者的危害暴露水平。理想情况下，特定食品控制方案中的消费者保护水平是由公共卫生监测项目确定的。由于在国家层面上实施食品标准的主管部门往往不是负责公共卫生监测的主管部门，因此信息共享对于食品安全风险管理方法的实施至关重要。

OIE 通常将风险描述为："对动物或人类健康不利的事件或作用出现的可能性和程度"[13]。与食品法典标准不同，OIE 阐述了动物种群监测标准[11]以及在这些种群中控制危害的标准。因此，负责实施 OIE 标准的主管部门（通常是国家或地区兽医机构）可以直接获得实施动物卫生风险管理所需的所有信息。

近年来，OIE 在动物卫生标准开发方面已经发生了变化[8]：从严格强调国家或地区范围内无疫，向基于风险管理确保特定动物亚群或涉及交易安全的特定产品达到无疫转变。尽管最终目标仍然是从一个地区根除动物疫病，但目前对特定产品主要是强调风险降低措施。显然，对动物种群有效且高效的监测及结果的系统报告是风险管理的关键。

OIE 认为在食源性人畜共患病方面，食品中一些应优先考虑的危害是动物本身，或生产工具中携带的无症状的且不易被剔除的病原。

1.6 风险管理框架——实施工具

CAC 规定风险管理应使用结构化的方法，其中包括初步的风险管理活动，风险管理选择评估，以及对所采取决策的监控和检查[3]。无论在国际还是国家层面，越来越多地承认 RMF 的系统应用，是食品安全标准制定和实施的一个关键过程[7]。RMF 的一个实例如图 1 所示。

在不断发展的基础上，RMF 提供了一个对所有食品安全风险管理系统的必要因素进行考虑和整合的规范程序。监控和监测的信息为一些步骤提供了有价值的信息输入，特别是那些以证据和监测数据为基础进行风险管理决策的步骤。这些信息可以从符合管理标准的报告和其他来源获得，

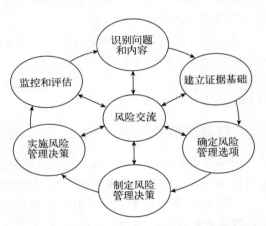

图 1　新西兰第一产业部风险管理框架决策过程

例如食物来源归属研究、有针对性的调查、疫情调查和公共卫生统计数据等。

2 实施食品法典监测标准的衔接

2.1 监测信息的价值

为了更好地控制食源性疾病，人们对整合其他食品控制活动的监控和监测信息有了更加明确的要求。在人畜共患病的情况下，食品法典标准的有效实施需要对食品链上不同点的监控信息以及来自动物和人类种群的监测信息进行整合。如监测可能由食物链传播化学危害导致的动物和人类种群疫病，这种监测通常局限于特定的调查，控制化学危害的食品法典标准的实施将不在本文中进一步讨论。

这种整合后信息的价值体现在几个不同方面：

- 扩展食品法典准则以便制定适合本国国情的食品管制措施；
- 作为风险评估模型的输入信息；
- 验证"从农场到餐桌"的食品控制系统是否达到消费者保护水平；
- 满足比食品法典标准更高的消费者保护水平，所需措施在科学上的正当性；
- 论证监管系统的性能。

参与食品安全的兽医还可以通过监控和监测活动为实现动物健康做出重大的贡献，例如对屠宰动物进行外来疫病的宰前检验，对牛结核病进行宰后检验等[9]。

2.2　食品法典对食物链监控的规定

食品法典关于监控食物链的总体规定[1,6]可以对风险管理决策的制定过程发挥重要作用。

食品法典草案中《国家食品控制系统的原则和指南》指出，食品控制方案应在食物链的所有相关环节进行不间断地监控，从而获得有效性的持续评估，并对新趋势进行预测[6]。这些指南还指出，一个国家的食品控制系统应被设计，能及时获取食源性疾病监测和调查的有关信息。定期审查监控和监测信息将促进控制系统的持续改进。

食品法典多种产品标准提供了对食物链中不同环节人畜共患病病原体监控的具体指南。

2.3　与 OIE 标准的衔接

对活体动物种群监测实施 OIE 标准并报告其结果[11]对食品安全风险管理具有重要作用。OIE 标准也包括了及时通告动物健康监测结果的责任。

表 1 列出了一些可能通过食物链进行传播并被 OIE 所监测的必须报告疫病。

表 1　一些列入或未列入 OIE 监测指南的食源性病原体

OIE 食源性病原体	未列入的病原体
棘球绦虫	沙门氏菌
旋毛虫	链状带绦虫
禽流感病毒	
牛海绵状脑病病原体	
羊布鲁氏菌	
结核分枝杆菌	

OIE 世界动物卫生信息系统包含早期预警系统，该系统要求各成员提供重要流行病学事件的紧急报告，例如：

- 一个国家或地区首次出现必须报告的疫病和感染病例；
- 在宣告无疫后再次发生疫情；
- 其他情况，例如新出现某种疫病或某种疫病流行病学特征发生改变。

在特殊情况得到解决之前，OIE 都要向其成员发布信息并且要求持续报告受影响国家或地区的周报告。除早期预警系统以外，世界动物卫生信息系统还包含监控系统，该监控系统要求各个成员每 6 个月提供 OIE 必须报告（报告疫病存在与否），以及所采用的疫病预防和控制措施的报告。

2.4　国家间的协调

由 CAC 和 OIE 制定的《SPS 协议》和相关标准都涉及收集、评估其他信息证明的系统化过程，该过程被视为公共卫生措施的基础。因此应特别注意早期预警机制与利益相关者的沟通，以及应急计划的制订[10]。

各主管部门间的有效协调是对食源性人畜共患病进行有效风险管理的一个重要部分，协调工作包括"从农场到餐桌"不同步骤的监控和监测信息的收集、共享和分析。近年来，国家内部有关食品安全、公共卫生和动物卫生服务部门等组织架构出现了几种新的形势。在某些国家，"从农场到餐桌"的食品控制监管服务机构被合并到单一的主管部门下，从而增强了食品控制信息的共享。

虽然各国或地区组织结构不可避免地存在差异，但还应满足 CAC 和 OIE 标准收集和使用食源性人畜共患病的监控和监测信息的要求。为此，国家或地区层面很有必要采取特定的行动，这已经得到了 OIE、WHO 和 FAO 的确认。这些行动包括：

- 制定动物卫生、食品安全以及公共卫生部门的本职工作任务；
- 确定职责和提名主要联系人；
- 能力架构；
- 实施一致同意的议定书；
- 评估食品控制进程，审查协作计划。

增强对食品法典和 OIE 国家或地区联系点的认识，以及加强公共卫生机构、产业组织和消费者等其他利益相关者之间的联系，是一项逐步深化的工作。近期的 WTO 研讨会上就 SPS 委员会和"三姐妹"（CAC、OIE 和 IPPC）之间的关系进行了讨论，各国或地区普遍认为，在国家或地区间负责贸易、食品安全和动植物卫生等不同部门间的有效沟通和协调，是目前面临的最大挑战之一[15]。

2.5　案例分析：鸡肉中沙门氏菌的控制

最近制定的食品法典标准《鸡肉中弯杆菌和沙门氏菌控制指南》[5] 提供了关于"从农场到餐桌"RMF 方法制定和实施控制措施的全面建议。该标准的首要目标是提供"一个各国均可用以建立适合本国国情控制措施的框架"。主管部门鼓励开发基于风险的各项指标，通过公共健康保护水平来反映决策的正确性，FAO 和 WTO 已经开发了一个基于网络的决策支持工具，用来协助开发这些指标。

食品法典标准主张种禽群应保持无沙门氏菌感染，并且依照 OIE 标准，如果检出沙门氏菌阳性禽，应注意"家禽中沙门氏菌的预防、检测和控制"[12]。食品法典标准也遵从 OIE 监测指南，但仍为食物链中沙门氏菌控制水平的监测提供了详细的指导。

考虑到在不同地方、地区和国家间血清分型和流行率的差别很大，OIE 标准对家禽沙门氏菌血清型监测提供了详细指导[12]。对产肉类家禽采样方法、采样频率和样本类型做出的决策，应基于风险评估分析。

食品法典标准和 OIE 标准互补性强，它们一起提供了一个"从农场到餐桌"的食品安全控制系统。为了对家禽和禽肉中沙门氏菌进行更好的控制，这两个标准都指出食品安全信息及动物卫生监控和监测信息整合的重要性。进一步来说，人类监测信息的有效性是用于设计基于风险控制措施的必要信息来源。

参考文献

[1] Codex Alimentarius Commission (CAC) (1997). Guidelines for the design, operation, assessment and accreditation of food import and export inspection and certification systems. CAC/GL 26 - 1997. Food and Agriculture Organization, Rome.

[2] Codex Alimentarius Commission (CAC) (2007). Working principles for risk analysis for food safety for application by governments. CAC/GL 62 - 2007. Food and Agriculture Organization, Rome.

[3] Codex Alimentarius Commission (CAC) (2011). Codex principles of risk analysis. *In* Procedural Manual, 20th Ed. Food and Agriculture Organization, Rome, 105.

[4] Codex Alimentarius Commission (CAC) (2011). Definitions of risk analysis terms related to food safety. *In* Procedural Manual, 20th Ed. Food and Agriculture Organization, Rome, 112.

[5] Codex Alimentarius Commission (CAC) (2011). Guidelines for the control of *Campylobacter* and *Salmonella* in chicken meat. CAC/GL 78—2011. Food and Agriculture Or-

ganization, Rome.

[6] Codex Alimentarius Commission (CAC) (2013). Report of the 20th Session of the Codex Committee on Food Import and Export Inspection and Certification Systems. REP 13/FICS. Proposed Draft Principles and Guidelines for National Food Control Systems. Food and Agriculture Organization, Rome, 22 – 33.

[7] Food and Agriculture Organization of the United Nations (FAO) (2007). Biosecurity tool kit: a guide for national food safety authorities. FAO, Rome.

[8] MacDiarmid S. & Thiermann A. (2011). Implementation of OIE international standards. *In* Final Report of the 27th Conference of the Regional Commission for the Far East, Asia and Oceania, 19 – 23 November, Tehran. World Organisation for Animal Health, Paris.

[9] McKenzie A. & Hathaway S. (2004). The role of veterinarians in the prevention and management of food – borne diseases, in particular at the level of livestock producers. 70 SG/9. *In* Proc. 70th General Session of the OIE, 26 – 31 May, Paris. World Organisation for Animal Health, Paris.

[10] World Health Organization (WHO)/Food and Agriculture Organization/World Organisation for Animal Health (2008). Zoonotic diseases: a guide to establishing collaboration between animal and human health sectors at the country level. WHO, Geneva.

[11] World Organisation for Animal Health (OIE) (2012). Chapter 1. 4. : Animal health surveillance. *In* Terrestrial Animal Health Code, Vol. I, 21st Ed. OIE, Paris, 14 – 24.

[12] World Organisation for Animal Health (OIE) (2012). Chapter 6. 5. : Prevention, detection, and control of *Salmonella* in poultry. *In* Terrestrial Animal Health Code, Vol. I, 21st Ed. OIE, Paris, 268 – 273.

[13] World Organisation for Animal Health (OIE) (2012). Glossary. *In* Terrestrial Animal Health Code, Vol. I, 21st Ed. OIE, Paris, ix.

[14] World Organisation for Animal Health (OIE) (2012). Glossary. *In* Terrestrial Animal Health Code, Vol. I, 21st Ed. OIE, Paris, xii.

[15] World Trade Organization (WTO) Committee on Sanitary and Phytosanitary Measures (2011). Three sisters standard – setting procedures. Background document. G/SPS/GEN/1115. WTO, Geneva.

动物健康监测和食品安全的统一：
以异尖线虫为例

E. Pozio[①]*

摘要：异尖线虫属和伪地新线虫属（异尖线虫科）线虫病是人畜共患寄生虫病，海洋哺乳动物（如鲸、海豚、鼠海豚、海豹、海狮、海象）为其终末宿主，甲壳类、头足类和鱼类为其中间宿主或转续宿主。对于人类来说，食用异尖线虫的幼虫会导致活体幼虫感染，或者导致对异尖科过敏原的过敏反应（即使吞食死去的幼虫），又或两者兼而有之。在全球范围内，每年确诊感染者超过2 000例，还有大部分未确诊的感染者和过敏反应病例。异尖线虫幼虫在许多鱼类、头足类和甲壳类中的患病率较高。预防异尖线虫病的措施应主要集中在收获后的处理方面。

关键词：异尖线虫病　异尖线虫　头足类　甲壳类　食源性　海洋哺乳动物线虫类　伪地新线虫属　海鱼　人畜共患病

0　引言

异尖科的线虫通常被称为"异尖"，这些都是海洋哺乳动物和食鱼鸟类的全球性寄生虫。最重要的动物传染病物种隶属于异尖线虫属（*A. simplex s. s.*和*A. pegreffii*）和伪地新线虫属[34]。甲壳动物是第一中间宿主。多种头足类动物和咸水鱼（包括溯河性鱼类）是第二中间宿主或转续宿主，并且它们是哺乳动物（包括人类）和鸟类的主要传染源。鱼类和头足类患病率的变化很大，这取决于宿主的物种和年龄，也取决于渔区。人类因食用了体腔、内脏或肌肉中含有异尖线虫幼虫的生鱼类或头足类而遭受感染。即使鱼被煮熟了，当人类接触到这些蠕虫过敏原时，也会有过敏症状。在本综述中，作者试图提供人畜共患病的这两个线虫属的完整信息，以及由这些寄生虫引发的传染病的完整说明，包括流行病学、患病率、危险因素、诊断、治疗和控制措施等。

---
①　欧盟寄生虫参考实验室，罗马，意大利。

*　电子邮箱：edoardo. pozio@iss. it。

1 生活史

异尖线虫成虫产的卵常见于鲸类胃中（如鲸、海豚和鼠海豚等），而伪地新线虫成虫产的卵常见于鳍足类胃中（如海豹、海狮和海象等），这些卵随宿主粪便排入海水中并进行孵化（图1）。刚孵化出来的幼虫可在海水中存活数周，期间可被各种各样的甲壳动物和软体动物吞食（如桡足类、端足目、等足目、磷虾和虾蟹）[30,44]。整个生命周期中，异尖线虫最重要的第一中间宿主是

图1 导致人畜共患病的异尖线虫属和伪地新线虫属的生活史

1. 虫卵随海洋哺乳动物的粪便排入海水中。

2. 虫卵发育到第1～3期，随后幼虫被释放到海水中。

3. 磷虾类（磷虾）和桡足类吞食第1～3期的幼虫，幼虫发育到第三期或停留在第三期。

4. 作为转续宿主的鱼类、甲壳类和头足类吞食第三期幼虫。

5. 当海洋哺乳动物吞食了鱼类、甲壳类和头足类后，幼虫第三期发育到第四期，然后在肠道内发育为成虫。

6. 当人类误食了受感染的鱼类、甲壳类和头足类后，一个或更多的幼虫可以诱发临床疾病或过敏反应。

的荷虫量（几乎没有宿主感染超过一条蠕虫），所以感染率一般较低（<1%）[30]。当这些受感染的甲壳动物被鱼类和头足类动物吞食后，幼虫迁移至体腔中，尤其是肝、生殖腺和肠道，在那里它们变为成囊期幼虫（图1）。当另一种鱼类或头足类捕食了受感染的鱼后，新宿主即为转续宿主（即寄生虫不再进一步发育并停留在第三期）。最终宿主通过吞食受感染的鱼类、头足类或甲壳动物而被感染。在终末宿主中，异尖线虫幼虫迅速发育到第四期，之后就变为成虫（图1）。

虫卵随终末宿主的粪便排出体外并释放出第一期或第二期可以自由游动的幼虫。当甲壳动物吞食第一期幼虫后，幼虫发育到第二期；然后被鱼类和头足类动物吞食后，其发育到第三期[30,44]。有作者报道了释放幼虫发育到第三期虫卵[27]。当感染第三期幼虫的鱼被另一只鱼吞食后，幼虫在鱼宿主中重复循环。由于幼虫在鱼类食物链中重复传播，这可能会产生大量的幼虫积累，尤其是在大型和更成熟的鱼类体内，可能包含数百甚至数千个成囊期幼虫，从而增加感染其他鱼类和人类的概率[44]，这对流行病学和食品安全来说是很重要的。

第一鱼类宿主是食浮游生物的动物，如鲱、黑线鳕、蓝鳕、幼小的鲽、鲭和鳕，它们通过甲壳动物直接获得虫体[1,31]。第二鱼类宿主是食鱼动物，如蓝鲨、梭鱼、安康鱼、海鳗等，它们一般通过食用受感染的浮游生物鱼类而感染[1,31]。

2 异尖线虫属和伪地新线虫属的分类

最新的一篇评论中对隶属于异尖科的这两种线虫现行分类进行了评估[34]。人们已经确定了异尖线虫属的两个分支：

- 分支1（原名异尖线虫1型），包括 *A. simplex s. s.*、*A. pegreffii* 和隶属于复杂的 *A. simplex s. s.* 的 *A. simplex s. s.* C 型、典型异尖线虫（*A. typica*）、*A. ziphidarum* 和 *Anisakis* sp.；
- 分支2（原名异尖线虫2型），包括抹香鲸异尖线虫（*A. physeteris*）、*A. brevispiculata*、*A. paggiae.*。

人们已经确认了伪地新线虫属的六个分支：
- *P. krabbei*（原名为伪地新线虫 A 型）；
- *P. decipiens s. s.*（原名为伪地新线虫 B 型）；
- *P. bulbosa*（原名为伪地新线虫 C 型）；
- *P. azarasi*（原名为伪地新线虫 D 型）；
- *P. decipiens* E；
- *P. cattani.*。

3 感染率和鱼体内类异尖线虫科幼虫荷虫量

大量的鱼类和头足类是异尖线虫属（200 种鱼类和 25 种头足类）和伪地新线虫属（北大西洋包含 75 种鱼类）的宿主。人们认为大部分鱼类和头足类可能含有这些寄生虫[1,32]。研究表明，鱼类感染随季节而发生变化。然而，这种变化似乎与鱼的重量和年龄相关，体型更大、更成熟的鱼具有更高的患病率和荷虫量[13]。鱼类和头足类动物的患病率与其具体的摄食行为和生物特性有关，且其患病率在小于 1% 到接近 100% 之间变动。

近几十年来，鱼类和头足类动物的患病率逐年递增，这可能与三个因素相关：

- 随着公众对海洋哺乳动物保护的日益关注，潜在终末宿主的种群规模日益扩大；
- 捕鱼船处理垃圾的做法（如将垃圾倾倒入海里）[1,32]；
- 对人畜共患寄生虫病及其对公众健康影响的日益关注。

就公共卫生而言，人类主要食用鱼肉的肉质部分，因此，鱼肉被幼虫感染具有重要的流行病学意义。目前，幼虫在活鱼中的迁移是否受异尖科物种、宿主物种或其年龄的影响尚不清楚。当鱼死亡后，幼虫可从体腔移至体壁肌肉内，但是这一过程受鱼被捕获后所处环境条件的制约。鱼死亡后与去除内脏的间隔时间越长，肌肉内的幼虫数量就越多。尽管幼虫也可以到达远端肌肉，但其中大部分仍然被困在鱼腹部皮瓣处[25]。

4 人类感染（异尖线虫病）的流行病学

感染人类的幼虫隶属于 *A. simplex s. s.*、抹香鲸异尖线虫、*A. pegreffii* 和伪地新线虫（*P. decopoens*）；最常见的物种是 *A. simplex*、*A. pegreffii* 和伪地新线虫。也有一个感染双盲小口线虫病例的报道[43]，然而对于该病例是存在疑问的，需要对该物种的人畜共患作用做进一步研究。

人类因误食异尖科幼虫而引起感染，或者导致对异尖科线虫的过敏反应（即使食用死幼虫也可能引起过敏反应），或两者兼而有之。当人类因食用含第三期幼虫生的或未煮熟的鱼而被感染时，幼虫会穿透胃或肠黏膜，导致胃肠疼痛和呕吐，并伴随着白细胞增多，在某些病例中表现出嗜酸性粒细胞增多[44]。

该传染病在经常食用生的和未煮熟鱼肉的国家较为常见。食用煮熟的鱼或将鱼冷冻可以降低感染的风险，但这并不会抑制对异尖线虫抗原的过敏反应。

近年来，*A. simplex* 已被确定为由免疫球蛋白（Ig）E 抗体介导的过敏反应的病因[21]。这些过敏反应的范围包括急剧发病（可能导致过敏性猝死）和慢性衰弱性疾病。在西班牙，近期报道的过敏反应临床症状包括从单一血管性水肿/荨麻疹到危及生命的过敏性休克反应。同时也有接触性皮炎和职业病的相关报道。

异尖线虫对经济的影响

在重要的鱼类、头足类和甲壳类中，异尖线虫的感染率较高。据报道，在美国，用于商业销售的新鲜的鲑其异尖线虫的感染率已超过 75％。英吉利海峡的鲱简单异尖线幼虫的感染率从 78％到 97％不等。由于异尖线虫病降低了鱼的商业价值[47]，传染病和过敏反应影响了人类的健康[7,44]，这导致这种寄生虫已经成为一个经济和公众卫生关注的问题。

5 人类感染的危险因素

与其他鱼源性人畜共患寄生虫病类似，异尖线虫感染率显然与食用生的、未煮熟的或腌制的鱼等传统习惯有关，如日本的寿司和生鱼片、荷兰的腌制鲱或烟熏鲱、北欧的渍鲑片（腌制的干鲑）、西班牙的凤尾鱼（腌凤尾鱼）、夏威夷的腌制鲑（生鲑）、菲律宾的生鱼沙拉（腌制切碎的鱼）和拉丁美洲的酸橘汁腌鱼（用柠檬汁对生鱼片调味）等[12]。在意大利和西班牙，凤尾鱼的传统吃法为蘸醋汁食用未经冷冻的生鱼片，或者食用未取出内脏并在炭火上烤的沙丁鱼，凤尾鱼和沙丁鱼已被报道具有较高的幼虫荷虫量[5]。

6 控制措施

对异尖线虫病的预防或控制应注重捕后处理、储藏措施以及鱼的制备过程[1]。立即切除鱼内脏，通过阻止幼虫迁移至宿主鱼的肌肉，可以降低寄生虫人畜共患病的潜在风险。然而，由于内脏一般被扔进海里，被其他鱼类吃掉，这会增加其他鱼类的感染概率[32]。目视检测鱼片可用来检测嵌入皮肤表面的幼虫。常用于检测嵌入肌肉深处幼虫方法是透光检验（即将一束亮光穿过鱼片）；然而，通常只有 1/3 的严重感染的鱼类才进行此项检测[30]。对厚度达 2.5 厘米的鱼片进行透光检验是非常有效的，而对于较厚的鱼片则无法检测到幼虫。

挤压方法已广泛用于系统地检测鱼肉中线虫幼虫。该方法利用冷冻幼虫的荧光特性，压紧冷冻鱼片（1～2 毫米厚），在紫外线（UV）照射下，其中的冷冻幼虫会显现出明亮的荧光斑点[24]。在利用 366 毫米紫外线进行目视检测之前，对包装袋及其里面的东西应进行至少 12 小时的低温冷冻（≤18 ℃）。消化方法为采用胃蛋白酶盐酸溶液使活的和死的幼虫从肌肉中释放出来[23]。该方法几乎可以发现所有的幼虫，但这种方法比较耗时，仅用于专门的研究而不是大规模的筛检。

结合优化的 DNA 提取过程的实时 PCR 方法最近已被开发，并用于识别海鲜产品中的 *A. simplex*[29]。该方法具有较高的敏感性和特异性，在 25 克样品中检测下限达到 40 毫克/千克。然而，由于其成本较高，该方法不适用于工业化生产鱼的大规模筛检。

异尖线虫幼虫对腌制、冷熏和卤制具有抵抗力，并且微波加热似乎也不能将其杀死[39]。因此，对于供家庭食用的鱼，应至少烹饪 10 分钟，烹饪核心温度达到 60 ℃或更高[39]。

FDA 建议[22]，生食鱼片或半生鱼片时，鱼片应在－35 ℃或低于－35 ℃下冷冻 15 小时，或在－20 ℃或低于－20 ℃冷冻至少 7 天。用于水产养殖或饲料的海洋鱼类，在使用前也应充分冷冻。然而，鱼类和头足类的冷冻并不能防止食用后过敏反应的发生。

7   人类感染

迄今为止，据报道全球大约有 20 000 例异尖线虫病例，其中有超过 90%来自日本（每年约 2 000 例确诊病例），其余大部分病例来自西班牙、荷兰、意大利和德国[7]。异尖线虫幼虫被摄入后，它会侵入胃或肠壁。伪地新线虫往往与胃异尖线虫病相关，而 *A. simplex* 往往与肠异尖线虫病相关[15,38]。多数幼虫停留在胃或肠黏膜下层，并在慢性阶段形成肉芽肿。在极少数情况下，幼虫可以移行到其他位置（如大网膜、肠系膜、淋巴结、胰、卵巢、肺和肝）[33]。

7.1   人类感染的体征和症状

通常在误食幼虫 6 小时内，胃异尖线虫病的临床表现为突然的急性发作（如间歇性上腹部疼痛、恶心和呕吐）（表 1）。上腹部疼痛往往很严重，镇痛药可能不起作用[41]。对于患有肠异尖线虫病的人来说，通常在误食幼虫后 5～7 天开始出现症状[38]。

近年来，经常有报道称在异尖线虫幼虫被摄食 2～6 小时内，异尖线虫病会引起强烈的过敏反应。临床症状严重程度从单一肿胀到荨麻疹和危及生命的

表 1　人类感染异尖线虫病的发病机理和临床表现

临床形式	特　征	病理学
非侵入型	幼虫不穿透黏膜	无症状
侵入型		
食道	幼虫穿透组织	轻微
胃肠道	幼虫穿透胃肠黏膜	中重度
外消化道	幼虫进入体腔	重度
过敏症	对幼虫抗原的过敏反应	中重度

过敏性休克[4,7,8]。尽管在埃及、法国、意大利、日本、韩国、葡萄牙和南非也有过敏反应病例的报道[31]，但大多数都集中在西班牙[31]。引起过敏反应的异尖线虫过敏原似乎高度耐热和耐寒[7]。然而，活寄生虫引发的感染可能需要诱导致敏[4,9]。

8　对人类感染的诊断

由于异尖线虫病的症状不具有典型性，胃异尖线虫病常被误诊为消化性溃疡、胃肿瘤或胃息肉，肠异尖线虫病可被误诊为阑尾炎或腹膜炎[39]。通常通过内窥镜检查，或放射学或超声检查可进行临床诊断。各种免疫学检测用于间接诊断。由于患有异尖线虫病人的血清和其他亲缘关系较近的线虫的抗原存在交叉反应（如蛔虫和弓蛔虫属），所以用血清学检验结果进行诊断可能较为困难。

9　人类感染的治疗

对急性胃异尖线虫病，通常采用纤维内窥镜手术切除寄生虫，这可以立即改善症状[37]。对于其他形式的异尖线虫病，治疗方法选择因并发症而异（如手术切除肉芽肿）。对肠异尖线虫病，建议采用等渗的葡萄糖液保守治疗[44]。如果这种治疗方法无效，通常需要做手术切除受影响的组织。目前，伊维菌素和阿苯达唑对于治疗异尖线虫病有一定疗效[17,36]。

10　水产品中异尖科幼虫的灭活

预防的关键控制点是：
- 在低感染率的区域捕鱼；

- 对水产养殖进行物理、化学处理，以确保杀灭幼虫；
- 物理分离法分离加工过程中被污染的水产品。

由于 $A. simplex$ 过敏原具有耐热耐冷的特性[20,21]，杀死水产制品异尖线虫的处理不能确保消费者免于遭受过敏反应。

根据欧共体法规 853/2004[18]，在以下情况下，鱼类产品的所有部分应该在低于－20 ℃的温度下冷冻 24 小时以上：

- 如果产品用来生食或近似生食；
- 如果产品经过冷熏过程（内部温度＜60 ℃）；
- 如果产品经过熏制或腌制且加工过程不足以破坏幼虫，必须对未加工的或成品进行冷冻处理。

在美国，FDA[22] 要求所有用来生食或半生食的（如腌制或半熟）鱼类和贝类必须在－35 ℃急速冷冻或低于此温度持续冷冻 15 小时，或在－20 ℃或低于此温度完全冷冻持续 7 天。加拿大要求同样的冷冻处理过程。有关盐渍大西洋鲱和腌鲱的食品法典标准，指出应采用电磁搅拌的人工消化法之后，检测线虫的存活率[14]。如果检测到活线虫，除非它在－20 ℃ 冷冻 24 小时（产品的核心部位），否则禁止上市供人食用。

只有在一定条件下，异尖科幼虫才对盐敏感。据估计，鱼类在 6.3％盐水中和在 3.7％乙酸中储存，鲱中幼虫的最大生存时间为 28 天[26]。在工业生产条件下，杀死干腌鲱中的异尖线虫虫体总共需要 20 天[11]。

浸泡是把经过烹饪或不经过烹饪的食品浸泡在调料中的过程，通常为经过烹饪或不经过烹饪的酸性液体；腌泡汁的有效成分包括醋、青柠汁、酒、酱油或盐水。早期研究表明 $A. simplex$ 幼虫能抵抗传统腌泡汁的浸泡，并且能在盐和醋的混合物中生存 25 天[28]；在不同浓度的盐下，幼虫存活天数可以达到 35～119 天[26]。用醋（6％乙酸）和 10％氯化钠的腌料腌制沙丁鱼 24 小时，紧接着添加葵花籽油并冷冻 13 天，可以灭活 $A. simplex$[6]（表2）。影响有效冷冻灭活异尖线虫的因素包括温度、鱼核心组织达到最终温度所需的时间、冻结时间和鱼的脂肪含量[48]。

表 2　鱼产品的处理

鱼类	处理	参　　数	参考文献
鲱	盐腌	5％氯化钠，＞17 周	26
		8％～9％氯化钠，6 周	3
	卤制	卤水中浸泡 28 天，6.3％氯化钠、3.7％醋酸	26
	辐射	6～10 千戈瑞	46

（续）

鱼类	处理	参　数	参考文献
凤尾鱼	卤制	10%醋酸、12%氯化钠中 5 天及以上	40
		2.4%醋酸、6%氯化钠中 35 天	3
		10%醋酸、12%氯化钠中 5 天	40
沙丁鱼	卤制	6%醋酸、10%氯化钠中 24 小时＋4 ℃ 13 天	6
红大麻哈鱼，淡黄石斑鱼	冷冻	−35 ℃ 15 小时，之后−18 ℃ 24 小时	16
箭齿鲽鱼	冷冻	−15 ℃ 96 小时；−20 ℃ 60 小时；−30 ℃ 20 小时；−40 ℃ 9 小时	2
大鳞大麻哈鱼，淡黄石斑鱼	高压	414 兆帕 30～60 秒；276 兆帕 90～180 秒；207 兆帕 180 秒	35
海鳗	辐射	＞1 千戈瑞	42

研究表明，核心温度 60 ℃持续 1 分钟足以杀死水产品中的任何幼虫[10]。然而，要想达到这样的核心温度取决于产品的厚度和产品的成分。静水压力可以杀死简单异尖线幼虫（在 0～15 ℃压强 200 兆帕持续 10 分钟，或在 0～15 ℃压强 140 兆帕持续 60 分钟）[35]。简单异尖线幼虫可被 6～10 千戈瑞的辐射剂量杀死。

在 70～80 ℃热熏 3～8 小时，足以杀死简单异尖线幼虫。相比之下，冷熏（＜38 ℃）则不行[45]，因此必须对这些产品进行初步的灭活处理。为确保杀死冷熏产品中存活的寄生虫，在烟熏之前冷冻初级产品仍然是最有效的方法。

11　结论

人类感染异尖属线虫的流行病学和临床表现较为复杂。因此，为了应对异尖线虫问题，需要动物卫生、公共卫生和食品安全部门的紧密合作。主要问题是一些渔业相关渔船处理垃圾的做法（即扔到海里的废物）会产生风险，应完善用于检查线虫幼虫以及灭活水产品中寄生虫的方法。此外，应该加强和完善提供给消费者、医生和餐饮业人员的教育和信息。

参考文献

[1] Abollo E., Gestal C. & Pascual S. (2001). *Anisakis* infestation in marine fish and cephalopods from Galicia waters: an update perspective. *Parasitol. Res.*, 87, 492 - 499.

[2] Adams A. M., Ton M. N., Wekell M. M., MacKenzie A. P. & Dong F. M. (2005). Survival of *Anisakis simplex* in arrowtooth flounder (*Atheresthes stomia*) during frozen storage. *J. Food Protec.*, 68, 1441–1446.

[3] Agencia Española de Seguridad Alimentaria y Nutrición (AESAN) (2007). Informe del Comité Científico de la Agencia Española de Seguridad Alimentaria y Nutrición sobre medidas para reducir el riesgo asociado a la presencia de *Anisakis*. Available at: www. aesan. msc. es/AESAN/web/cadena _ alimentaria/detalle/anisakis. shtml (accessed on 18 April 2013).

[4] Alonso A., Moreno–Ancillo A., Daschner A. & López–Serrano M. E. (1999). Dietary assessment in five cases of allergic reactions due to gastroallergic anisakiasis. *Allergy*, 54, 517–520.

[5] Alonso–Gómez A., Moreno–Ancillo A., López–Serrano M. E., Suarez–de–Parga J. M., Daschner A., Caballero M. T., Barranco P. & Cabañas R. (2004). *Anisakis simplex* only provokes allergic symptoms when the worm parasitises the gastrointestinal tract. *Parasitol. Res.*, 93, 378–384.

[6] Arcangeli G., Galuppi A., Bicchieri M. G. R. & Presicce M. (1996). Prove sperimentali sulla vitalità di larve del genere *Anisakis* in semiconserve ittiche. *Industria Conserve*, 71, 502–507.

[7] Audicana M. T., Ansotegui I. J., de Corres L. E. & Kennedy M. W. (2002). *Anisakis simplex*: dangerous–dead and alive? *Trends Parasitol.*, 18, 20–25.

[8] Audicana M. T. & Kennedy M. W. (2008). *Anisakis simplex*: from obscure infectious worm to inducer of immune hypersensitivity. *Clin. Microbiol. Rev.*, 21, 360–379.

[9] Baeza M. L., Rodríguez A., Matheu V., Rubio M., Tornero P., de Barrio M., Herrero T., Santaolalla M. & Zubeldia J. M. (2004). Characterization of allergens secreted by *Anisakis simplex* parasite: clinical relevance in comparison with somatic allergens. *Clin. experim. Allergy*, 34, 296–302.

[10] Bier J. W. (1976). Experimental anisakiasis: cultivation and temperature tolerance determinations. *J. Milk Food Technol.*, 39, 132–137.

[11] Centre d'étude et de valorisation des produits de la mer (CEVPM) (2005). Etude des conditions de destruction des larves d'*Anisakis simplex* dans le hareng salé au sel sec destiné à la fabrication de harengs saurs traditionnels. Available at: www. bibliomer. com/consult. php? ID=2007–4062 (accessed on 18 April 2013).

[12] Chai J. Y., Murrell K. D. & Lymbery A. J. (2005). Fish–borne zoonoses: status and issues. *Int. J. Parasitol.*, 35, 1233–1254.

[13] Chou Y. Y., Wang C. S., Chen H. G., Chen H. Y., Chen S. N. & Shih H. H. (2011). Parasitism between *Anisakis simplex* (Nematoda: Anisakidae) third–stage larvae and the spotted mackerel *Scomber australasicus* with regard to the application of stock identification. *Vet. Parasitol.*, 177, 324–331.

[14] Codex Alimentarius Commission (2004). Standard for salted Atlantic herring and salted sprat. CODEX STAN 244—2004. Available at: www. codexalimentarius. org/standards/list‐of‐standards/en/? no_cache=1 (accessed on 18 April 2013).

[15] Couture E., Measures L., Gagnon J. & Desbiens E. (2003). Human intestinal anisakiosis due to consumption of raw salmon. *Am. J. Surg. Pathol.*, 27, 1167 - 1172.

[16] Deardorff T. L. & Throm R. (1988). Commercial blast‐freezing of third‐stage *Anisakis simplex* larvae encapsulated in salmon and rockfish. *J. Parasitol.*, 74, 600 - 603.

[17] Dziekonska‐Rynko J., Rokicki J. & Jablonowski Z. (2002). Effects of ivermectin and albendazole against *Anisakis simplex* in vitro and in guinea pigs. *J. Parasitol.*, 88, 395 -398.

[18] European Commission (EC) (2004). Regulation (EC) No. 853/2004 of the European Parliament and of the Council of 29 April 2004 laying down specific hygiene rules on the hygiene of foodstuffs. *Off. J. Eur. Union*, L139, 55 - 95.

[19] European Food Safety Authority (EFSA) (2010). Scientific opinion on risk assessment of parasites in fishery products. *EFSA J.*, 8, 1543 - 1634.

[20] Falcão H., Lunet N., Neves E., Iglésias I. & Barros H. (2008). *Anisakis simplex* as a risk factor for relapsing acute urticaria: a case‐control study. *J. Epidemiol. community Hlth*, 62, 634 - 637.

[21] Fernández de Corres L., Audicana M., Del Pozo M. D., Muñoz D., Fernández E., Navarro J. A., García M. & Diez J. (1996). *Anisakis simplex* induces not only anisakiasis: report on 28 cases of allergy caused by this nematode. *J. invest. Allergol. clin. Immunol.*, 6, 315 - 319.

[22] Food and Drug Administration (FDA) (USA) (2011). Chapter 5: Parasites. *In* Fish and fishery products: hazards and controls guidance. Available at: www. fda. gov/downloads/Food/GuidanceRegulation/UCM252393. pdf (accessed on 18 April 2013).

[23] Jackson G. J., Bier J. W., Payne W. L. & McClure F. D. (1981). Recovery of parasitic nematodes from fish by digestion or elution. *Appl. environ. Microbiol.*, 41, 912 -914.

[24] Karl H. & Leinemann M. (1993). A fast and quantitative detection method for nematodes in fish fillets and fishery products. *Arch. Lebensmittelhyg.*, 44, 105 - 128.

[25] Karl H., Meyer C., Banneke S., Sipos G., Bartelt E., Lagrange F., Jark U. & Feldhusen F. (2002). The abundance of nematode larvae *Anisakis* sp. in the flesh of fishes and possible post‐mortem migration. *Archiv Lebensmittelhygiene*, 53, 119 - 111.

[26] Karl H., Roepstorff A., Huss H. H. & Bloemsma B. (1995). Survival of *Anisakis* larvae in marinated herring fillets. *Int. J. Food Sci. Technol.*, 29, 661 - 670.

[27] Køie M., Berland B. & Burt M. D. B. (1995). Development to third‐stage larvae occurs in the eggs of *Anisakis simplex* and *Pseudoterranova decipiens* (Nematoda, Ascaridoidea, Anisakidae). National Research Council of Canada, Ottawa.

[28] Kuipers F. C., Rodenburg W., Wielinga W. J. & Roskam R. T. (1960). Eosinophilic phlegmon of the alimentary canal caused by a worm. *Lancet*, 2, 1171 – 1173.

[29] López I. & Pardo M. A. (2010). Evaluation of a real – time polymerase chain reaction (PCR) assay for detection of *Anisakis simplex* parasite as a food – borne allergen source in seafood products. *J. agric. Food Chem.*, 58, 1469 – 1477.

[30] McClelland G. (2002). The trouble with sealworms (*Pseudoterranova decipiens* species complex, Nematoda): a review. *Parasitology*, 124, S183 – S203.

[31] McClelland G. & Martell D. J. (2001). Surveys of larval sealworm (*Pseudoterranova decipiens*) infection in various fish species sampled from Nova Scotian waters between 1988 and 1996, with an assessment of examination procedures. *In* Sealworms in the North Atlantic: ecology and population dynamics (G. Desportes & G. McClelland, eds). North Atlantic Marine Mammal Commission, Tromsø, Norway, 57 – 76.

[32] McClelland G., Misra R. K. & Martell D. J. (1990). Larval anisakine nematodes in various fish species from Sable Island Bank and vicinity. *Can. Bull. Fish. aquat. Sci.*, 222, 83 – 118.

[33] Matsuoka H., Nakama T., Kisanuki H., Uno H., Tachibana N., Tsubouchi H., Horii Y. & Nawa Y. (1994). A case report of serologically diagnosed pulmonary anisakiasis with pleural effusion and multiple lesions. *Am. J. trop. Med. Hyg.*, 51, 819 – 822.

[34] Mattiucci S. & Nascetti G. (2008). Advances and trends in the molecular systematics of anisakid nematodes, with implications for their evolutionary ecology and host – parasite co – evolutionary processes. *Adv. Parasitol.*, 66, 47 – 148.

[35] Molina – García A. D. & Sanz P. D. (2002). *Anisakis simplex* larva killed by high – hydrostatic pressure processing. *J. Food Protec.*, 65, 383 – 388.

[36] Moore D. A., Girdwood R. W. & Chiodini P. L. (2002). Treatment of anisakiasis with albendazole. *Lancet*, 360, 54.

[37] Noh J. H., Kim B., Kim S. M., Ock M., Park M. I. & Goo J. Y. (2003). A case of acute gastric anisakiasis provoking severe clinical problems by multiple infection. *Korean J. Parasitol.*, 41, 97 – 100.

[38] Oshima T. (1987). Anisakiasis: is the sushi bar guilty? *Parasitol. Today*, 3, 44 – 48.

[39] Sakanari J. A. & McKerrow J. H. (1989). Anisakiasis. *Clin. Microbiol. Rev.*, 2, 278 – 284.

[40] Sánchez – Monsalvez I., de Armas – Serra C., Martínez J., Dorado M., Sánchez A. & Rodríguez – Caabeiro F. (2005). A new procedure for marinating fresh anchovies and ensuring the rapid destruction of *Anisakis* larvae. *J. Food Protec.*, 68, 1066 – 1072.

[41] Sato I. (1992). Clinical study of gastric anisakiasis. *Akita J. Med.*, 19, 503 – 510.

[42] Seo M., Kho B. M., Guk S. M., Lee S. H. & Chai J. Y. (2006). Radioresistance of *Anisakis simplex* third – stage larvae and the possible role of superoxide dismutase. *J. Parasitol.*, 92, 416 – 418.

[43] Smith J. W. (1999). Ascaridoid nematodes and pathology of the alimentary tract and its

associated organs in vertebrates, including man: a literature review. *Helminthol. Abstr.*, 68, 49 – 96.

[44] Smith J. W. & Wootten R. (1978). *Anisakis* and anisakiasis. *Adv. Parasitol.*, 16, 93 – 163.

[45] Szostakowska B., Myjak P., Wyszynski M., Pietkiewicz H. & Rokicki J. (2005). Prevalence of *Anisakis* nematodes in fish from southern Baltic Sea. *Polish J. Microbiol.*, 54, 41 – 45.

[46] Van Mameren J. & Houwing H. (1968). Effect of irradiation on *Anasakis* larvae in salted herring. *In* Elimination of harmful organisms from food and feed by irradiation. International Atomic Energy Agency, Vienna, 73 – 80.

[47] Vidaček S., de las Herras C., Solas M. T., Mendizábal A., Rodríguez – Mahillo A. I., González – Muñoz M. & Tejada M. (2009). *Anisakis simplex* allergens remain active after conventional or microwave heating and pepsin treatments of chilled and frozen L3 larvae. *J. Sci. Food Agric.*, 89, 1997 – 2002.

[48] Wharton D. A. & Aalders O. (2002). The response of *Anisakis* larvae to freezing. *J. Helminthol.*, 76, 363 – 368.

水生生物源的细菌性感染：接触性动物传染病的潜在风险和预防

O. L. M. Haenen[①]*　　J. J. Evans[②]　　F. Berthe[③]

摘要： 随着水产养殖和水产品消费的增多，处理或食用这些产品时接触性感染致病菌的可能性也在增大。通过鱼刺/螯钳刺伤或开放式伤口感染的致病菌主要有嗜水气单胞菌、迟钝爱德华菌、海洋分枝杆菌、海豚链球菌、创伤弧菌和海洋弧菌等。这些病原大多都是在水生环境下生存，并且都与食用鱼类暴发疫病有关。这些疫病暴发常常与诸如水中养料的数量、质量以及放养密度等管理因素有关，其中较大的放养密度会增加在鱼类身体外表面的细菌接触量。最终，病鱼将病原传染给人类的可能性增大。本文从世界范围记述了鱼类和贝类来源的主要病原引起的临床病例。

关键词： 水产养殖　细菌　鱼类　预防　动物传染病

0　引言

动物传染病指的是可以由野生或家养动物传染给人类的疫病。随着水产养殖量的全球性增长和水产品国际贸易量的增多[37]，需要特别关注动物传染病。人与携带传染病病原水产品接触的机会日益增加，已成为一项公共安全问题。尽管人们越来越多地意识到动物传染病传染源的问题，由于缺乏水生生物的潜在疫病传染源和相关临床症状的知识，临床医生和执业医师对其进行的人体诊断经常会受到限制。

水产品的潜在生物污染可能是由细菌、病毒、寄生虫和生物毒素导致的[46,85]。养殖场的位置、养殖的物种、水温、水产养殖生产系统、食用前的加工处理以及食物准备和食用习惯都是与水产动物及其产品风险有关的主要因素。

---

① 瓦赫宁根大学兽医研究中心，鱼类、贝类和甲壳类动物疫病实验室，荷兰。
② 美国农业部，农业研究署，密苏里州，美国。
③ 欧洲食品安全局，动物健康和福利专家组，帕尔马，意大利。
* 电子邮箱：Olga. Haenen@wur. nl。

动物传染病可以被分为如下两种：

（1）局部获得性传染病，由水生动物或其产品的接触导致。

（2）食源性传染病，由食用未经加工的或未煮熟的水产品导致。

病原可能是水生环境里本来存在，或者是环境污染所致，如养殖场位于被污染区域，将排泄物作为肥料，以及来自下水道、动物养殖场或野生动物的粪便污水等（沙门氏菌、志贺氏菌、致病性大肠杆菌、鼠疫耶尔森菌、布鲁氏菌和爱德华氏菌等）。

本文综述了水产品局部获得性（接触）细菌传染病的潜在可能性以及如何预防此类感染，这些致病菌包括创伤弧菌、迟钝爱德华菌、海豚链球菌和海洋分枝杆菌等。

1　局部获得性（接触）细菌感染疫病

来自鱼类或贝壳类，通过鱼刺/螯钳刺伤或开放式伤口而导致感染的主要局部感染细菌有创伤弧菌、海洋分枝杆菌、海豚链球菌、迟钝爱德华菌[48]、嗜水气单胞菌[59]和较不重要的红斑丹毒丝菌[13,43]。虽然多数与鱼类有关的伤口感染是自限性的，较严重的病例与患者的潜在免疫缺陷或机能低下、强毒菌株、接触大量的病原菌、皮肤较深的创伤或这些因素的组合有关。如创伤弧菌感染的病例，患者中的中重度感染[7,26,82]可能是致命的[5,12,52]。

局部获得性鱼类细菌最易感人群包括水产专业养殖人员、养鱼户、加工人员以及商业和休闲的打鱼人。他们经常在最利于细菌生长的潮湿的室内和环境条件下与鱼类有直接的皮肤接触。免疫功能低下的个体，在有开放性伤口或被鱼刺刺伤的情况下，感染致病菌的风险会加大。2012 年，Verner - Jeffreys 等[83]在用作足部治疗鱼的淡红墨头鱼内，发现了创伤弧菌、霍乱弧菌和塞内加尔分枝杆菌。据此可以推断免疫功能低下的康体中心客人感染风险高。

鱼类的局部获得性动物疫病的患病率和发病率数据很少，这是由于很多病例没有被上报或诊断出来。除了几篇综述[5,25,35,59,65]外，出版刊物的病例分析中大多只记录了单个病例。另外，人类感染水生动物细菌的病例通常不是必须申报的。人类感染创伤弧菌在美国必须申报，并且目前荷兰正在考虑适时地申报（O. L. M. Haenen，个人通信）。2009 年召开的关于来自鱼类和贝类的动物传染病研讨会，分析了当前的文献和综述。

感染人类的弧菌属菌种[5]主要有创伤弧菌、副溶血弧菌、海洋弧菌[28]和霍乱弧菌。但是还有至少 12 个不同的菌种具有共患可能[1]，这些菌种还存在非致病菌株。欧洲报道的大多数病例是接触海水或海鲜结果导致伤口感染，这对于敏感人群或者免疫功能低下的人群来说，可能变成全身性感染和致命的[31,32,44]。其他共患病细菌传染源包括海洋分枝杆菌，它会在处理已感染鱼类的工人中导致"鱼缸肉芽肿"[46]。人们已经从观赏鱼和食用鱼分离出这种细菌[27,44,79,80]，但是未见与食用养殖的有鳍鱼或甲壳类有关的病例报道[85]。处理鱼类人群的职业危害是红斑丹毒丝菌和海豚链球菌，两者主要影响免疫功能低下的个体。接触或食用带菌鱼类（迟钝爱德华菌）会导致肠胃炎，但是也会导致广义上的局部感染[35]。表 1 提供了 4 种水产动物局部可获得的主要潜在动物传染性细菌一览表，及来自人类病例的相关文献。

表 1　4 种主要细菌局部获得性感染的人类病例

细　　菌	国家或地区	病例数量	年　　度	参考文献
创伤弧菌	美国	45 000	自 1979 年	75
	美国	300*	1988—1995 年	34
	美国	90*	2005 年	16
	美国	＞900*	1988—2006 年	17
	欧洲	?	1992—2008 年	3，12，23，26，67，82
	中国台湾	28	1985—1990 年	22
		13	2004 年之前	78
迟钝爱德华菌	美国、澳大利亚和欧洲	较少	?	59，65
海豚链球菌	加拿大	12	1995—1996 年	84
	中国香港	2	2003 年，2006 年	58
	新加坡	3	2004 年，2009 年	53
	美国	7	2000—2004 年	36
	中国台湾	1	2007 年	72
海洋分枝杆菌	全世界	35	1966—2003 年	57
	全世界	166	2000—2005 年	76
	美国	653	1993—1996 年	34
	法国	63	1996—1998 年	4
	西班牙	35	1991—1998 年	15
	以色列	20	1992—1999 年	79
	中国台湾	3	2004—2005 年	76

注：* 没有区分食源性和局部获得性感染。

2　来自鱼类主要的接触动物源性细菌

2.1　创伤弧菌

创伤弧菌是一种经常在温暖沿海水域被发现的微生物[14]。已经在墨西哥湾和美国的大西洋、太平洋海岸线的海水、沉积物、浮游生物和甲壳类动物（牡蛎、蛤蚌和蟹类）中分离出这种细菌[75]。水中致病性弧菌的分布依赖于环境因素，如水温、盐的浓度和浮游藻类聚集程度[32,73]。欧洲也曾报道存在弧菌属，除了双壳类，其他鱼类及壳类生物中的检出率普遍较低[9,39,64]。

根据血清型，创伤菌属被分为三种生物型：甲壳类和人类中的生物 1 型[74]、鳗鱼中的生物 2 型[10,77]和罗非鱼中的生物 3 型[11]。PCR 方法主要用于检测生物 2 型，该型为潜在的动物传染致病菌株（血清型 E）[69]。生物分型已经不再是分亚型的准确方法。目前的分型技术是基于基因序列，这种方法显示出生物 2 型菌株是多源性的[70]。生物 2 型被认为是一个致病变种，即一组创伤弧菌菌株中具有感染鱼类，并会导致弧菌病的致病性菌种[70]。

在水产养殖和野外环境下，创伤弧菌会致病，是致日本鳗[62]和欧洲鳗[10,30]严重感染的病原菌。受影响的鳗会出现广泛的出血和严重的坏死[24,38]。临床症状包括身体表面、胃肠道、鱼鳃、心脏、肝和脾出血[6]。自 1991 年以来，在荷兰已经 23 次从室内养殖的鳗中分离出该菌，并导致了鳗深度溃疡和较高的致死率[26,42]。创伤弧菌是一种侵入性动物传染性病原[5]。

少数情况是，当皮肤损伤与受感染海水、鱼类或贝类接触时会导致伤口感染[23,52,55,66]，进而会发展为坏死性筋膜炎[26,56,68,82]，甚至出现全身性败血症并死亡[12]。免疫功能低下的肝病患者有致死的风险[26,52]，伤口感染后的致死率可达到 25%。败血症后的致死率可达到 55%，并且大多数发生在第一次表现出临床症状的 48 小时之内[19]。大多数人类病例来自生物 1 型。然而，自 1993 年以来，研究发现生物 2 型也导致人类疾病，并且在患者中有坏死性筋膜炎和败血症的严重病例（图 1）[3,19,26,61,66,71,82]。生物 3 型是一种较新的类型，在以色列出现了由于宰杀罗非鱼后导致的伤口感染[11]。

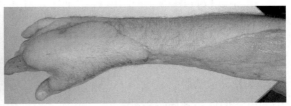

(a) 带有手术清创熊爪式切口的坏死性筋膜炎　　　　　　　(b) 整形重建之后

图 1　鳗养殖者的手部，其鳗养殖场暴发的创伤弧菌病导致坏死性筋膜炎
（资料来源：Dijkstra 等[26]，经荷兰医学杂志许可转载）

2.2　迟钝爱德华菌

迟钝爱德华菌会导致俗称"鱼坏疽""鲶鱼气肿性腐败病"或"鳗鱼赤鳍

病"的疫病，被称为爱德华氏菌白血病（ES），这是一种全身性疫病。请读者参阅 Evans 等的文献[35]获得关于迟钝爱德华菌各个方面的综述，特别是该病对鱼类和人类的经济、环境及社会的影响。

2.3 海豚链球菌

海豚链球菌是革兰氏阳性菌，是一种淡水和海洋鱼类中的人畜共患病病原体，会导致水生生物疫病暴发[2]和人类的侵入性感染[8]。这种病原可导致严重的经济损失，特别是对美国、日本、以色列、南非、澳大利亚、菲律宾、中国台湾、巴林岛和其他国家和地区的罗非鱼和杂交条纹鲈水产养殖工业。Evans等[33]提供了海豚链球菌在温带鱼类中流行病学方面的全面综述，包括全球分布、鱼类宿主易感性和临床症状，如何进行样本收集、运输和储藏可提高该菌的分离率，检测方法有传统的分子生物学诊断技术，抗生素敏感性检测，另外该病与接种疫苗、动物易感性和环境影响等有关。

5 个国家或地区共有 26 例局部获得性海豚链球菌感染患者的报道，这些国家或地区有加拿大[84]、中国香港[58]、新加坡[53,54]、中国台湾[72]和美国[36]。大多数受感染个体是亚洲人，年龄在 40～88 岁。临床症状包括蜂窝组织炎、败血症、心内膜炎、关节炎、脑膜炎、骨髓炎、发热、腹部膨胀和肺炎。已知有 58% 的患者曾经处理或接触过鲜鱼。据报道，海豚链球菌感染患者中 35% 患有基础性疾病[34]，包括慢性风湿性心脏病、骨关节炎、丙型肝炎相关的肝硬化、酒精中毒、高血压、甲状腺功能减退和部分乳房切除。

2.4 海洋分枝杆菌

海洋分枝杆菌是一种耐酸杆状细菌，在世界范围的淡水、微含盐和海水中的许多鱼类中可导致慢性和严重的疾病[20,34,40,60,63,81]。40 科中至少 167 种鱼类对海洋分枝杆菌敏感[47]。

在鱼类中，海洋分枝杆菌会导致慢性的全身性疾病，伴随着多个器官和组织的肉芽肿、鱼鳞脱落、食欲不振、外表褪色、精神沉郁、眼球突出、黏液减少、溃疡和鱼鳍损坏，之后导致死亡[40]。海洋分枝杆菌的最佳生长温度是 30 ℃，在 37 ℃时生长缓慢。

在人类中，海洋分枝杆菌会导致手和手指的皮肤、皮下组织和腱鞘的肉芽肿性炎症和结节性或弥漫性肉芽肿，被称为"游泳池肉芽肿""鱼缸肉芽肿""卖鱼人疾病""鱼类爱好者疾病"或"鱼结核病"（图 2）[21]。在免疫功能低下宿主中可发生侵入性、化脓性关节炎和骨髓炎[29,45,49,50,57,59]，导致慢性的皮肤损害，手和手指淤血及腱鞘炎。1993—1996 年，美国确诊了 653 个病例，其中

49％与养鱼池接触有关，27％被观赏鱼所伤，9％在海里洗澡时受伤[34]。1996—1998年，在法国报道了63个病例，其中84％与鱼缸接触有关[4]。Lahey[47]回溯检索了直到1966年的医学文献，发现了35个侵入性病例，患者平均年龄43岁，并且这些患者曾采用免疫损伤全身性类固醇或化学疗法治疗，或者已经感染了艾滋病。这些患者中60％患有腱鞘炎，17％患有化脓性关节炎，37％患有骨髓炎，但是不清楚这些情况是否属于海洋分枝杆菌感染。感染是由于接触海水或者被鱼刺或贝类的锋利边缘所伤。从开始有临床症状到确诊病例的时间是17个月，抗生素疗法的平均持续时间是11.4个月，其中69％的病例进行了手术[34,57]（一般而言，临床诊断的平均时间是4.4周）。

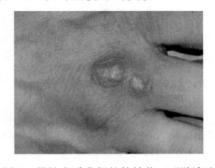

图2 男性右手背部的软结节（"游泳池肉芽肿"），由海洋分枝杆菌导致
（资料来源：Christopher等[21]，经皮肤病学在线杂志许可转载）

海洋分枝杆菌感染的错误诊断和治疗不及时一般是由于其多样的临床表现造成的[18]。美国疾病控制和预防中心（CDC）自2008年开始将海洋分枝杆菌列入"新发传染病"目录中。其他会导致潜在局部获得性人畜共患病的分枝杆菌属包括龟分枝杆菌、偶发分枝杆菌、脓肿分枝杆菌、瘰疬分枝杆菌、苏尔加分枝杆菌、猿猿分枝杆菌和多种分枝杆菌等。

3 预防和治疗

起源于水生动物的传染病的报道很少，这增加了风险分析的难度。Haenen等（未发表数据，2008）采访了18个养鱼场主和工人。这些养鱼场主和工人通常不戴手套工作，并且不知道动物传染病的风险、预防和卫生措施。大多数的受访者经常由于被鱼（罗非鱼、鲶和尖吻鲈等）或刀子戳破而伤到手，导致慢性手部感染。临床医生无法诊断出致病源。为了降低局部获得性感染的风险，如果人们的皮肤有开放式的割伤、擦伤或溃疡，应该避免与可能被污染的淡水或海水直接接触。

免疫系统功能低下的人群应该避免处理鱼类或清理鱼缸。当处理鱼类以及清理家中鱼缸时，应该戴上防水手套。每个人都应该在接触鱼类或处理鱼类之后，用香皂和清水彻底地洗净双手。对游泳池和鱼缸做定期彻底的加氯消毒，以杀死可能存在的细菌，这一点也很重要[34,41]。

Bisharat等[11]报道称，1996—1997年在以色列出现了人类感染创伤弧菌的病例，其与接触罗非鱼和鲤有关。随即实施了新政策，这个政策阻止售卖活鱼，并规定在上市之前必须去除鱼鳍、鱼鳞和内脏，产品在加工过程中必须被冷冻，并且建议人们只从与养鱼场协会合作的商店购买鱼类。这些措施极大地减少了人类感染此类疫病的病例数量。

3.1　创伤弧菌

抗生素治疗对于创伤弧菌感染是必要的，有效的抗生素包括碳青霉烯类的四环素、第三代头孢菌素（例如头孢他啶）和碳青霉烯类的亚胺培南等（为避免细菌耐药性，这些抗生素一般限制使用）。在伤口感染病例中，彻底清创术对于去除坏死组织是必要的[26,75]。

3.2　迟钝爱德华菌

迟钝爱德华菌在水产养殖动物和人类中偶有出现。由刺伤导致的肠外感染对庆大霉素、羟氨苄青霉素、复方新诺明、头孢菌素和氧基喹啉等敏感[59]。对于其他鱼源性人畜共患性细菌，需要在较低温度下培养。

3.3　海豚链球菌

海豚链球菌的患病率可能被低估了，特别是在亚洲人群中。限制诊断包括病原通常无法采用传统微生物学鉴别系统诊断。几乎没有对从伤口和组织中分离出来的链球菌的监测，并且临床医生经常没能发现患者的鱼类接触史。预防措施包括在清理和处理生海鲜时使用保护设备设施，并保持良好的个人卫生习惯[34]。

3.4　海洋分枝杆菌

有许多因素妨碍对海洋分枝杆菌的诊断：
- 经常没有意识到或未发现与鱼产品的联系；
- 这种疫病在人类中呈现的症状是隐性的、无特异性的；
- 通常在症状开始到医学咨询之间有延误（平均 5 个月）；
- 平均 4.4 周的确诊延误；
- 细菌在 37 ℃时几乎无法生长，所以经常在医院实验室被误诊；
- 临床医生经常没能发现或认可鱼类接触史[34]。

Cheung 等[18]报道称误诊经常导致抗菌药物的不当使用、感染从皮肤扩展到腱鞘滑膜以及预后不良。临床医生应该意识到这种感染类型，特别是在受试者（渔夫和鱼类爱好者）有风险和有伤口接触水或海洋生物历史的时候。他建议通过组织病理学和微生物学方法进行主动诊断，并立即进行抗生素治疗，如甲哌利福霉素、乙胺丁醇片和克拉霉素。对深层感染进行清创手术。

4 建议

对水生动物局部获得性感染的控制需要在医学诊断方面有更大的进步。最为重要的是给饲养鱼类的人和处理鱼类的人、兽医、人医、医院和兽医服务机构编写和分发人畜共患病情况宣传册。

另外，我们需要给诊断医生培训这些疫病的鱼类和人类的临床症状及其培养条件、预防、卫生保健和治疗等。另一个更好的做法是，要求向国际组织（例如 WHO 和 OIE）上报动物源性细菌。

需要进一步进行包括抗生素耐药性、消毒方法研究以及这类传染病的风险评估等。

5 结论

来自鱼类的局部获得性共患病数量不多，但是个体病例较为严重。

局部获得性共患病在世界范围内的报道极少。一部分原因是没能确认鱼类可以感染，另一部分原因是来自鱼类的动物源性传染源在大多数国家是非必须上报的。

大多数水产养殖中的局部获得性共患病主要是创伤弧菌、海洋分枝杆菌和海豚链球菌导致的。来自鱼类的动物源性感染风险的人群与其职业、免疫系统功能低下有关。另外还与诊断医师缺乏相关的知识有关。既往病例和培养方法也不适用于鉴别水生人畜共患病病原体，培养需要较低的孵育温度。总之，为了预防来自鱼类的局部获得性共患病，需要有更多的国际研究和多方交流。

参考文献

[1] Abbot S. L. , Janda J. M. , Johnson J. A. & Farmer J. J. (2007). *Vibrio* and related organisms. *In* Manual of clinical microbiology (P. R. Murray, E. J. Barron, J. H. Jorgensen, M. L. Landry & M. A. Pfaller, eds), 9th Ed. ASM Press, Washington, D C, 723 - 733.

[2] Agnew W. & Barnes A. C. (2007). *Streptococcus iniae*：an aquatic pathogen of global veterinary significance and a challenging candidate for reliable vaccination. *Vet. Microbiol.*, 122, 1 - 15.

[3] Amaro C. & Biosca E. G. (1996). *Vibrio vulnificus* biotype 2, pathogenic for eels, is also an opportunistic pathogen for humans. *Appl. environ. Microbiol.*, 62, 1454 - 1457.

[4] Aubry A. , Chosidow O. , Caumes E. , Robert J. & Cambau E. (2002). Sixty - three cases of *Mycobacterium marinum* infection: clinical features, treatment, and antibiotic susceptibility of causative isolates. *Arch. internal Med.* , 162, 1746 - 1752.

[5] Austin B. (2010). Vibrios as causal agents of zoonoses. *Vet. Microbiol.* , 140 (3 - 4), 310 - 317.

[6] Austin B. & Austin D. A. (2007). Bacterial fish pathogens: disease of farmed and wild fish, 4th Ed. Springer Praxis Publishing, Chichester, United Kingdom, 552 pp.

[7] Baack B. R. , Kucan J. O. , Zook E. G. & Russell R. C. (1991). Hand infections secondary to catfish spines: case reports and literature review. *J. Trauma*, 31, 1432 - 1436.

[8] Baiano J. C. F. & Barnes A. C. (2009). Towards control of *Streptococcus iniae*. *Emerg. infect. Dis.* , 15 (12), 1891 - 1896. Available at: wwwnc. cdc. gov/eid/article/ 15/12/09 - 0232. htm (accessed on 1 June 2013).

[9] Bauer A. , Ostensvik O. , Florvag O. M. O. & Rorvik L. M. (2006). Occurrence of *Vibrio parahaemolyticus*, *V. cholerae*, and *V. vulnificus* in Norwegian blue mussels (*Mytilus edulis*). *Appl. environ. Microbiol.* , 72 (4), 3058 - 3061.

[10] Biosca E. G. , Amaro C. , Esteve C. , Alcaide E. & Garay E. (1991). First record of *Vibrio vulnificus* biotype 2 from diseased European eel, *Anguilla anguilla*, L. *J. Fish Dis.* , 14, 103 - 109.

[11] Bisharat N. , Agmon V. , Finkelstein R. , Raz R. , Ben - Dror G. , Lerner L. , Soboh S. , Colodner R. , Cameron D. N. , Wykstra D. L. , Swerdlow D. L. & Farmer J. J. (1999). Clinical, epidemiological, and microbiological features of *Vibrio vulnificus* biogroup 3 causing outbreaks of wound infection and bacteraemia in Israel. Israel Vibrio Study Group. *Lancet*, 354 (9188), 1421 - 1424.

[12] Bock T. , Christensen N. , Eriksen N. H. , Winter S. , Rygaard H. & Jorgensen F. (1994). The first fatal case of *Vibrio vulnificus* infection in Denmark. *Acta pathol. microbiol. immunol. scand.* , 102 (11), 874 - 876.

[13] Brooke C. J. & Riley T. V. (1999). *Erysipelothrix rhusiopathiae*: bacteriology, epidemiology and clinical manifestations of an occupational pathogen. *J. med. Microbiol.* , 48 (9), 789 - 799.

[14] Cañigral I. , Morenoa Y. , Alonso J. L. , González A. & Ferrús M. A. (2010). Detection of *Vibrio vulnificus* in seafood, seawater and wastewater samples from a Mediterranean coastal area. *Microbiol. Res.* , 165, 657 - 664.

[15] Casal M. & Casal M. M. (2001). Multicenter study of incidence of *Mycobacterium marinum* in humans in Spain. *Int. J. Tuberc. Lung Dis.* , 5, 197 - 199.

[16] Centers for Disease Control and Prevention (CDC) (2005). *Vibrio vulnificus* after a disaster. Disaster recovery fact sheet. *In* Natural disasters. Available at: www. bt. cdc. gov/disasters/vibriovulnificus. asp (accessed on 1 June 2013).

[17] Centers for Disease Control and Prevention (CDC) (2010). *Vibrio vulnificus*, general

information. Fact sheet. Available at: www. cdc. gov/nczved/divisions/dfbmd/diseases/vibriov/#common (accessed on 1 June 2013).

[18] Cheung J. P. , Fung B. , Wong S. S. & Ip W. Y. (2010). Review article: *Mycobacterium marinum* infection of the hand and wrist. *J. Orthop. Surg.* (*Hong Kong*), 18 (1), 98 - 103.

[19] Chiang S. R. & Chuang Y. C. (2003). *Vibrio vulnificus* infection: clinical manifestations, pathogenesis, and antimicrobial therapy. *J. Microbiol. Immunol. Infect.* , 36, 81 - 88.

[20] Chinabut S. (1999). Mycobacteriosis and nocardiosis. *In* Fish diseases and disorders: viral, bacterial and fungal infections (P. T. K. Woo & D. W. Bruno, eds), Vol. III. CABI Publishing, New York, 319 - 331.

[21] Christopher T. , Cassetty M. D. & Miguel Sanchez M. D. (2004). *Mycobacterium marinum* infection. *Dermatol. Online J.* , 10 (3), 21. Available at: http: //dermatology - s10. cdlib. org/103/NYU/case _ presentations/051804n2. html (accessed on 14 June 2013).

[22] Chuang Y. C. , Yuan C. Y. , Liu C. Y. , Lan C. K. & Huang A. H. (1992). *Vibrio vulnificus* infection in Taiwan: report of 28 cases and review of clinical manifestations and treatment. *Clin. infect. Dis.* , 15, 271 - 276.

[23] Dalsgaard A. , Frimodt - Møller N. , Bruun B. , Høi L. & Larsen J. L. (1996). Clinical manifestations and molecular epidemiology of *Vibrio vulnificus* infections in Denmark. *Eur. J. clin. Microbiol. infect. Dis.* , 15 (3), 227 - 232.

[24] Dalsgaard I. , Høi L. , Siebeling R. J. & Dalsgaard A. (1999). Indole - positive *Vibrio vulnificus* isolated from disease outbreaks on a Danish eel farm. *Dis. aquat. Organisms*, 35 (3), 187 - 194.

[25] Decostere A. , Hermans K. & Haesebrouck F. (2004). Piscine mycobacteriosis: a literature review covering the agent and the disease it causes in fish and humans. *Vet. Microbiol.* , 99, 159 - 166.

[26] Dijkstra A. , Van Ingen J. , Lubbert P. H. W. , Haenen O. L. M. & Möller A. V. M. (2009). Fasciitis necroticans ten gevolge van een *Vibrio vulnificus* infectie in een palingkwekerij [in Dutch]. *Ned. Tijdschrift Geneeskunde*, 153, B157.

[27] Dos Santos N. M. , do Vale A. , Sousa M. J. & Silva M. T. (2002). Mycobacterial infection in farmed turbot *Scophthalmus maximus*. *Dis. aquat. Organisms*, 52, 87 - 91.

[28] Dryden M. , Legarde M. , Gottlieb T. , Brady L. & Ghosh H. K. (1989). *Vibrio damsela* wound infections in Australia. *Med. J. Aust.* , 151, 540 - 541.

[29] Durborow R. M. (1999). Health and safety concerns in fisheries and aquaculture. *Occupat. Med.* (*Oxford*), 14, 373 - 406.

[30] Esteve C. & Alcaide E. (2009). Influence of diseases on the wild eel stock: the case of Albufera Lake. *Aquaculture*, 289, 143 - 149.

[31] European Commission (EC) Health & Consumer Protection Directorate – General (2001). Opinion of the Scientific Committee on Veterinary Measures relating to Public Health on *Vibrio vulnificus* and *Vibrio parahaemolyticus* (in raw and undercooked seafood). Adopted on 19 – 20 September 2001. EC, Brussels. Available at: ec. europa. eu/ food/fs/sc/scv/out45 _ en. pdf (accessed on 1 June 2013).

[32] European Food Safety Authority (EFSA) (2008). Scientific Opinion of the Panel on Biological Hazards on a request from the European Commission on food safety considerations of animal welfare aspects and husbandry systems for farmed fish. *EFSA J.*, 867, 1 – 24.

[33] Evans J. J., Klesius P. H. & Shoemaker C. A. (2006). An overview of *Streptococcus* in warmwater fish. *Aquac. Hlth Int.*, 7, 10 – 14.

[34] Evans J. J., Klesius P. H., Haenen O. & Shoemaker C. A. (2009). Overview of zoonotic infections from fish and shellfish. Zoonotic infections from fish and shellfish. *In* Program, abstracts and report of European Association of Fish Pathologists (EAFP) Workshop. Proc. EAFP International Conference, 14 – 19 September, Prague, Czech Republic, 6 pp. Available at: www. docstoc. com/docs/23129401/PROGRAM – ABSTRACTS – AND – REPORT – OF (accessed on 14 June 2013).

[35] Evans J. J., Klesius P. H., Plumb J. A. & Shoemaker C. A. (2011). *Edwardsiella* septicaemias. *In* Fish diseases and disorders: viral, bacterial and fungal infections (P. T. K. Woo & D. W. Bruno, eds), 2nd Ed, Vol. III. CAB International, Wallingford, United Kingdom, 512 – 569.

[36] Facklam R., Elliott J., Shewmaker L. & Reingold A. (2005). Identification and characterization of sporadic isolates of *Streptococcus iniae* isolated from humans. *J. clin. Microbiol.*, 43, 933 – 937.

[37] Food and Agriculture Organization of the United Nations (FAO) (2012). The state of world fisheries and aquaculture, 2012. FAO, Rome. Available at: www. fao. org/docrep/016/i2727e/i2727e. pdf (accessed on 1 June 2013).

[38] Fouz B., Larsen J. L. & Amaro C. (2006). *Vibrio vulnificus* serovar A: an emerging pathogen in European anguilliculture. *J. Fish Dis.*, 29, 285 – 291.

[39] Furones M. D., Joven C. L., Lacuesta B., Elandaloussi L. & Roque A. (2009). *Vibrio vulnificus* isolated from bivalves in the Spanish Mediterranean. Zoonotic infections from fish and shellfish. *In* Program, abstracts and report of European Association of Fish Pathologists (EAFP) Workshop. Proc. EAFP International Conference, 14 – 19 September, Prague, Czech Republic, 6 pp. Available at: www. docstoc. com/docs/23129401/PROGRAM – ABSTRACTS – AND – REPORT – OF (accessed on 14 June 2013).

[40] Gauthier D. T. & Rhodes M. W. (2009). Mycobacteriosis in fishes: a review. *Vet. J.*, 180, 33 – 47.

[41] Haenen O. , Evans J. & Longshaw M. (2009). Zoonotic infections from fish and shell-fish. *In* Program, abstracts and report of European Association of Fish Pathologists (EAFP) Workshop. Proc. EAFP International Conference, 14 – 19 September, Prague, Czech Republic, 6 pp. Available at: www. docstoc. com/docs/23129401/PROGRAM – ABSTRACTS – AND – REPORT – OF (accessed on 14 June 2013).

[42] Haenen O. , van Zanten E. , Jansen R. , Roozenburg I. , Engelsma M. , Dijkstra A. , Boers S. , Voorbergen – Laarman M. & Möller L. (2013). *Vibrio vulnificus* outbreaks in Dutch eel farms since 1996: clinical and diagnostic findings, strain diversity and im-pact. (In preparation.)

[43] Harada K. , Amano K. , Akimoto S. , Yamamoto K. , Yamamoto Y. , Yanagihara K. , Kohno S. , Kishida N. & Takahashi T. (2011). Serological and pathogenic char-acterization of *Erysipelothrix rhusiopathiae* isolates from two human cases of endocar-ditis in Japan. *New Microbiol.* , 34 (4), 409 – 412.

[44] Håstein T. , Hjeltnes B. , Lillehaug A. , Utne Skare J. , Berntssen M. & Lundebye A. K. (2006). Food safety hazards that occur during the production stage: challenges for fish farming and the fishing industry. *In* Animal production food safety challenges in global markets (S. A. Slorach, ed.). *Rev. sci. tech. Off. int. Epiz.* , 25 (2), 607 – 625.

[45] Huminer D. , Pitlik S. D. , Block C. , Kaufman L. , Amit S. & Rosenfeld J. B. (1986). Aquarium – borne *Mycobacterium marinum* skin infection: report of a case and review of the literature. *Arch. Dermatol.* , 122 (6), 698 – 703.

[46] Huss H. H. , Ababouch L. & Gram L. (2003). Assessment and management of sea-food safety and quality. FAO Fisheries Technical Paper 444. FAO, Rome. Available at: ftp: //ftp. fao. org/docrep/fao/006/y4743e/y4743e00. pdf (accessed on 14 June 2013).

[47] Jacobs J. M. , Stine C. B. , Baya A. M. & Kent M. L. (2009). A review of mycobacte-riosis in marine fish. *J. Fish Dis.* , 32, 119 – 130.

[48] Janda J. M. & Abbott S. L. (1993). Infections associated with the Genus *Edwardsiella*: the role of *Edwardsiella tarda* in human disease. *Clin. infect. Dis.* , 17, 742 – 748.

[49] Jernigan J. A. & Farr B. M. (2000). Incubation period and sources of exposure for cuta-neous *Mycobacterium marinum* infection: case report and review of the literature. *Clin. infect. Dis.* , 31, 439 – 443.

[50] Kern W. , Vanek E. & Jungbluth H. (1989). Fish breeder granuloma: infection caused by *Mycobacterium marinum* and other atypical mycobacteria in the human. *In* Analysis of 8 cases and review of the literature [in German]. *Med. Klin.* (Munich), 84 (12), 578 – 583.

[51] Klontz K. C. , Lieb S. , Schreiber M. , Janowski H. T. , Baldy L. M. & Gunn R. A. (1988). Syndromes of *Vibrio vulnificus* infections. Clinical and epidemiologic features in Florida cases, 1981 – 1987. *Ann. internal Med.* , 109 (4), 318 – 323.

[52] Koenig K. L. , Mueller J. & Rose T. (1991). *Vibrio vulnificus*. Hazard on the half

shell. Western J. Med., 155 (4), 400 – 403.

[53] Koh T. H., Kurup A. & Chen J. (2004). *Streptococcus iniae* discitis in Singapore. *Emerg. infect. Dis.*, 10, 1694 – 1696.

[54] Koh T. H., Sng L. H., Yuen S. M., Thomas C. K., Tan P. L. & Wong N. S. (2009). Streptococcal cellulitis following preparation of fresh raw seafood. *Zoonoses public Hlth*, 56, 206 – 208.

[55] Kumamoto K. S. & Vukich D. J. (1998). Clinical infections of *Vibrio vulnificus*: a case report and review of the literature. *J. Emergency Med.*, 16 (1), 61 – 66.

[56] Kuo Y. L., Shieh S. J., Chiu H. Y. & Lee J. W. (2007). Necrotizing fasciitis caused by *Vibrio vulnificus*: epidemiology, clinical findings, treatment and prevention. *Eur. J. clin. Microbiol. infect. Dis.*, 26 (11), 785 – 792.

[57] Lahey T. (2003). Invasive *Mycobacterium marinum* infections. *Emerg. infect. Dis.*, 9 (11). Available at: www.cdc.gov/ncidod/EID/vol9no11/03 – 0192.htm (accessed on 1 June 2013).

[58] Lau S. K. P., Woo P. C. Y., Tse H., Leung K. W., Wong S. S. Y. & Yuen K. Y. (2003). Invasive *Streptococcus iniae* infections outside North America. *J. clin. Microbiol.*, 41, 1004 – 1009.

[59] Lehane L. & Rawlin G. T. (2000). Topically acquired bacterial zoonoses from fish: a review. *Med. J. Aust.*, 173, 256 – 259.

[60] Manfrin A., Prearo M., Alborali L., Salogni C., Ghittino C. & Fioravanti M. L. (2009). Mycobacteriosis in sea bass, rainbow trout, striped bass and Siberian sturgeon in Italy. *In* Program, abstracts and report of European Association of Fish Pathologists (EAFP) Workshop. Proc. EAFP International Conference, 14 – 19 September, Prague, Czech Republic, 6 pp. Available at: www.docstoc.com/docs/23129401/ PROGRAM – ABSTRACTS – AND – REPORT – OF (accessed on 14 June 2013).

[61] Morris Jr J. G. (2003). Cholera and other types of vibriosis: a story of human pandemics and oysters on the half shell. *Clin. infect. Dis.*, 37 (2), 272 – 280.

[62] Muroga K., Jo Y. & Nishibuchi M. (1976). Pathogenic *Vibrio* isolated from cultured eels. I. Characteristics and taxonomic status. *Fish Pathol.*, 11, 141 – 145.

[63] Nichols G., Ford T., Bartram J., Dufour A. & Portaels F. (2004). Introduction. *In* Pathogenic mycobacteria in water: a guide to public health consequences, monitoring, and management (S. Pedley, J. Bartram, G. Rees, A. Dufour & J. Cotruvo, eds). IWA Publishing on behalf of the World Health Organization, London, 1 – 14. Available at: www.who.int/water _ sanitation _ health/emerging/pathmycobact/en/(accessed on 2 June 2013).

[64] Normanno G., Parisi A., Addante N., Quaglia N. C., Dambrosio A., Montagna C. & Chiocco D. (2006). *Vibrio parahaemolyticus*, *Vibrio vulnificus* and microorganisms of fecal origin in mussels (*Mytilus galloprovincialis*) sold in the Puglia region

(Italy). *Int. J. Food Microbiol.*, 106 (2), 219 - 222.

[65] Novotny L., Dvorska L., Lorencova A., Beran V. & Pavlik I. (2004). Fish: a potential source of bacterial pathogens for human beings. *Vet. Med. Czech*, 49 (9), 343 - 358.

[66] Oliver J. D. (2005). Wound infections caused by *Vibrio vulnificus* and other marine bacteria. *Epidemiol. Infect.*, 133 (3), 383 - 391.

[67] Petrini B. (2006). *Mycobacterium marinum*: ubiquitous agent of waterborne granulomatous skin infections. *Eur. J. clin. Microbiol. infect. Dis.*, 25 (10), 609 - 613.

[68] Ralph A. & Currie B. J. (2007). *Vibrio vulnificus* and *V. parahaemolyticus* necrotising fasciitis in fishermen visiting an estuarine tropical northern Australian location. *J. Infect.*, 54 (3), e111 - e114.

[69] Sanjuán E. & Amaro C. (2007). Multiplex PCR assay for detection of *Vibrio vulnificus* biotype 2 and simultaneous discrimination of serovar E strains. *Appl. environ. Microbiol.*, 73, 2029 - 2032.

[70] Sanjuán E., González - Candelas F. & Amaro C. (2011). Polyphyletic origin of *Vibrio vulnificus* biotype 2 as revealed by sequence - based analysis. *Appl. environ. Microbiol.*, 77, 688 - 695.

[71] Strom M. S. & Paranjpye R. N. (2000). Epidemiology and pathogenesis of *Vibrio vulnificus*. *Microbes Infect.*, 2 (2), 177 - 188.

[72] Sun J. R., Yan J. C., Yen C. Y., Lee S. Y. & Lu J. J. (2007). Invasive infection with *Streptococcus iniae* in Taiwan. *J. med. Microbiol.*, 56, 1246 - 1249.

[73] Tamplin M. L. (2001). Coastal vibrios: identifying relationships between environmental condition and human disease. *Human Ecol. Risk Assessm.*, 7 (5), 1437 - 1445.

[74] Tison D. L., Nishibuchi M., Greenwood J. D. & Seidler R. J. (1982). *Vibrio vulnificus* biogroup 2: new biogroup pathogenic for eels. *Appl. environ. Microbiol.*, 44, 640 - 646.

[75] Todar K. (2008). *Vibrio vulnificus*. Available at: www. textbookofbacteriology. net/ V. vulnificus. html (accessed on 1 June 2013).

[76] Tsai H. C., Lee S. S., Wann S. R., Chen Y. S., Liu Y. W. & Liu Y. C. (2006). *Mycobacterium marinum* tenosynovitis: three case reports and review of the literature. *Jpn J. infect. Dis.*, 59 (5), 337 - 340.

[77] Tsai H. J., Yeh M. S. & Song Y. L. (1990). Characterization of *Vibrio* species by using genomic DNA fingerprinting techniques. *Fish Pathol.*, 25, 201 - 206.

[78] Tsai Y. H., Hsu R. W., Huang K. C., Chen C. H., Cheng C. C., Peng K. T. & Huang T. J. (2004). Systemic *Vibrio* infection presenting as necrotizing fasciitis and sepsis. A series of thirteen cases. *J. Bone Joint Surg. Am.*, 86 (A 11), 2497 - 2502.

[79] Ucko M. & Colorni A. (2005). *Mycobacterium marinum* infections in fish and humans in Israel. *J. clin. Microbiol.*, 43, 892 - 895.

[80] Ucko M., Colorni A., Kvitt H., Diamant A., Zlotkin A. & Knibb W. R. (2002).

Strain variation in *Mycobacterium marinum* fish isolates. *Appl. environ. Microbiol.*, 68 (11), 5281 – 5287.

[81] Van Duijn C. (1981). Tuberculosis in fish. *J. small Anim. Pract.*, 22, 391 – 411.

[82] Veenstra J., Rietra P. J. G. M., Coster J. M., Stoutenbeek C. P., ter Laak E. A., Haenen O. L. M., de Gier H. H. W. & Dirks – Go S. (1993). Human *Vibrio vulnificus* infections and environmental isolates in the Netherlands. *Aquacult. Fish. Manag.*, 24, 119 – 122.

[83] Verner – Jeffreys D. W., Baker – Austin C., Pond M. J., Rimmer G. S. E., Kerr R., Stone D., Griffin R., White P., Stinton N., Denham K., Leigh J., Jones N., Longshaw M. & Feist S. W. (2012). Zoonotic disease pathogens in fish used for pedicure [letter]. *Emerg. infect. Dis.*, 18 (6). Available at: http://dx.doi.org/10.3201/eid1806.111782 (accessed on 1 June 2013).

[84] Weinstein M. R., Litt M., Kertesz D. A., Wyper P., Rose D., Coulter M., McGeer A., Facklam R., Ostach C., Willey B. M., Borczyk A. & Low D. E. (1997). Invasive infections due to a fish pathogen, *Streptococcus iniae*. *N. Engl. J. Med.*, 337, 589 – 594.

[85] World Health Organization (WHO) (1999). Food safety associated with products from aquaculture: report of a joint FAO/NACA/WHO study group. WHO Technical Report Series 883. WHO, Geneva. Available at: www.who.int/foodsafety/publications/fs_management/en/aquaculture.pdf (accessed on 1 June 2013).

除肠炎沙门氏菌和鼠伤寒沙门氏菌外，
其他血清型沙门氏菌监测
实施中的主要问题

J. A. Wagenaar[①②]*　　R. S. Hendriksen[③]　　J. Carrique - Mas[④]

摘要：除肠炎沙门氏菌（*S. Enteritidis*，SE）和鼠伤寒沙门氏菌（*S. Typhimurium*，ST）外，世界各地相继分离到非伤寒沙门氏菌血清型，但其流行情况存在巨大差异。这些血清型中，一些是普遍流行的血清型，像婴儿沙门氏菌和海德沙门氏菌，一些则主要是地区性报道发生，主要存在于一些地区性宿主体内。全球多数国家针对人类沙门氏菌病并没有运行的官方监测系统，所获得的一些数据也只是来源于一些个别的研究项目。对于动物、食品和动物饲料中沙门氏菌的监测数据则更加难得。由于缺乏血清型分型的经验和可靠血清型抗血清的供应，对非 SE/ST 血清型的鉴定非常困难。而对沙门氏菌的分型是确定人类感染源、制定预防控制措施非常重要的基础。但是，随着将来日益广泛地使用不需要借助细菌培养的诊断技术，也将不再提供沙门氏菌的分型和药物敏感性数据。同时，这些方法是否能够涵盖所有的血清型，特别是非常稀有的一些血清型，也是我们必须考虑的问题。此外，虽然目前广泛认可有效的分型依据是基于考夫曼-怀特沙门氏菌属抗原表的沙门氏菌分型，但已出现新的分型方法，并在不久的将来可能取而代之用于沙门氏菌的分型。

关键词：出现　全球食源性传染病网络　综合监控　非肠炎沙门氏菌血清型　非鼠伤寒沙门氏菌血清型　非肠炎沙门氏菌/鼠伤寒沙门氏菌　非伤寒沙门氏菌　沙门氏菌　血清型　监测　WHO　全球食品和营养股份有限公司　WHO 全球食源性传染病网络

---

　　①　乌得勒支大学兽医系传染病与免疫学部，荷兰。
　　②　荷兰瓦格宁根大学中央兽医研究所，莱利斯塔德，荷兰。
　　③　WHO 食源性病原体耐药性合作中心，欧盟抗生素耐药性参考实验室，国家食品研究所，丹麦技术大学。
　　④　热带医学中心，牛津大学临床研究部，胡志明市，越南。
　　*　电子邮箱：j. wagenaar@uu. nl。

0 引言

在美国，最常被检出的食源性致病菌是非伤寒沙门氏菌[59]。在欧洲，非伤寒沙门氏菌是继弯杆菌之后，第二个被频繁报道的人畜共患致病菌[41]。在全国范围内开展动物、食品和人类相关数据系统收集、分析和报告的综合监测计划耗资巨大，所以仅在美国、加拿大、澳大利亚、新西兰和欧洲等发达国家实施了这种方案。欧盟和加拿大完全整合的监控和报告方案即是例子[4,54]。由于其成本高，大多数发展中国家缺乏有关非伤寒沙门氏菌的监控方案，但是也有少数例外[68]。一些发展中国家收集了伤寒和副伤寒沙门氏菌血清型的数据，但是这些工作的主要目的是为了确诊及治疗病人的药物敏感性[5]。大多数发展中国家没有非 SE/ST 沙门氏菌血清型，在食品、动物和动物饲料中流行及其分布情况的数据。

尽管获得的数据十分有限，但是据估计，全球非伤寒沙门氏菌病病例总数约为 9 380 万（从 6 180 万至 1.316 亿），其中，85.6% 是食源性病例[45]。

本文重点关注除 SE/ST 以外血清型沙门氏菌，在动物生产中的存在和相关性；与 SE/ST 血清型比较，非 SE/ST 对分离方法、血清分型分类和报告方面的影响。本文还讨论了在欧盟出现的 5 个人群中出现的特殊的非 SE/ST 血清型沙门氏菌，它们对公众健康很重要。

1 采样和分离：有一刀切的方法吗？

对于不同血清型，沿食物链进行采样存在很大差异，这取决于样品的地理位置、类型和来源。另外，由于沙门氏菌的发生是高度动态的，不同血清型的发病率有可能存在重要的季节性变化和空间变化。从食物和人体样本中极少分离出可以导致动物发病的某些血清型（如鸡沙门氏菌、都柏林沙门氏菌）。动物源性食品中的沙门氏菌，通常反映了在健康和养殖动物中存在这类微生物（如爪哇岛上的乙型副伤寒沙门氏菌变种）。人发生疾病的易感性取决于不同的血清型以及不同的暴露程度，所以在人体血液或粪便中的血清型，不能直接反映它们在特定类型动物或食物中的流行情况。在荷兰，爪哇岛副伤寒沙门氏菌乙型变种的流行就是一个例子。在 2009 年，分别从零售渠道的肉鸡和鸡肉中分离出了 56% 和 70% 的该变种沙门氏菌。然而，在人的所有沙门氏菌病例中，这种血清型仅占 0.7%[56]。

ISO 制定了从食品、动物饲料、动物粪便和环境样品中分离非伤寒沙门氏菌的国际标准，包括 ISO 6579：2002/AMD1：2007（附录 D）、ISO 6887 - 6

和 ISO 13307 等[34,35,36]。由诸如 OIE 和 WHO 等组织提供的分离规程是以 ISO 标准为基础的[21,67]。对这些规程进行评估，方法适用于对最常分离的血清型的分离株，但是不能评价所有的血清型。规程指出一些分离技术不适合对非运动性的沙门氏菌（如鸡沙门氏菌）进行分离。然而，它们的性能在操作其他血清型时也可能存在差异。因此，为了从源头/疫源地找出流行的血清型，应灵活选择可选培养基。在没有关于特定血清型的各种分离技术的灵敏度数据时，我们认为 ISO 方法是针对所有血清型的最适合方法。当从人的粪便样品中分离沙门氏菌时，可以应用那些专门用于从临床样品中分离沙门氏菌而制定的规程[21]。一旦分离出疑似沙门氏菌的病原微生物，应用表型或基因型方法进行确认。

2 基于流行病学的血清分型

依据国际公认的考夫曼-怀特沙门氏菌属抗原表，人们正在全球范围内进行有关沙门氏菌流行病学的研究[24]。该方案在 1934 年首次出版，同年确定了 44 种血清型，它已成为沙门氏菌血清分型的标准程序[57]。在与针对 O 抗原（菌体抗原）和 H 抗原（鞭毛抗原）特异性抗血清（已吸附）进行凝集反应基础上，已经确定约 2 500 个血清型，它们属于两个种，即 SE 和邦戈尔沙门氏菌[24]。在国与国、地区与地区之间，沙门氏菌血清型有很大差异[26,30]。SE 和 ST 在全球范围内广泛分布，并且是到目前为止造成人沙门氏菌感染病例的主要病原[30]。其他血清型，如婴儿沙门氏菌也在全球范围内分布，但与 SE 和 ST 相比不那么普遍，也有一些血清型极为罕见。在一个国家中，大约有 30 种血清型可能占到沙门氏菌分离株的 90% 以上[24]。

一些血清型有非常强烈的宿主偏好，通常会导致有限的宿主物种发生疫病[63]。伤寒沙门氏菌（人）、副伤寒沙门氏菌（人）、鸡沙门氏菌（禽）、马流产沙门氏菌（马）、猪伤寒沙门氏菌（猪）和绵羊流产沙门氏菌（绵羊）都是严格宿主限制的血清型。通常在一个动物物种中发现的宿主适应性血清型偶尔可感染数量有限的其他宿主，如猪霍乱沙门氏菌（从猪到人）和都柏林沙门氏菌（从牛到人）。大多数血清型都能够跨越物种屏障，具有人畜共患的可能性。宿主的接触剂量和免疫状态决定了一个血清型能否引起临床发病。使用高剂量进行感染试验时，即使是具有宿主专一性的鸡沙门氏菌也会导致人发病[44]。在非洲，宿主免疫状态的重要性凸显出来。在那里，人群中疟疾、免疫缺陷病毒（HIV）和营养不良的状况，极大地影响了人沙门氏菌病的流行[9]。

由于许多动物物种是沙门氏菌的无症状携带者，动物种群被视为沙门氏菌的一个储存器。沙门氏菌可通过直接接触、被污染的动物源性食品（肉、蛋、奶）、或受污染的蔬菜或水等途径感染人类。哺乳动物、鸟类、两栖动物和爬行动物等伴侣动物或宠物，均可以成为人沙门氏菌感染源[32]。爬行动物是人感染沙门氏菌最为常见的来源[19,51]。人沙门氏菌感染的微生物溯源模型需要对沙门氏菌进行分型，使用的方法有血清分型、药敏试验、噬菌体分型、脉冲场凝胶电泳（PFGE）和多位点可变数量串联重复序列（VNTR）分析等。基于上述的分型数据，与人类中存在的亚型进行比较，潜在来源（动物、食物）中的沙门氏菌亚型的分布，把人类感染与可能的感染源联系起来[52]。

统一血清型分类系统显然对建立各类沙门氏菌流行病学至关重要。在理想情况下，即使不是全部，我们也应该对大部分从人、动物和食物中分离出来的沙门氏菌菌株进行分型，以便对沙门氏菌流行病学预测提供技术支持，同时通过预防可识别来源感染的方式，以进行目标干预。

3 沙门氏菌血清分型的局限性

进行血清分型需要有可用的抗血清，有质量保证的商业化抗血清非常昂贵。因此，这严重限制了资源有限的国家对沙门氏菌的血清分型。在有些国家，甚至连国家参考实验室都没有可用的参考血清，或者仅能以组为级别进行血清分型（如O：4或O：9组）。在很大程度上，抗血清的质量决定了血清型分类数据的质量。当血清不被充分吸收时，抗血清交叉反应常导致错误的分型结果。WHO沙门氏菌协作中心（巴黎巴斯德研究所）已经制定了相关的规程，用于生产抗血清和执行质量控制。自2000年以来，WHO全球食源性网络（WHO-GFN插文1）已经运行了有关沙门氏菌血清分型的外部质量保证体系（EQAS）。该体系显示，虽然世界上大多数实验室都能够对沙门氏菌进行正确的血清分型，但是还需要不断培养人才，并告知他们如何获得高品质的抗血清[28]。

插文1 解决食品安全和人畜共患病的综合方法：全球食源性感染网络

1997年国家参考实验室的调查结果显示，在104个有反馈的国家中，只有69个国家（66%）在其公共健康监控中进行了常规的沙门氏菌血清型分类[31]。这项研究表明了以实验室为基础的沙门氏菌监控基础设施的缺乏，这促成了WHO全球沙门氏菌监测网（GSS）的建立，它现在被称为全球食源性感染网络（GFN）。这个网络的机构和人员致力于加强有关国家检测、应对、预防食源性疾病和其他肠道感染的能力。简而言之，WHO-GFN是一个能力建设方案，它可以促进综合的、以实验室为基础的监测，并通过遍布全球的培训课程和活动，促进在人类健康、兽医和食品相关学科之间的跨部门合作。主要活动包括培训课程、针对具体国家的项目，国家数据库以及沙门氏菌血清型分类的外部质量保证体系等。会员免费（www. who. int/gfn/activities/en/）。

4　沙门氏菌血清型在世界各地的分布

由于在临床检测、诊断能力和报告等方面的限制，发展中国家的数据一般是稀缺且不易被找到的。大多数血清型分布数据可在工业化国家中找到。

因抽样偏差，应谨慎看待抽样的便捷性和即时数据的收集。然而，一些国家的有限数据也可能提示某些血清型问题。尼日利亚和泰国家禽中流行血清型分别是海达迪夫沙门氏菌和凯道古沙门氏菌，埃塞俄比亚人群中流行的血清型是康科德沙门氏菌[29]。本地血清型也可能因旅行和贸易而给其他地区造成风险。泰国的斯坦利沙门氏菌、施瓦岑格隆德沙门氏菌和北非的肯塔基沙门氏菌流行都与欧洲游客有关[2,27,42]。

作为 WHO-GFN 的组成部分，2000 年，全球数据库已开始运行（插文 2）。要求 GFN 成员机构（国家或地区的沙门氏菌参考实验室）每年提供：

插文 2　在一组选定国家中，有关沙门氏菌监测系统数据的链接

澳大利亚

人：奥兹食品网 www. health. gov. au/internet/main/publishing. nsf/content/cda - pubs - cdi - cdiintro. htm

动物：全国动物健康信息系统 www. animalhealthaustralia. com. au/programs/disease - surveillance/national - animal - health - information - system

加拿大

人和动物：第三入口网站 www. phac - aspc. gc. ca/c - enternet/index - eng. php

欧盟

人、食品和动物：EFSA www. efsa. europa. eu/en/efsajournal/pub/2 597. htm

新西兰

人：新西兰公共健康监控 www. surv. esr. cri. nz/surveillance/NZPH-SR. php

动物：新西兰生物安全 www. biosecurity. govt. nz/

美国

人：以实验室为基础的肠道疾病监测（LEDS）系统（取代原有的公共健康实验室信息系统或 PHLIS）www. cdc. gov/nationalsurveillance/salmonella _ surveillance. html

动物：动植物健康检验署/国家动物健康报告系统 www. aphis. usda. gov/animal _ health/nahrs/reports. shtml

- 已鉴定的沙门氏菌菌株数目；
- 已按血清型分类的沙门氏菌菌株数目；
- 已鉴定的排名前 15 位的沙门氏菌血清型；
- 沙门氏菌菌株的来源（例如人类、非人类）。

2013 年 3 月 10 日，来自 84 个国家的 1 181 个数据集已被提供给数据库。公众可通过 GFN 网站来获取这些数据（www. who. int/gfn/activities/en/）。两篇科学论文对这些全球性数据做出总结[20,30]。这些数据表明，SE 和 ST 是全世界流行血清型（分别占 43.5% 和 17.1%）。婴儿沙门氏菌在所有地区都占主导地位，除此之外，其他非 SE/ST 血清型都表现出了地域差异。新港沙门氏菌主要见于美洲和欧洲国家；在亚洲、欧洲和大洋洲国家发现了维尔肖沙门氏菌；在欧洲国家发现了海德沙门氏菌；阿哥拉沙门氏菌则见于拉丁美洲、北美和欧洲国家。这些被分离出来的血清型在总体中所占的比例分别为 3.5%、1.5%、1.5%和 0.8%。

在一些工业化国家，沙门氏菌的患病率数据每年都会在线公布（插文 2）。

5 2006—2010 年沙门氏菌在欧盟的流行情况

2006 年，EFSA 报告了欧盟 25 个成员国中的 160 649 个人沙门氏菌病病例[17]。非伤寒血清型 SE 和 ST 占已知血清型沙门氏菌病例的 75.4%。在人沙门氏菌病中，其他血清型所占比例小于 1%。主要血清型如下[17]：

- 婴儿沙门氏菌（0.9%）；
- 维尔肖沙门氏菌（0.7%）；
- 海德沙门氏菌（0.5%）；
- 新港沙门氏菌（0.5%）。

血清型排名前五位的沙门氏菌（SE、ST、婴儿沙门氏菌、维尔肖沙门氏菌、海德沙门氏菌）被欧盟认为是"对公共健康有影响的血清型"。2004—2008 年，对整个欧盟成员国鸡、火鸡和猪的主要生产基地进行了标准化方法的基础研究。虽然 SE 和 ST 很普遍，但是血清型中所占比例最高（36%～90%，取决于目标物种）并不是 SE/ST。

最常见的非 SE/ST 血清型如下：

- 婴儿沙门氏菌、姆班达卡沙门氏菌和利文斯通沙门氏菌（蛋鸡）；
- 婴儿沙门氏菌、姆班达卡沙门氏菌和海德沙门氏菌（肉鸡）；
- 德尔比沙门氏菌、伦敦沙门氏菌和婴儿沙门氏菌（商品猪）；

- 德尔比沙门氏菌、婴儿沙门氏菌和罗森沙门氏菌（种猪）；
- 布雷得尼沙门氏菌、海德沙门氏菌和圣保罗沙门氏菌（育肥火鸡）；
- 圣保罗沙门氏菌、科特布斯沙门氏菌和海德堡沙门氏菌（种火鸡）。

已经设定减少沙门氏菌的目标在很大程度上侧重于对公共健康有意义的五个血清型（在育种和商业家禽生产上）和 SE/ST（在商业家禽生产上）。2006—2010 年，欧盟报告的人沙门氏菌病病例减少了 40.6%（在 2010 年报告了 99 020 个病例）。此次病例减少主要是由 SE 病例减少了 51.8%造成的，但是 ST 却增长了 16%。而对公共健康具有重要性的另外三个血清型中，婴儿沙门氏菌明显增加（＋42.5%），而维尔肖沙门氏菌和海德沙门氏菌均下降了（分别为－35.1%和－28.9%）[17,18]。

6 欧盟新发现的血清型

报告指出，欧盟新增加了若干个血清型，它们现在成为人感染沙门氏菌 10 个首要血清型的一部分。它们分别是：

- 新港沙门氏菌；
- 肯塔基沙门氏菌；
- 德尔比沙门氏菌；
- ST 的变体（被称为单相鼠伤寒沙门氏菌）。

6.1 婴儿沙门氏菌

2010 年，欧盟报道了 1 776 个婴儿沙门氏菌病病例（占 1.8%），使得它成为 2010 年第三个最常见的血清型。婴儿沙门氏菌在世界范围内广泛分布[30]。2008—2010 年，婴儿沙门氏菌是迄今为止从鸡肉中分离出来的最常见的血清型，这主要是因为在几个国家都分离出来了此菌。在匈牙利的家禽生产链中已经证实广泛存在婴儿沙门氏菌的污染[48]，并且它们中的多是多重耐药菌株[49]。在较小范围内，婴儿沙门氏菌也存在于猪、牛和火鸡肉中，而其血清型已被证实存在于其他几个国家的肉鸡养殖和食用鸡蛋生产中。除欧盟以外，冰岛[62]、以色列[6]和日本[47]等国家已经越来越多地报道了这种血清型。极少有证据证明这种血清型与蛋源性传播有关。在日本，使用扩增片段长度多态性进行分子生物学分析，人沙门氏菌病病例与鸡肉相关，而未与鸡蛋联系起来[47]。

6.2 德尔比沙门氏菌

由 EFSA 汇编的数据显示，2006—2010 年，由德尔比沙门氏菌引起的沙门氏菌病病例缓慢上升（＋39.4％）。这个血清型在欧洲、亚洲和拉丁美洲的一些国家中普遍存在[30]。在 2006—2007 年欧盟对屠宰猪群进行了基线调查，其数据显示，德尔比沙门氏菌是继 ST 之后第二个最常见的血清型。在 2010 年，德尔比沙门氏菌仍是养猪生产中第二个常见血清型。基线调查表明，该血清型是育肥火鸡群中第三个最常见的血清型（占所有沙门氏菌血清型的 11.3％），并且它也存在于少数国家的蛋鸡和肉鸡生产中。在一些欧盟国家，已在火鸡生产中越来越多地检测出德尔比沙门氏菌。在欧盟以外乌拉圭的鸡蛋生产中，已经报道了德尔比沙门氏菌的高发生率，但是在乌拉圭人群中并未检测到这种血清型，这表明鸡蛋可能不是人类感染德尔比沙门氏菌的感染源[7]。分子分析表明，来自猪和人的分离菌株之间有很大的相似性，这表明猪是这种血清型的主要感染来源[25]。

6.3 新港沙门氏菌

新港沙门氏菌主要分布在欧洲和美洲[30]。2010 年，新港沙门氏菌是欧盟第五个最常见的可以造成人类感染的血清型。同年，它是从火鸡群和火鸡肉中分离出来的第三个常见血清型，但是它在猪、肉鸡和牛肉中未检出。在过去几年中，在欧盟暴发的一些新港沙门氏菌主要来源于食用沙拉[37,43,65]、进口马肉[15]、进口花生[40]和西瓜。系统发育研究已经确定了欧洲的三个主要谱系（Ⅰ、Ⅱ和Ⅲ），其中只从非动物宿主中以非常低的频率分离出来了一个谱系（Ⅰ）[58]，这表明传播途径为人际传播。近几年来，这种血清型的高耐药性变种已经在美国的肉牛生产中出现[13,33]。据报道，在全球范围内，新港沙门氏菌的暴发与食用碎牛肉[60]、用池塘水灌溉的番茄[23]、未经消毒的奶酪[10]，以及用热水处理过的进口杧果有关[61]。有人认为，人类感染新港沙门氏菌的持续时间比感染其他血清型要更长一些[46]。

6.4 肯塔基沙门氏菌

据报道，2010 年，欧盟肯塔基沙门氏菌引起的沙门氏菌病病例年均增长率为 69％。同年，该血清型是存在于鸡肉中第二常见的血清型（由于它在爱尔兰的高发生率），且是存在于火鸡肉中的第四个常见的血清型。已经对两种不同的谱系做出了描述：一个在美国，以家禽为宿主，引起肠道外疫病的能力不断增强[38]；另一个存在于非洲和欧洲国家的耐环丙沙星谱系[42]。在瑞士，据报道有大量的老年女性患者泌尿道感染了肯塔基沙门氏菌[8]。

6.5 单相鼠伤寒沙门氏菌

在过去的几年里，单相鼠伤寒沙门氏菌已在许多欧洲国家出现。到 2010

年，单相鼠伤寒沙门氏菌已在欧盟排第四位（占所有人沙门氏菌病病例的1.5％）[18]。欧盟对屠宰猪群的基线调查（2006—2007 年）结果表明，单相鼠伤寒沙门氏菌是屠宰猪群中第四个常见的血清型。与之相反，它在对家禽（鸡和火鸡）的所有基线调查中几乎不存在。来自整个欧盟的监测数据表明，在2010 年，单相鼠伤寒沙门氏菌分别成为猪和猪肉第二、第三常见的血清型，这表明了自基线调查以来该血清型的增加。单相鼠伤寒沙门氏菌在牛和牛肉中也很普遍（第三常见的血清型）。最近有报道，法国暴发了与食用干猪肉香肠有关的疫病[22]。

7　在动物生产中对非伤寒沙门氏菌的控制

在生物特性、宿主偏好和生存环境上，沙门氏菌血清型间存在很大差异，这对在动物生产中控制沙门氏菌提出了特殊挑战。在实践中，这意味着没有一刀切的解决方案，不同的生产系统可能需要不同的方法来控制不同的血清型。主要考虑的因素包括：

- 当前的流行情况（例如在养殖场、孵化场、饲料厂或环境中是否已经存在某种血清型）；
- 该血清型对公共健康的影响（例如人沙门氏菌病病例的数目、其耐药谱分析）；
- 监测和控制的总成本。

以特定生产类型中发现的特定血清型为基础，对沙门氏菌控制进行优先级排序是一个很大的挑战，因为要考虑的因素很多，包括国家、宿主物种和年际变化之间的区别，以及出于经济考虑而做出的政策决定。

对于在特定生产环境中形成的血清型，如欧洲在鸡蛋生产中形成的SE[16]，目标农场控制措施（改进清洁和消毒、疫苗接种、防虫）已经被证明相当有效地减少或消除了 SE 在动物宿主中的感染，并且人 SE 病例也显著减少[18,50]。因为 SE 在动物生产供应系统（孵化场、饲料厂等）中比较少见，所以这是比较容易的。因此，一旦实现了从农场中清除 SE，它较少会再次出现。对于在动物生产中长期存在的血清型（例如猪中的 ST、德尔比沙门氏菌），旨在从农场中清除污染措施显然是必不可少的。这些工作需要开始于养殖金字塔的顶端，因为农场有可能因引进已感染原种动物而使费力的清除污染变得徒劳。对于那些在动物生产中长期存在的血清型，需要更多的研究来确定可提高农场投入产出比的解决方案的有效性。

从理论上来说，农业系统中动物与环境有相当多的接触（如散养家禽、放牧家畜），它可以更多地暴露于环境中的血清型（例如野生动物、水）。实际上，养殖动物通过与野生动物接触而感染沙门氏菌的情况是比较少见的。

现代动物生产系统给动物提供了相对良好的生物安全环境，饲养可能在出现新的血清型中扮演了重要角色，这最终可能会给人类健康带来威胁[12]。在防止引入外来沙门氏菌方面，100%的成功率几乎是不可能的，因为在现代化的饲料生产中有着非常广泛的原料，而其中又有许多与全球贸易有关。对于不可预见的风险，应该沿饲料生产链采取有效的监控系统使风险最小化。

8 非伤寒沙门氏菌监控的展望

临床实验室正在逐步引进非依赖培养的诊断分析，以取代传统的培养系统。对沙门氏菌而言，这将引起各种亚型信息的丢失[11]。

在过去10年中，人们已经开发了替代传统血清型的分类方法，但它们仅能针对最常见的血清型。分子血清型分类的优点是：它是"向后兼容"的，即可以把新收集的数据与历史数据进行比较。已开发出其他的分子替代品，但是它们仅与血清型分类系统部分对应[3,66]。随着具有高通量和相对便宜的 WGS 技术的出现，可以预期在将来的监控系统中使用这种方法[1,14,64]。

9 致谢

J. 凯瑞克·马斯得到了 VIBRE 项目的支持，该项目由荷兰科学研究组织（WOTRO）和荷兰健康研究与发展组织（ZonMw）（项目编号为 205100012）提供资金支持。

参考文献

[1] Aarestrup F. M., Brown E. W., Detter C., Smidt Gerner - D., P., Gilmour M. W., Harmsen Hendriksen R. S., Hewson R., Heymann D. L., Johansson K., Ijaz K., Keim P. S., Koopmans M., Kroneman A., Lo Fo Wong D., Lund O., Palm D., Sawanpanyalert P., Sobel J. & Schlundt J. (2012). Integrating genome - based informatics to modernize global disease monitoring, information sharing, and response. *Emerg. infect. Dis.*, 18 (11), e1.

[2] Aarestrup F. M., Hendriksen R. S., Lockett J., Gay K., Teates K., McDermott P. F., White D. G., Hasman H., Sørensen G., Bangtrakulnonth A., Pornreongwong S., Pulsrikarn C., Angulo F. J. & Gerner - Smidt P. (2007). International spread of multidrug - resistant *Salmonella* Schwarzengrund in food products. *Emerg. infect. Dis.*, 13 (5), 726 - 731.

[3] Achtman M. , Wain J. , Weill F. X. , Nair S. , Zhou Z. , Sangal V. , Krauland M. G. , Hale J. L. , Harbottle H. , Uesbeck A. , Dougan G. , Harrison L. H. , Brisse S. & S. *enterica* MLST Study Group (2012). Multilocus sequence typing as a replacement for serotyping in *Salmonella enterica*. *PLoS Pathog.* , 8 (6), e1002776.

[4] Ammon A. & Makela P. (2010). Integrated data collection on zoonoses in the European Union, from animals to humans, and the analyses of the data. *Int. J. Food Microbiol.* , 30 (Suppl. 1), S43 – S47.

[5] Basnyat B. (2007). The treatment of enteric fever. *J. roy. Soc. Med.* , 100 (4), 161 – 162.

[6] Bassal R. , Reisfeld A. , Andorn N. , Yishai R. , Nissan I. , Agmon V. , Peled N. , Block C. , Keller N. , Kenes Y. , Taran D. , Schemberg B. , Ken – Dror S. , Rouach T. , Citron B. , Berman E. , Green M. S. , Shohat T. & Cohen D. (2012). Recent trends in the epidemiology of non – typhoidal *Salmonella* in Israel, 1999 – 2009. *Epidemiol. Infect.* , 140 (8), 1446 – 1453.

[7] Betancor L. , Pereira M. , Martinez A. , Giossa G. , Fookes M. , Flores K. , Barrios P. , Repiso V. , Vignoli R. , Cordeiro N. , Algorta G. , Thomson N. , Maskell D. , Schelotto F. & Chabalgoity J. A. (2010). Prevalence of *Salmonella enterica* in poultry and eggs in Uruguay during an epidemic due to *Salmonella enterica* serovar Enteritidis. *J. clin. Microbiol.* , 48 (7), 2413 – 2423.

[8] Bonalli M. , Stephan R. , Käppeli U. , Cernela N. , Adank L. & Hächler H. (2012). *Salmonella enterica* serotype Kentucky associated with human infections in Switzerland: genotype and resistance trends 2004—2009. *Food Res. Int.* , 45 (2), 953 – 957.

[9] Brent A. J. , Oundo J. O. , Mwangi I. , Ochola L. , Lowe B. & Berkley J. A. (2006). *Salmonella* bacteremia in Kenyan children. *Pediatr. infect. Dis. J.* , 25 (3), 230 – 236.

[10] Centers for Disease Control and Prevention (CDC) [United States] (2008). Outbreak of multidrug – resistant *Salmonella enterica* serotype Newport infections associated with consumption of unpasteurized Mexican – style aged cheese – Illinois, March 2006 – April 2007. *MMWR*, 57 (16), 432 – 435.

[11] Cronquist A. B. , Mody R. K. , Atkinson R. , Besser J. , Tobin D'Angelo M. , Hurd S. , Robinson T. , Nicholson C. & Mahon B. E. (2012). Impacts of culture – independent diagnostic practices on public health surveillance for bacterial enteric pathogens. *Clin. infect. Dis.* , 54 (Suppl. 5), S432 – S439.

[12] Crump J. A. , Griffin P. M. & Angulo F. J. (2002). Bacterial contamination of animal feed and its relationship to human foodborne illness. *Clin. infect. Dis.* , 35 (7), 859 – 865.

[13] Cummings K. J. , Warnick L. D. , Alexander K. A. , Cripps C. J. , Gröhn Y. T. , McDonough P. L. , Nydam D. V. & Reed K. E. (2009). The incidence of salmonellosis among dairy herds in the northeastern United States. *J. dairy Sci.* , 92 (8), 3766 – 3774.

[14] Didelot X. , Bowden R. , Wilson D. J. , Peto T. E. & Crook D. W. (2012). Transfor-

ming clinical microbiology with bacterial genome sequencing. *Nat. Rev. Genet.*, 13 (9), 601 - 612.

[15] Espie E., De Valk H., Vaillant V., Quelquejeu N., Le Querrec F. & Weill F. X. (2005). An outbreak of multidrug - resistant *Salmonella enterica* serotype Newport infections linked to the consumption of imported horse meat in France. *Epidemiol. Infect.*, 133 (2), 373 - 376.

[16] European Food Safety Authority (EFSA) (2007). Report of the Task Force on Zoonoses Data Collection on the analysis of the baseline study on the prevalence of *Salmonella* in holdings of laying hen flocks of *Gallus gallus*. *EFSA J.*, 97. Available at: www. efsa. europa. eu/en/efsajournal/doc/97r. pdf (accessed on 25 May 2013).

[17] European Food Safety Authority (EFSA) (2007). The Community summary report on trends and sources of zoonoses, zoonotic agents, antimicrobial resistance and foodborne outbreaks in the European Union in 2006. *EFSA J.*, 130. doi: 10. 2903/j. efsa. 2007. 130r. Available at: www. efsa. europa. eu/en/efsajournal/pub/130r. htm (accessed on 25 May 2013).

[18] European Food Safety Authority (EFSA) (2012). The European Union summary report on trends and sources of zoonoses, zoonotic agents and food - borne outbreaks in 2010. *EFSA J.*, 10 (3), 2597. doi: 10. 2903/j. efsa. 2012. 2597. Available at: www. efsa. europa. eu/en/efsajournal/pub/2597. htm (accessed on 25 May 2013).

[19] Eurosurveillance Editorial Team: Bertrand S., Rimhanen - Finne R., Weill F. X., Rabsch W., Thornton L., Perevoscikovs J., van Pelt W. & Heck M. (2008). *Salmonella* infections associated with reptiles: the current situation in Europe. *Euro Surveill.*, 13 (24), pii 18902.

[20] Galanis E., Lo Fo Wong D. M., Patrick M. E., Binsztein N., Cieslik A., Chalermchikit T., Aidara - Kane A., Ellis A., Angulo F. J. & Wegener H. C. (2006). World Health Organization Global Salm - Surv web - based surveillance and global *Salmonella* distribution, 2000—2002. *Emerg. infect. Dis.*, 12 (3), 381 - 388.

[21] Global Foodborne Infections Network (GFN) (2013). World Health Organization - GFN protocols for the detection of *Salmonella*. Available at: www. antimicrobialresistance. dk/232 - 169 - 215 - protocols. htm♯Salmonella (accessed on 25 May 2013).

[22] Gossner C. M., van Cauteren D., Le Hello S., Weill F. X., Terrien E., Tessier S., Janin C., Brisabois A., Dusch V., Vaillant V. & Jourdan - Da Silva N. (2012). Nationwide outbreak of *Salmonella enterica* serotype 4, [5], 12: i: - infection associated with consumption of dried pork sausage, France, November to December 2011. *Euro Surveill.*, 17 (5), pii 20071.

[23] Greene S. K., Daly E. R., Talbot E. A., Demma L. J., Holzbauer S., Patel N. J., Hill T. A., Walderhaug M. O., Hoekstra R. M., Lynch M. F. & Painter J. A. (2008). Recurrent multistate outbreak of *Salmonella* Newport associated with tomatoes

from contaminated fields, 2005. *Epidemiol Infect.*, 136 (2), 157 - 165.

[24] Grimont P. A. & Weill F. X. (2007). Antigenic formulae of the *Salmonella* serovars, 9th Ed. World Health Organization Collaborating Centre for Reference and Research on *Salmonella*, Institut Pasteur, Paris, 166 pp. Available at: www. pasteur. fr/ ip/portal/action/WebdriveActionEvent/oid/01s - 000036 - 089 (accessed on 25 May 2013).

[25] Hauser E., Hebner F., Tietze E., Helmuth R., Junker E., Prager R., Schroeter A., Rabsch W., Fruth A. & Malorny B. (2011). Diversity of *Salmonella enterica* serovar Derby isolated from pig, pork and humans in Germany. *Int. J. Food Microbiol.*, 151 (2), 141 - 149. E - pub.: 27 August 2011. doi: 10. 1016/j. ijfoodmicro. 2011. 08. 020.

[26] Hendriksen R. S., Bangtrakulnonth A., Pulsrikarn C., Pornruangwong S., Noppornphan G., Emborg H. D. & Aarestrup F. M. (2009). Risk factors and epidemiology of the ten most common *Salmonella* serovars from patients in Thailand: 2002—2007. *Foodborne pathog. Dis.*, 6 (8), 1009 - 1019.

[27] Hendriksen R. S., Le Hello S., Bortolaia V., Pulsrikarn C., Nielsen E. M., Pornruangmong S., Chaichana P., Svendsen C. A., Weill F. X. & Aarestrup F. M. (2012). Characterization of isolates of *Salmonella enterica* serovar Stanley, a serovar endemic to Asia and associated with travel. *J. clin. Microbiol.*, 50 (3), 709 - 720.

[28] Hendriksen R. S., Mikoleit M., Carlson V. P., Karlsmose S., Vieira A. R., Jensen A. B., Seyfarth A. M., DeLong S. M., Weill F. X., Lo Fo Wong D. M., Angulo F. J., Wegener H. C. & Aarestrup F. M. (2009). WHO Global Salm - Surv external quality assurance system for serotyping of *Salmonella* isolates from 2000 to 2007. *J. clin. Microbiol.*, 47 (9), 2729 - 2736.

[29] Hendriksen R. S., Mikoleit M., Kornschober C., Rickert R. L., Duyne S. V., Kjelsø C., Hasman H., Cormican M., Mevius D., Threlfall J., Angulo F. J. & Aarestrup F. M. (2009). Emergence of multidrug - resistant *Salmonella* Concord infections in Europe and the United States in children adopted from Ethiopia, 2003—2007. *Pediatr. infect. Dis. J.*, 28 (9), 814 - 818. doi: 10. 1097/INF. 0b013e3181a3aeac.

[30] Hendriksen R. S., Vieira A. R., Karlsmose S., Lo Fo Wong D. M., Jensen A. B., Wegener H. C. & Aarestrup F. M. (2011). Global monitoring of *Salmonella* serovar distribution from the World Health Organization Global Foodborne Infections Network Country Data Bank: results of quality assured laboratories from 2001 to 2007. *Foodborne pathog. Dis.*, 8 (8), 887 - 900. E - pub.: 14 April 2011. doi: 10. 1089/fpd. 2010. 0787.

[31] Herikstad H., Motarjemi Y. & Tauxe R. V. (2002). *Salmonella* surveillance: a global survey of public health serotyping. *Epidemiol. Infect.*, 129 (1), 1 - 8.

[32] Hoelzer K., Moreno Switt A. I. & Wiedmann M. (2011). Animal contact as a source of human non - typhoidal salmonellosis. *Vet. Res.*, 42 (1), 34.

[33] Hur J., Jawale C. & Lee J. H. (2012). Antimicrobial resistance of *Salmonella* isolated from food animals: a review. *Food Res. Int.*, 45 (2), 819 - 830.

[34] International Organization for Standardization (ISO) (2007). Microbiology of food and animal feeding stuffs – horizontal method for the detection of *Salmonella* spp. Amendment 1: Annex D: detection of *Salmonella* spp. in animal faeces and in environmental samples from the primary production stage (ISO 6579: 2002/Amd 1: 2007, IDT). ISO, Geneva.

[35] International Organization for Standardization (ISO) (2013). Microbiology of food and animal feed – preparation of test samples, initial suspension and decimal dilutions for microbiological examination – Part 6: specific rules for the preparation of samples taken at the primary production (ISO 6887 – 6). ISO, Geneva.

[36] International Organization for Standardization (ISO) (2013). Microbiology of food and animal feed – primary production stage – sampling techniques (ISO 13307). ISO, Geneva.

[37] Irvine W. N., Gillespie I. A., Smyth F. B., Rooney P. J., McClenaghan A., Devine M. J., Tohani V. K. & Outbreak Control Team (2009). Investigation of an outbreak of *Salmonella enterica* serovar Newport infection. *Epidemiol. Infect.*, 137 (10), 1449 – 1456.

[38] Johnson T. J., Thorsness J. L., Anderson C. P., Lynne A. M., Foley S. L., Han J., Fricke W. F., McDermott P. F., White D. G., Khatri M., Stell A., Flores C. & Singer R. S. (2010). Horizontal gene transfer of a ColV plasmid has resulted in a dominant avian clonal type of *Salmonella enterica* serovar Kentucky. *PLoS One*, 5 (12), e15524.

[39] Jones T. F., Ingram L. A., Cieslak P. R., Vugia D. J., Tobin – D'Angelo M., Hurd S., Medus C., Cronquist A. & Angulo F. J. (2008). Salmonellosis outcomes differ substantially by serotype. *J. infect. Dis.*, 198 (1), 109 – 114.

[40] Kirk M. D., Little C. L., Lem M., Fyfe M., Genobile D., Tan A., Threlfall J., Paccagnella A., Lightfoot D., Lyi H., McIntyre L., Ward L., Brown D. J., Surnam S. & Fisher I. S. (2004). An outbreak due to peanuts in their shell caused by *Salmonella enterica* serotypes Stanley and Newport – sharing molecular information to solve international outbreaks. *Epidemiol. Infect.*, 132 (4), 571 – 577.

[41] Lahuerta A., Westrell T., Takkinen J., Boelaert F., Rizzi V., Helwigh B., Borck B., Korsgaard H., Ammon A. & Makela P. (2011). Zoonoses in the European Union: origin, distribution and dynamics – the EFSA – ECDC summary report 2009. *Euro Surveill.*, 16 (13), pii 19832.

[42] Le Hello S., Hendriksen R. S., Doublet B., Fisher I., Nielsen E. M., Whichard J. M., Bouchrif B., Fashae K., Granier S. A., Jourdan – Da Silva N., Cloeckaert A., Threlfall E. J., Angulo Aarestrup F. M., Wain J. F. J., & Weill F. X. (2011). International spread of an epidemic population of *Salmonella enterica* serotype Kentucky ST198 resistant to ciprofloxacin. *J. infect. Dis.*, 204 (5), 675 – 684.

[43] Lienemann T., Niskanen T., Guedes S., Siitonen A., Kuusi M. & Rimhanen –

Finne R. (2011). Iceberg lettuce as suggested source of a nationwide outbreak caused by two *Salmonella* serotypes, Newport and Reading, in Finland in 2008. *J. Food Prot.*, 74 (6), 1035 - 1040.

[44] McCullough N. B. & Eisele C. W. (1951). Experimental human salmonellosis. IV. Pathogenicity of strains of *Salmonella pullorum* obtained from spray - dried whole egg. *J. infect. Dis.*, 89, 259 - 265.

[45] Majowicz S. E., Musto J., Scallan E., Angulo F. J., Kirk M., O'Brien S. J., Jones T. F., Fazil A., Hoekstra R. M. & International Collaboration on Enteric Disease 'Burden of Illness' Studies (2010). The global burden of nontyphoidal *Salmonella* gastroenteritis. *Clin. infect. Dis.*, 50 (6), 882 - 889.

[46] Medus C., Smith K. E., Bender J. B., Leano F. & Hedberg C. W. (2010). *Salmonella* infections in food workers identified through routine public health surveillance in Minnesota: impact on outbreak recognition. *J. Food Prot.*, 73 (11), 2053 - 2058.

[47] Noda T., Murakami K., Ishiguro Y. & Asai T. (2010). Chicken meat is an infection source of *Salmonella* serovar Infantis for humans in Japan. *Foodborne pathog. Dis.*, 7 (6), 727 - 735.

[48] Nógrády N., Kardos G., Bistyák A., Turcsányi I., Mészáros J., Galántai Z., Juhász A., Samu P., Kaszanyitzky J. E., Pászti J. & Kiss I. (2008). Prevalence and characterization of *Salmonella infantis* isolates originating from different points of the broiler chicken - human food chain in Hungary. *Int. J. Food Microbiol.*, 127 (1 - 2), 162 - 167.

[49] Nógrády N., Király M., Davies R. & Nagy B. (2012). Multidrug resistant clones of *Salmonella* Infantis of broiler origin in Europe. *Int. J. Food Microbiol.*, 157 (1), 108 - 112.

[50] O'Brien S. J. (2013). The 'decline and fall' of nontyphoidal salmonella in the United Kingdom. *Clin. infect. Dis.*, 56 (5), 705 - 710.

[51] Pedersen K., Lassen - Nielsen A. M., Nordentoft S. & Hammer A. S. (2009). Serovars of *Salmonella* from captive reptiles. *Zoonoses pub. Hlth*, 56 (5), 238 - 242.

[52] Pires S. M., Evers E., van Pelt W., Ayers T., Scallan E., Angulo F. J., Havelaar A. & Hald T. (2009). Attributing the human disease burden of foodborne infections to specific sources. *Foodborne pathog. Dis.*, 6 (4), 417 - 424.

[53] Pornruangwong S., Hendriksen R. S., Pulsrikarn C., Bangstrakulnonth A., Mikoleit M., Davies R. H., Aarestrup F. M. & Garcia - Migura L. (2011). Epidemiological investigation of *Salmonella enterica* serovar Kedougou in Thailand. *Foodborne pathog. Dis.*, 8 (2), 203 - 211.

[54] Public Health Agency of Canada (2013). C - EnterNet. Available at: www. phac - aspc. gc. ca/c - enternet/index - eng. php (accessed on 19 March 2013).

[55] Raufu I., Hendriksen R. S., Ameh J. A. & Aarestrup F. M. (2009). Occurrence and

characterization of *Salmonella* Hiduddify from chickens and poultry meat in Nigeria. *Foodborne pathog. Dis.*, 6 (4), 425 – 430.

[56] Rijksinstituut voor Volksgezondheid en Milieu (RIVM) (2009). Staat van Zoönosen. Available at: www. onehealthportal. nl/media/105/7886 – a4 – zoönosen – printmk. pdf (accessed on 25 May 2013).

[57] Salmonella Subcommittee of the Nomenclature Committee of the International Society for Microbiology (1934). The genus *Salmonella* Lignières, 1900. *J. Hyg.* (*Lond.*), 34 (3), 333 – 350.

[58] Sangal V., Harbottle H., Mazzoni C. J., Helmuth R., Guerra B., Didelot X., Paglietti B., Rabsch W., Brisse S., Weill F. X., Roumagnac P. & Achtman M. (2010). Evolution and population structure of *Salmonella enterica* serovar Newport. *J. Bacteriol.*, 192 (24), 6465 – 6476.

[59] Scallan E., Hoekstra R. M., Angulo F. J., Tauxe R. V., Widdowson M. A., Roy S. L., Jones J. L. & Griffin P. M. (2011). Foodborne illness acquired in the United States – major pathogens. *Emerg. infect. Dis.*, 17 (1), 7 – 15.

[60] Schneider J. L., White P. L., Weiss J., Norton D., Lidgard J., Gould L. H., Yee B., Vugia D. J. & Mohle – Boetani J. (2011). Multistate outbreak of multidrug – resistant *Salmonella* Newport infections associated with ground beef, October to December 2007. *J. Food Prot.*, 74 (8), 1315 – 1359.

[61] Sivapalasingam S., Barrett E., Kimura A., Van Duyne S., De Witt W., Ying M., Frisch A., Phan Q., Gould E., Shillam P., Reddy V., Cooper T., Hoekstra M., Higgins C., Sanders J. P., Tauxe R. V. & Slutsker L. (2003). A multistate outbreak of *Salmonella enterica* serotype Newport infection linked to mango consumption: impact of water – dip disinfestation technology. *Clin. infect. Dis.*, 37 (12), 1585 – 1590.

[62] Thorsteinsdottir T. R., Kristinsson K. G. & Gunnarsson E. (2007). Antimicrobial resistance and serotype distribution among *Salmonella* spp. in pigs and poultry in Iceland, 2001—2005. *Microb. Drug Resist.*, 13 (4), 295 – 300.

[63] Uzzau S., Brown D. J., Wallis T., Rubino S., Leori G., Bernard S., Casadesús J., Platt D. J. & Olsen J. E. (2000). Host adapted serotypes of *Salmonella enterica*. *Epidemiol. Infect.*, 125 (2), 229 – 255.

[64] Wain J., Keddy K. H., Hendriksen R. S. & Rubino S. (2013). Using next generation sequencing to tackle non – typhoidal *Salmonella* infections. *J. Infect. dev. Ctries*, 7 (1), 1 – 5.

[65] Ward L. R., Maguire C., Hampton M. D., de Pinna E., Smith H. R., Little C. L., Gillespie I. A., O'Brien S. J., Mitchell R. T., Sharp C., Swann R. A., Doyle O. & Threlfall E. J. (2002). Collaborative investigation of an outbreak of *Salmonella enterica* serotype Newport in England and Wales in 2001 associated with ready – to – eat salad vegetables. *Commun. Dis. pub. Hlth*, 5 (4), 301 – 304.

[66] Wattiau P. , Boland C. & Bertrand S. (2011). Methodologies for *Salmonella enterica* subsp. *enterica* subtyping: gold standards and alternatives. *Appl. environ. Microbiol.* , 77 (22), 7877 – 7885.

[67] World Organisation for Animal Health (OIE) (2012). Salmonellosis, Chapter 2.9.9. *In* Manual of Diagnostic Tests and Vaccines for Terrestrial Animals (mammals, birds and bees). OIE, Paris. Available at: www. oie. int/international – standard – setting/ terrestrial – manual/access – online/(accessed on 19 March 2013).

[68] Zaidi M. B. , Calva J. J. , Estrada – Garcia M. T. , Leon V. , Vazquez G. , Figueroa G. , Lopez E. , Contreras J. , Abbott J. , Zhao S. , McDermott P. & Tollefson L. (2008). Integrated food chain surveillance system for *Salmonella* spp. in Mexico. *Emerg. infect. Dis.* , 14 (3), 429 – 435.

欧盟对动物健康、食品病原体和食源性疾病的综合监控

F. Berthe[①]*   M. Hugas   P. Makela[②]

摘要： EFSA 是欧盟评估食品和饲料安全风险的权威机构。EFSA 通过与国家相关当局合作以及与其利益相关方协商，针对现有及新出现的风险提出独立的科学建议和相关信息。由于人与动物总是处于不断变化中，所以评估他们之间的生物学风险也变得越来越具有挑战性。此外，有关食品安全的相关问题通常不能在单一学科之下分类，大多数情况下，需要通过跨学科的方法来解决问题。EFSA 有两个科学专家小组，分别是生物学危害研究小组（BIOHAZ）和动物卫生和福利研究小组（AHAW）。多数情况下，他们共同应对这些复杂多样的风险问题。本文综述了欧盟关于风险评估的综合方法，尤其侧重于人类卫生和整个食物链，以及旨在降低消费者风险的科学干预措施。

关键词： 动物健康 动物福利 耐药性 生物危害 生物监测 食品卫生学 食品微生物学 食品安全 食源性疾病 人畜共患病

0 引言

食品安全问题通常指的是"从农场到餐桌"这一过程，期间的相关问题应该用综合方法加以解决。简要回顾欧盟的食品安全问题历史，在 20 世纪 80 年代关注点在于养成良好的卫生习惯（GHP），而在 20 世纪 90 年代关注点转移到 HACCP 的概念，并且在进入 21 世纪后关注点再次转移到由 CAC 于 20 世纪 90 年代首次提出的风险分析框架上。在欧盟，根据 EFSA 的成立章程[10]，无论是欧盟委员会（EC）还是 EFSA，均把该框架作为他们食品安全工作的基础。该章程还规定 EFSA 作为一个独立的机构进行风险评估和风险交流，提供科学建议，并宣传食物链相关的风险信息。因此，EFSA 拥有

---

① EFSA，风险评估及科学援助局。
② 帕尔马，意大利。
* 电子邮箱：Franck. BERTHE@efsa. europa. eu。

广泛的职权范围，它涵盖了"从农场到餐桌"的整个食物链，包括的主题有动物卫生和福利、生物危害、农药及污染物、转基因生物、营养和食品、饲料添加剂以及植物健康等。尽管 EFSA 有权评估食品和饲料风险，但是欧盟、欧盟议会和欧盟成员国是实际的风险管理者或决策者，对立法举措负有最终责任。

食品安全所引发的社会问题，通常无法从单一学科的角度进行回答。大多数时候，这些问题是复杂且呈多面性的，需要通过跨学科的方式加以解决。本文回顾了欧盟有关风险评估的综合方法，特别侧重于人类卫生和整个食物链，以及旨在降低消费者风险的科学干预措施。作者讨论了最近肉品检验工作的例子，以此来说明 EFSA 发挥欧盟综合监督动物卫生、食品病原体和食源性疾病的独特能力。

1 动物健康、动物福利、食品病原体、人畜共患病和食源性疾病

EFSA 的两个科学小组特别关注欧盟对动物健康、食品病原体和食源性疾病的综合监控。BIOHAZ 负责食品安全和食源性疾病的相关风险[13]。这些风险涉及食源性人畜共患病、食品微生物学、食品卫生学、耐药性、传染性牛海绵状脑病，以及废弃物处理相关问题。AHAW 的核心任务是评估与健康和福利相关的内容，涉及欧盟所使用的畜牧生产系统及其操作实践、引起家养动物与野生动物相互作用的条件，以及在人类-动物-环境三个层面交互作用而出现的风险[2]。因此，AHAW 涵盖了有关动物福利和健康的所有方面，也包括那些影响人类健康的方面。EFSA 因此能够真正地从广度上解决农场食品的安全问题。

根据 EFSA 对动物福利的定义，它所具有的意义远远超出了动物保护和福利本身。动物福利对动物健康和食品安全可能产生的影响，这些综合方面已经被收于 EFSA 对动物福利的科学意见中。例如，猪咬尾巴现象是一个重要的福利问题，同时也是一个屠宰后猪体脓肿和感染频率增加的危险因素[6]。此外，鸡蛋产于非笼养系统中时，可能会增加肠炎沙门氏菌污染的风险，因为这会使蛋鸡和它们产的鸡蛋暴露在更多的环境污染中[4]。当击晕和捕杀鱼类时，欧盟会要求评估鱼类福利。每当这时，EFSA 也会把食品安全方面的考量纳入评估体系（例如鱼被捕杀后发生化学变化导致的潜在危害，以及骇人的捕杀系统对微生物安全造成的潜在影响），从而为风险管理者提供全面、以目标为导向的信息。

两个小组已经共同解决了一些风险问题，例如人类可能通过处理或者食用

被感染的动物产品而感染裂谷热病毒[3]。从人与动物相互作用角度评估生物学风险，是对目前已经清楚的食源性人畜共患病概念的挑战。继荷兰人类 Q 热病例显著增加之后[7]，AHAW 和 BIOHAZ 在 2010 年提出了相关观点。此科学观点有助于确定：

- 人类和反刍家畜感染和患病的数量、分布、影响及意义；
- 维持反刍家畜 Q 热的风险因素；
- 病原体贝氏柯克斯体从这些动物到人类的传播。

贝氏柯克斯体在食用动物中广泛分布，它在牛奶和奶制品中的出现使人们开始质疑食品是否成为这种人畜共患性细菌向人类传播的媒介。一些流行病学数据表明，食用含有贝氏柯克斯体的牛奶或奶制品与人类的血清抗体转化相关。但评估结果显示，临床上没有确凿的证据表明食用含贝氏柯克斯体的牛奶和奶制品会导致人体患 Q 热[7]。欧洲疾病预防和控制中心（ECDC）作为一个加强欧洲对感染性疾病的防御机构，也参与了此次风险评估。

收集食品安全相关数据是 EFSA 的核心工作，这些数据是风险评估的必要组成部分。它们可以用于定量评估风险和给出干预策略和控制措施，从而减少人类患人畜共患病的风险[12]。而年度监测数据提供的最新信息，有助于告知风险管理人员和会员国了解最近的事态发展。

在人类健康的生物风险领域，指令 2003/99/EC2 规定了欧盟系统对监测和报告信息的要求，它要求欧盟成员国每年收集并报告关于人畜共患病、人畜共患病因子、抗药性、以及食源性疾病暴发的相关数据和可比性数据[11]。ECDC负责收集与分析人类病例的相关数据，而 EFSA 的任务是通过与 ECDC 合作[9]，检查所收集的数据，编制欧盟年度总结报告。此外，EFSA 代表欧盟运行有关数据采集的应用程序。

根据关于人畜共患病的指令 2003/99/EC2，成员国现已有监控系统。在欧盟立法中需要制定详细的监控规则，从而更容易编辑和比较数据。此外，EFSA还颁发了技术规范，并提交了对外报告，用以监测和报告某些人畜共患病、耐药性和食源性疾病的暴发，使成员国之间的数据分析与比较变得更加容易。

AHAW 和 BIOHAZ 这两个小组经常被问及有关欧盟年度总结报告的事情[5]，它涉及欧盟成员国人畜共患病的分布及其他流行病学特点，对评估这些疾病的预防措施和潜在影响具有一定的指导意义。然而，报告并没有提及当前疾病情况的实时信息，这是风险评估应用上的一个欠缺。另外，此报告不能很好地将各种疾病的参考群体、数据来源以及数据收集途径（监测方法）对号入座。因此，我们需要综合考虑以上三个基本要素，从而对研究的疾病来源和趋势做出合适的推断。此外，为了回答风险评估问题，EFSA 进行了充分准备，他们通过定期审查数据，确保持续收集完整和稳定的数据，从而对整个欧盟的动态数据源有良好的认知[1]。

2 实例：家禽肉类检验

肉类检验的主要目的是为了发现和预防公共卫生隐患，例如存在于动物源性食品中的食源性病原体或化学污染物。检查被屠宰动物也可以提供宝贵的线索，以此用来监测对动物健康有重要意义的特定疫病，尤其是外来疫病。

应欧盟的要求，EFSA 最近公布了对公众健康危害的风险评估（分别从生物和化学角度），该风险评估涉及禽肉检验[8]。简言之，要求如下：

- 查明和确定肉类检验应解决的威胁公共健康的主要风险；
- 评估目前肉类检验方法的优缺点；
- 对目前肉类检验系统尚未涉及的危害，提出相关检查方法的建议，以达到肉类检验的总体目标；
- 提出与相等水平保护相适应的检验方法和检验频率。

此外，还要求 EFSA 考虑目前肉类检验方法的改变对动物福利和健康的影响。

开展此项风险评估采用了一个综合的解决方法，该方法要求 BIOHAZ 和 AHAW 共同介入。前者评估生物学风险，后者评估肉类检验现代化对动物福利和健康监督系统的影响。而 EFSA 污染物小组（CONTAM）则负责应对化学污染物相关的特定风险，其目的是给欧盟风险管理者提供全面的科学建议，并且更多地考虑到肉类检验的风险性。

针对生物学危害，开发了用于家禽肉源性危害风险分等级进行排序的决策树。其排名基于以下几点：

- 危害对人体健康的总体影响程度；
- 人类疾病的严重程度；
- 人类由于处理、烹调和食用禽肉而感染疾病的比例；
- 在家禽及其尸体中这些危害的发生情况。

认为弯杆菌和沙门氏菌在禽肉检验中与公共卫生有极大的相关性。携带超广谱 β-内酰胺酶（ESβL）/AmpC 酶基因的细菌与公共健康有中度到高度的相关性（大肠杆菌），以及低度到中度的相关性（沙门氏菌）。虽然对艰难梭状芽孢杆菌的分类数据不足，但是基于现有的有限信息，目前认为其风险较低，而其他风险都被认为与公共健康无关。因此主要针对肉鸡和火鸡，根据现有知识和可用数据，把生物危害划分为具体的风险类别。

目前肉类生物危害检验评估的优缺点侧重于通过禽肉的处理、烹调和食用可能产生的公共卫生风险上。其优点是汇总了宰前检验一部分的食物链信息（FCI），为饲养和兽医治疗时的疫病发生提供了参考。从动物卫生角度出发，更要进一步关注鸡群的宰前检验。宰前检验可用来验证由农民提供的FCI，并反馈检测到的其他通常与公众健康无关问题的生产者。此外，目视检测活动物可以检测到禽类是否被粪便严重污染，粪便污染的禽类会增加屠宰过程中交叉感染的生物危害风险，如果对这些禽类/胴体处理得当，可能会降低食品安全风险。胴体检验中对粪便污染的目视检测可以作为屠宰的卫生指标，但通常认为用其他的方法来检验屠宰卫生程度更为恰当。

在生物危害领域判定食品安全，尚存在以下不足：

• 除肉鸡和火鸡中的沙门氏菌以外，FCI缺乏用以衡量主要公共卫生危害的充分和标准化的指标；

• 目前，屠宰前后的目视检测无法检测出食品安全主要关注的任何公共卫生危害。

这是因为宰前检验只检查包装箱中的禽类样品，而很难单独观察箱子里面的每只禽。屠宰流水线的高速运转增加了通过目视检测胴体来检测病变或粪便污染的难度，充其量也只能采取样本进行彻底检查。

化学危害主要缺点是屠宰前后通过目视检测方法检出化学残留物及污染物的值是有限的。国家残留物控制计划虽然规定了需要采用的样本数，但并不需要考虑实际的FCI。该信息与饲料控制有关，或者与对可能危害健康物质的环境监测有关。建议进一步整合及交流关于这些活动的相关信息。

鉴于与公共健康有关的禽肉主要生物危害不能通过传统目视检测来进行，BIOHAZ建议通过改进FCI和实行基于风险的干预措施，成立一个综合性的食品安全保障体系。该系统包括明确、可衡量的胴体标准，适时指出了禽类食品经营者（FBOs）需尊重特定的风险。综合性食品安全保障体系的一个重要组成部分是基于FCI的家禽风险分类。除了特定体的种群信息，农场审计提供的农场说明也可以用来评估禽群潜在危害的风险和保护因素。可根据屠宰场预防或减少尸体粪便污染的能力给它们进行技术分类，例如是否安装了最好的设备，HACCP计划是否落实到位；还可以基于屠宰过程中的卫生程度进行分类，例如可以通过有机物指标（比如大肠杆菌或肠杆菌）在尸体中的数量进行测定。这就是建立所谓的加工卫生标准（PHC），以这种方式对屠宰场分类就可以决定把特定风险的禽群送到适合的屠宰线或屠宰场。

总之，目前我们可以确定，在生物危害领域，更广泛的FCI，加上一个更系统、更好地集中利用的集成信息，将有助于控制跟禽肉有关的主要公共卫生危害。宰前检验可以帮助检测被粪便严重污染的禽，以及评估禽群的总体健康状况，无需对现有宰前目视检测进行调整。反之，它通过建立胴体主要危害指标，以及使用加工卫生标准来验证食品经营者的自身卫生管理，可以替代目前的宰后目视检测。不过需要指出，除处理尸体引起交叉污染（目视检测异常的结果），目前的宰后检查不会增加对公共卫生的微生物风险。基于以上要点，提出一系列建议：

- 数据收集；
- 解释监测结果；
- 对肉类检验系统、危险辨别及排名的未来评估；
- 培训涉及家禽尸体安全保障体系的各方人员；
- 有必要研究运用 FCI 和评估公共卫生福利的最佳方式。

建议为动物福利和健康而更改肉类检验系统，尤其是屠宰后目视检测和广泛使用食物链系统的疏漏问题，目前已经调查了这些建议所带来的影响，以及评估了对消费者健康所带来的风险。此次评估主要使用了两种方法，包括定性方法（科学文献综述、专家意见）和用定量建模模拟结果。

在肉品检验系统中，屠宰前后进行检验被认为是监督和检测具体的动物福利和卫生问题的有效手段。在农场还没有发现临床症状时，肉品检验通常是识别新的或者现有疫病及疫病症状发生的关键手段。在正常的商业程序中，家禽屠宰前后检验是评估农场家禽福利的适当且实用的方法，也是评估运输和相关处理过程中家禽福利的唯一途径。

取消宰后目视检测的两个关键后果如下：

- 失去收集有关新的或现有疫病及疫病症状和家禽福利状况数据的机会；
- 当前在宰后目视检测中被谴责的问题，即尸体存在潜在病理变化，但在有些状况下其潜在病变尚未发生传染性，尸体就被进一步加工处理了。

如果从肉类检验程序中删除宰后目视检测过程，那么就应该探索和应用其他的方法来补偿有关动物疫病和福利状况的任何信息损失。为此提出了两种方法：一是建议继续对从食物链中移去的每个胴体（例如由于可见的病理改变或其他异常）进行屠宰后检验，这作为肉品质量保障体系的一部分；二是建议以 FCI 和其他流行病学标准为指导，详细检查每批尸体抽取的样品子集，以获得关于动物疫病和福利保障条件的信息。每批禽类检测密度（禽类采样数量）应以风险为基础，采取随机抽样，以提供这批禽类健康和福利的代表性结果。

长期使用 FCI，有可能弥补一些由于取消宰后目视检测而导致的有关动物健康和福利的信息损失，但不能完全弥补。这只有在 FCI 确定动物疫病和福利保障问题的指标时才会发生。然而，以公共健康为目标的 FCI 系统可能不是最适合动物健康和福利的。因此，应该发展一个综合性体系，在这个体系中，FCI 可以同时兼顾公众健康及动物健康和福利。

3 结论

公共健康被定义为涉及保护和改善整个社会健康的医学领域。公共健康在本质上与多种因素相关，食物链是其中一个主要的因素。在人类与动物方面，保障动物和公众健康有利于社会各领域。本文涉及的例子说明了 EFSA 的工作，集中体现了欧盟"从农场到餐桌"解决食品安全问题的综合方法。

这项工作是在要求日益苛刻和具有挑战的社会背景下进行的。近年来，公众越来越多地关注生产系统的可持续性，例如生产食品的系统。对食品质量的概念进行细化，也提高了它的可接受度。人类健康，连同动物福利和健康，是可持续性系统和食品可接受度的众多组成部分之一。

4 致谢

笔者在此感谢 BIOHAZ 和 AHAW 以及他们特设的家禽肉类检验工作小组，感谢所有参与了上述风险评估的 EFSA 的工作人员。

参考文献

[1] Bellet C．，Humblet M．‐F．，Swanenburg M．，Dhé J．，Vandeputte S．，Thébault A．，Gauchard F．，Hendrikx P．，De Vos C．，De Koeijer A．，Saegerman C．& Sanaa M．(2012). Specification of data collection on animal diseases to increase the preparedness of the AHAW panel to answer future mandates. CFP/EFSA/AHAW/2010/01. EN‐354. European Food Safety Authority，Parma，215 pp. Available at：www. efsa. europa. eu/en/efsajournal/doc/354e. pdf (accessed on 9 July 2013).

[2] Berthe F．，Vannier P．，Have P．，Serratosa J．，Bastino E．，Broom D. M．，Hartung J. & Sharp J. M. (2012). The role of EFSA in assessing and promoting animal health and welfare. *EFSA J.*，10 (10)，s1002，10 pp. doi：10. 2903/j. efsa. 2012. s1002.

[3] European Food Safety Authority (EFSA) (2005). Opinion of the Scientific Panel on Animal Health and Welfare (AHAW) on a request from the Commission related to the risk of a Rift Valley fever incursion and its persistence within the Community. *EFSA J.*，238，1‐128. Available at：www. efsa. europa. eu/en/efsajournal/doc/238. pdf (accessed on 7 May 2013).

[4] European Food Safety Authority (EFSA) (2005). Opinion of the Scientific Panel on Animal Health and Welfare (AHAW) on a request from the Commission related to the welfare aspects of various systems of keeping laying hens. *EFSA J.*，197，1‐23. doi：

10. 2903/j. efsa. 2005. 197.

[5] European Food Safety Authority (EFSA) (2007). Review of the Community summary report on trends and sources of zoonoses, zoonotic agents and antimicrobial resistance in the European Union in 2005 – Scientific Opinion of the Scientific Panel on Biological Hazards (BIOHAZ) and Animal Health and Welfare (AHAW). *EFSA J.*, 600, 1 – 32. doi: 10. 2903/j. efsa. 2007. 600.

[6] European Food Safety Authority (EFSA) (2007). Scientific Opinion of the Panel on Animal Health and Welfare on the risks associated with tail biting in pigs and possible means to reduce the need for tail docking considering the different housing and husbandry systems. *EFSA J.*, 611, 1 – 13.

[7] European Food Safety Authority (EFSA) (2010). EFSA Panel on Animal Health and Welfare (AHAW): Scientific Opinion on Q fever. *EFSA J.*, 8 (5), 1595, 114 pp. doi: 10. 2903/j. efsa. 2010. 1595.

[8] European Food Safety Authority (EFSA) (2012). Panel on Biological Hazards, Panel on Contaminants in the Food Chain and Panel on Animal Health and Welfare: Scientific Opinion on the public health hazards to be covered by inspection of meat (poultry). *EFSA J.*, 10 (6), 2741, 179 pp. doi: 10. 2903/j. efsa. 2012. 2741.

[9] European Food Safety Authority (EFSA) & European Centre for Disease Prevention and Control (2012). The European Union summary report on trends and sources of zoonoses, zoonotic agents and food – borne outbreaks in 2010. *EFSA J.*, 10 (3), 2597. doi: 10. 2903/j. efsa. 2012. s1013.

[10] European Union (EU) (2002). Regulation (EC) No. 178/2002 of the European Parliament and of the Council of 28 January 2002 laying down the general principles and requirements of food law, establishing the European Food Safety Authority and laying down procedures in matters of food safety. *Off. J. Eur. Union*, L31, 1 – 24.

[11] European Union (EU) (2003). Directive (EC) 2003/99 of the European Parliament and of the Council of 17 November 2003 on the monitoring of zoonoses and zoonotic agents, amending Council Decision 90/424/EEC and repealing Council Directive 92/117/EEC. *Off. J. Eur. Union*, L325, 31 – 40.

[12] Makela P., Beloeil P. – A., Rizzi V., Boelaert F. & Deluyker H. (2012). Harmonisation of monitoring zoonoses, antimicrobial resistance and foodborne outbreaks. *EFSA J.*, 10 (10), s1013, 7 pp.

[13] Noerrung B., Collins D., Budka H. & Hugas M. (2012). Risk assessment of biological hazards for consumer protection. *EFSA J.*, 10 (10), s1003, 8 pp. doi: 10. 2903/j. efsa. 2012. s1003. Available at: www. efsa. europa. eu/efsajournal (accessed on 7 May 2013).

美洲对动物健康、食物病原体和食源性疾病的综合监控

K. Hulebak[①]*　　J. Rodricks[②]　　C. Smith DeWaal[③]

摘要：本文论述了监控的特点和在美洲建立综合性监测系统的尝试，该综合性监测系统整合了医学临床治疗的人群疾病与食品生产动物疫病相结合的监测。本文描述了一种理想、综合的食品安全体系的特征。美洲的系统监控程序在其范围和可靠性上有很大不同，但并未进行完全整合。对食源性疾病发生率的预测（特别是北美洲）正变得越来越准确，由泛美卫生组织（PAHO）等机构提出的相关方案等正在逐步加强拉丁美洲对食源性疾病评估的能力。将食源性疾病与疾病来源联系起来是减少发病率的必要条件，WHO 的全球食源性传染病网络正在拉丁美洲地区发展其在全球的能力。本文对美洲在这些领域中的活动进行了详细说明。

现在已经清楚认识到，野生动物、家畜和人类所患的传染病之间有动态联系，因此，诸如美国国家科学院和美国兽医协会等组织呼吁整合动物传染病和人类疾病的监控方案。本文描述了在地方、国家和国际层面上如何发展此类综合方案。这些模型要想从大量、分散的监视系统捕获信息必需整合方案，从而能够快速分析确定人畜共患病和人类疾病之间的联系。目前这些方案虽然没有得到有效整合，但已有迹象表明美洲各国政府正在为实现这一目标而共同努力。

关键词：美洲　流行病学　食源性疾病　综合监控　监控　非传统监控技术　暴发　病原　监控

0　引言

在人类和动物健康领域进行监控活动，对于实现以下目标至关重要。首

---

①　Resoution Strategy 有限责任公司，波因德克斯特路 6822 号，路易莎，弗吉尼亚州 23093，美国。
②　ENVIRON 国际公司，北费尔法克斯大道，4300 号 300 室，阿灵顿，弗吉尼亚州 22203，美国。
③　公共利益科学中心，1220 号街西北，300 室，华盛顿区 20005，美国。
＊　电子邮箱：karen. hulebak@ResolutionStrategy. com。

先，这些活动有助于识别病原体和暴露途径，这对于形成对公众或动物健康事件的有效反应是必要的。其次，从调查中收集的信息有助于为预防控制和管理措施提供建议。最后，监控活动可以提供必要的数据，衡量宏观层面控制方案的有效性，如那些跨行业操作或涉及整个政府的方案。

根据美国医学研究所提供的数据，监控数据有三个主要来源：

- 疫情调查；
- 被动监测；
- 主动监测[10]。

在美国，临床实验室分离物经常被视为持续疫情暴发的核心数据点。当疫病没有在本地暴发时，通过监控实验室发现并追踪疫病至关重要。

以实验室为基础的监控系统在美国是有效的。美国是一个有着相对集中食品生产体系和用于全国性食品分销复杂运输体系的大国。甚至在发现事件以前，污染食品就已经迅速在全国扩散。使用先进的实验室系统分析临床样品，可以通过 PFGE 或其他基因分型方法（例如 VNTR 序列分型）比较分离物，识别致病病原体的通用模式。一旦确认疫情，当地调查员将对患者尽心采访，通常是对这些人的饮食习惯与相应的对照组进行对比，力求找出一个共同的食物来源。如果没有完善的实验室系统，在大量的人患病时，公共卫生官员可以确定疾病的发生，然后通过访谈确定共同的接触途径，例如水源或大型聚会消耗的食物。

在抗生素耐药性领域，人们正在开发综合监控系统，用于监控多来源的耐药菌株，包括家畜、肉类和人体临床分离株；然后用这些分离株在一个名为"综合监控"系统中制作链接和汇总数据。几个欧洲国家正在使用这些系统，而 WHO 正在拉丁美洲和其他一些不发达地区试行[26]。

1　食源性疾病监控——当前的方法

监控系统被定义为收集和分析发病率、死亡率等相关数据，把患者和食物来源联系起来，在理想情况下，追踪疫情来源，把数据迅速提供给决策者[17,21]。

功能完备的监控系统，能够收集和分析常规数据，采取措施，使调查人员清除市场上受污染的食物，从而减少疾病的发生。据美国疾病预防和控制中心（CDC）所说，在数据分析基础上及时的决策和响应是区分监控和监测的特征，后者强调在更被动分析和报告基础上准确描述事件[7,22]。

Robinson 等[15]则强调监控的系统性。因为监控的最终用途是帮助规划、实施和评价公共卫生项目的数据记录，事件研究中的病例定义必须标准化。良好的监控提供了"什么是正常的"统计描述，而正是这些监控系统的论述使我们从常态中检测到由疾病引起的偏差。

正如本文所述，全国范围的监控工作在充分性和可靠性上有很大差别，这限制了我们整合这些数据的能力。此外，在过去 10 年中，由于新食源性动物传染病出现，已被控制的旧病原体又通过新的接触途径[15]再次出现。例如，过去认为只对清理猫砂盒的孕妇有危害的弓形虫，目前已经公认可以通过猪肉进行传播。

就本文而言，食源性疾病包括那些已被病原微生物污染食品有关的疾病。许多动植物来源的食物可能在食品生产的一个或多个环节被致病微生物污染，该污染从农场开始，到家庭的餐桌结束。虽然家畜和其他家养动物来源往往复杂，但污染物的最终来源可追溯到被感染的野生动物。当前食源性疾病控制模型强调识别携带致病微生物的食用动物，预防食品污染，禁止一切被污染的产品进入市场。

据 WHO 统计，每年有超过 200 万人因食物和水污染导致腹泻死亡[24]。记录食源性疾病发病率和死亡率全球总负担的文件非常多，然而在很多地区却并不完整，而且极度不平衡；事实上，有些国家几乎没有任何官方报道数据。在最近一次非正式食物和水源疾病研究中，WHO 用世界七大区域的疾病报告来研究全球疾病负担，其中有些地区，包括拉丁美洲地区的数据非常少[17]。研究结论是非正式报告，持续、系统地审查为该地区提供了有用的数据。许多非传统且非正式监测信息来源在动物健康领域发挥着重要作用。经验丰富的畜主、猎人、社区动物健康工作者和屠宰场工人可能很善于描述疾病症状。这样的数据来源可能对发展中国家来说特别有价值，并且可以受益于现代技术（如移动电话），从而实现快速信息共享[11]。

对北美洲地区食源性疾病发生率的评估是非常便捷的。疾病预防和控制中心估计每年有 4 800 万病例，其中 12.8 万人住院，3 000 人死亡[6]。在南美洲、中美洲和加勒比的大部分地区，尽管形势正在开始发生变化，这样的估计也不太常见。

在美国，大力开发先进的分析工具用以发展"疾病负担"的评估是非常重要的，因为它代表了一些最具创新性的工作，即为区域差异大的大型发展中国家进行预测。2006 年，WHO 发起了 FERG，与国际利益相关方、WHO 食品安全部、动物传染病和食源性疾病部门合作，建立起估计全球食源性疾病负担的框架[23]。在北美洲地区，由于美国占北美洲大多数人口，美国的预测数据为该区域的预测奠定了重要基础。

为建立政治基础，用总量估计诠释问题很重要，该政治基础可以在政府层面提供解决食品安全问题所需的支持和资金。但是总量估计不提供解决这些问题所需步骤的具体信息。尽管某些变量的细节目前来看并不重要，但是对于回答诸如归因于动物产品（肉、家禽、海鲜、奶制品）、非动物产品（水果和蔬菜、谷物）的疫病比例，或归因于国产食品与进口产品的疫病比例之类的问题时是不可或缺的。

对不同食物对食源性疾病的影响评估，文献中称为"食品归因"，这对综合监控系统非常重要。一个在美国的北美疫情数据库，包含了 20 多年超过 7 100 个因已知食物来源和病原体患病的疫情信息[5]。此类数据 12 个食品类别中有 8 个是动物产品（如牛肉、猪肉、家禽、蛋类、奶制品等），它们已被证明对发生食源性疾病有显著影响。年度总结提供了疫情趋势和人类疾病在各检查期间的总趋势报告，同时还把疫情趋势细分为各主要食品类别和最常见的病因，并把二者链接起来[6]。拉丁美洲和加勒比地区的一个类似数据库，则报道了来自 20 个国家超过 6 000 起疫情，观察到并认定病原体和食品的变化是疾病最重要来源[14]。

"美国食品网"（疾病预防和控制中心的一个单元）和脉冲网（由 CDC 创建的实验室网络）搜集了人畜共患病的分散数据，发现其中大量的数据与暴发疫情并无关联。每年公布一次的食品网调查结果，有助于确定沙门氏菌、弯杆菌、致病性大肠杆菌和其他食源性致病菌在一段时间内的发病趋势。食品网收集的数据包括病人的人口统计资料、并发症、入院细节及病原体的其他特征，如血型等[7,16]。值得注意的是，无论食品网还是脉冲网都没有包括与食源性疾病有关食品的系统性特征，或"食品归因"。

WHO 全球食源性感染网络（GFN）正发展其检测和控制全球食源性疾病的能力，其国家数据库现在包含来自 83 个国家参考实验室的大量数据，该数据包含着 15 个最常见的人源和非人源不同血清型的沙门氏菌。自 1985 年以来，所有西半球地区数据都被收入在该数据库中。该数据库中的信息是公开的[25]，这些信息有助于了解与沙门氏菌有关的食源性疾病的全球动态。

PAHO 已采取重大步骤来加强对美洲食源性疾病的监控，协助国家食品安全体系的发展。此外，PAHO 和 WHO 联手在美洲建立了若干个合作中心，协助改进食源性疾病监控和整个区域范围的报告[13]。

另一个值得注意的项目是美国国家抗菌药物耐药监测系统（NARMS）。该系统能够监测感染人和动物的食源性动物传染病病原体[20,26]的药敏变化。政府机关部门也普遍通过比较受污染肉类和被感染人体中的食源性病原体在 PFGE 中的差异，来寻找其中的相关性[1,3]。

本文的其余部分旨在尽最大努力，并通过采用人畜共患传染病监控工具和方法，调查能否进一步增强食品安全体系。

2 美洲的情况

尽管北美洲地区有着一些功能强大的监测计划，但是没有得到很好的整合。要了解改进监测背后的挑战，就要了解来源于疾病暴发区域当地信息流的性质。地方层级捕获信息但不与其他政府机构分享信息。较大疫情暴发时信息通常流向更高的政府层级，如省或州政府。信息在此层级上被综合到数据管理系统中，并可能被进一步共享。最后，相关疫情信息会引起国家公共或动物卫生当局的注意。而这种情况最常发生在大事件和难以控制的事件上。

在美国，疾病预防和控制中心实施全国法定传染病报告监测系统，要求所有州向疾病预防和控制中心报告感染性疾病，包括人畜共患病，这显著加强了联邦和州的被动监管系统。1998 年，疾病预防和控制中心采用主动监控系统，即食品网，用于收集 9 个特定网站和上述所有州报告的人口数据[7]。此外，美国有许多联邦、州和地方兽医监测方案。大多数州都有一个指定的公共卫生兽医或首席兽医官在监督系统中担任高级职务。所以不能过于强调私人诊所中精明细心的兽医和医生以及他们愿意参与监督系统的重要性。

加拿大脉冲网（成立于 2000 年）是一个虚拟电子网络，通过公共卫生局位于曼尼托巴省温尼伯的加拿大国家微生物学实验室连接各省公共健康实验室、数据库和一些联邦实验室。该网络旨在追踪加拿大所有食源性大肠杆菌和沙门氏菌病例的脉冲场电泳图谱，通过与美国脉冲网系统密切合作、数据共享，整合整个北美洲地区的食源性疾病数据。

加拿大公共健康综合监测（CIPHS）计划促使公共健康专家和科技专家结成战略联盟，打造综合性的公共健康数据库工具，供加拿大公共健康专家使用。这些工具旨在收集和整理由公共健康专家日常工作得来的健康监测数据，并汇总这些数据来支持加拿大循证公共健康决策。CIPHS 计划可以报告、查询、共享数据，给病案调查者传递信息，协助管理跨多个司法管辖区的病案[4]。

在 20 世纪 90 年代的不同时间，分别成立了拉丁美洲和加勒比地区的脉动网实验室中心。尽管拉丁美洲的个别国家和其他地区有新兴监控技术，但是检查 GFN 制作的所有同行评审的出版物表明，2000—2011 年出版的（许多来自亚洲实验室）28 篇论文，并没有阐述有目的地分享（或整合）医疗监控收集的临床数据信息[25]。

Vrbova 等[21] 系统评论了一些描述和评价新出现的人畜共患病监控系统的文章。他们发现，1992—2006 年，221 个鉴定系统中只有 17 个被正式评估，而大多数系统都没有得到正式评估，这限制了决策者了解他们的实际效用。也许更重要的是，作者们注意到许多系统自称是监控系统，但 Vrbova 和他的同事们怀疑许多是监视系统，达不到监控的定义。此评论也阐释了加拿大和美国等相对较发达国家和拉丁美洲相对不发达国家之间的巨大差距，说明拉丁美洲国家目前所采取的方法实际上并不是监控而是监视。

表 1 改编自 Vrbova 的研究[21]，阐明了中美洲和南美洲监控计划的状态。

表 1 以洲来分类的可识别监控系统[21]

洲名	已知病原体	未知病原体	已知和未知病原体	人类数据	动物数据	人类和动物数据	一种疾病	多种疾病
非洲	8	0	0	4	3	4	7	4
亚洲	11	1	3	11	0	1	8	8
大洋洲	13	0	2	9	4	4	6	12
中美洲和南美洲	3	0	0	2	0	1	1	2
欧洲	48	1	1	30	24	7	26	35
北美洲	41	11	23	46	16	15	21	65

DeWaal 等进一步说明了美洲的监控情况[18]。作者收集了一年内英国取自世界 6 个区域的 416 份食源性和水源性疾病疫情报道。不算北美洲（见下面说明），发现只有 3 个地区收集了可以用于比较的数据。最多的报告来自非洲，有 128 份；西太平洋有 118 份报告；欧洲则有 97 份报告。而同一时期，拉丁美洲地区只有 10 份报告。（注：作者解释了为何没有北美洲地区的报告——因为研究者就在北美洲地区，非常关注该地区的食品安全问题和政策，不包括北美洲地区是为了使研究结果没有对北美洲的任何偏见或偏袒而保持中立。）

尤其在公共健康资源有显著制约的国家，非传统或特殊的监控可以用来替代更成熟和常规的监控。尽管下面的例子应用于非食品安全危害的人畜共患病，但是它们也可以同样适用于有食源性疾病的人畜共患病。通过定期对禽类（如海鸥、鸽子或者笼养鸡等）进行血清学检查，确定其虫媒病毒活性的定点监测方案已使用多年。在指定无布鲁氏菌地区，布鲁氏菌人类病例可能是动物布鲁氏菌病悄然传播，或该疾病再次传入无病区的一个警示[7]。

FAO 测试了以移动电话为基础的监控方法，该方法利用了以下事实：在发展中国家，移动电话网络往往在广大地区有良好的信号覆盖，可以在这些地区快速连接；然而同样在这些国家，特别是在农村地区，上网却很困难。FAO EMPRES - I 就是一个很好的例子。FAO 为该系统开发了一个事件移动应用程序（EMA App），该组织一直在测试该程序，它被用于向信息系统报告紧急疫情信息。该程序允许使用黑莓设备和安卓智能手机的用户直接录入当地流行病学数据。该数据自动携带地理参考信息，并可能最终被送入 FAO、OIE 或 WHO GLEWS 平台。

除了公共卫生和动物健康计划以外资源的局限性，要求发展更综合、以风险为基础的监测方法，通过低成本技术的广泛应用，获取最大量的高质量数据。例如，Morris 等建议基于包括时间标记在内的地理信息系统来设计监测系统[7]。新的监测方法包括流行病方面和地方性疫病控制计划或相反的做法，针对特定疾病具体问题进行监测。食品安全监控计划需要设计用来有效收集通常不引起动物患病的人畜共患病病原体数据。

在加拿大，CIPHS 试图整合人、动物、食品和环境数据，创建一个真正综合的数据库，这将有益于建立真正的综合监控方案[4]。事实上，研究加拿大政府[21]在世界各地建立的监控系统，得出的结论是这些系统在走向更大程度的动物和人类监控一体化。该研究评述的 221 个系统中，有近 50% 只看人类数据，22% 只看动物数据，而有 16% 追踪动物和人类数据。在最后一组中，大部分关注点在北美洲的西尼罗病毒，人类诊断数据与禽和蚊子数据出现在同一系统中。

然而情况仍旧如此，因为没有明确的指令解决这些文化、预算和"势力范围"或领土等历史分歧，它们仍在阻碍动物疫病和人类疾病监控系统被整合到一个真正综合的"同一健康"系统中。最终，需要正式立法（和同伴预算拨款）来强制开发和维护基于风险的综合监控系统。

3 人畜共患病监测和食源性疾病之间的关系

食源性动物无症状感染是引起食源性疾病发生的最远也是可追溯的原因。感染大肠杆菌 O157：H7 的牛和感染肠炎沙门氏菌的鸡极少出现临床症状[9]，但它们是食源性疾病非常重要的原因。类似情况也发生在弯杆菌、弧菌和其他大多数已知食源性疾病的病源上。动物器官和组织[8]中很容易检测到这些感染，在美国和其他一些国家，检测动物活体或被屠宰动物中的大肠杆菌 O157：H7 和沙门氏菌是当前食品安全检查计划的一部分，受感染的肉类产品通常被追责或召回。然而由这些病原微生物导致的疫病仍在发生。似乎没有公开的分析揭示活体动物的感染率和食品污染率的相关性，或者说相关食源性疾病比率之间的关系。这样的分析可能会揭示对活体动物进行感染监控的价值。

野生动物、家畜和人类发生感染性疫病之间持续和动态的联系促成了对人畜共患病监测的重视，在这一点上人们达成了广泛的共识。从理论上说，系统收集人类和动物传染病的发生数据，分析其发生的时间和空间，可能会给人类和动物健康官员提供预警信号。一些国际机构，连同美国国家科学院[12]和美国兽医协会[2]，已经提出了一个战略性框架，如果能够得以应用，可能会有效减少人畜共患病风险。

尽管早期预警系统高度重视新发现的人畜共患病，但美国国家科学院发现，传统的人类和动物疫病监控系统，即使在美国，也是单独运行的。事实上，委员会无法找出单独一种能有效整合动物和人类健康计划研究结果的动物传染病监控系统。他们没有提到自己能否找出任何食源性疾病监控领域在此方面的整合，但可能这种整合并不存在或者无效[12]。

这些结果表明，在美洲，美国和其他工业化国家已经建立了相对完善的人类和动物疫病监控系统，除个别情况外，二者的整合仍是不完善的。最近，人畜共患病已经出现在发展中国家，然而这些国家的两种类型的疫病监测系统都相对薄弱。

兽医监测计划可以跟踪对动物健康很重要的疫病。例如，针对主要动物疫病[27]的 GLEWS 项目，列出了 19 种人畜共患病/传染性病原体，其中只有 2 种，即布鲁氏菌病和牛海绵状脑病被报道引起食源性疾病，这些报告尽管严重，但是不引起大量的食源性疾病。

4 真正整合的"同一健康"特征动物-人类（兽医-临床）人畜共患病监测计划

了解人类、动物和环境交互作用层面上疫病的发病率，制定减少这类疫病发生的战略至关重要。在当今世界，这些战略必须在地方、国家和国际层面上运作。据 WHO 估计，源自动物和禽类的病原体已经找到进入食物或供水系统的方法，并且造成巨大的公共健康负担[19]。

对进口食品的依赖会让病原体通过贸易迅速传播。虽然进口国为防止污染产品进入而监测食品进口，但依靠其他国家有效的监督控制系统来协助控制货物和动物的流动将更为有效。一个国家或地理区域中发现的各种食源性致病菌所占的比例甚至类型往往与其他（进口）国家不同，这使得预防食源性疾病非常复杂。

发展有效模式的综合监测系统，对于管理来自地方和国家层级众多监测系统的信息非常重要。改进当前的监测系统要从这些监测系统中收集信息，并且把它们与人、动物和野生动物部门的相应系统的信息整合在一起。

建立综合监控系统收集基础设施方面的信息，包括捕捉人类和动物疫情监测信息，医院和兽医的实验室结果，食品检测强大的数据管理系统，以及针对新发和突发病原体的早期预警系统。

WHO 正在制定综合监测系统框架，旨在监测从家畜、食品、人体中分离出来的人类病原体的耐药性，以及动物生产部门[26]中抗生素的使用。这些方案旨在说明，动物种群中使用抗生素和食品供应中抗生素耐药病原菌的存在及其水平之间的相互关联。发达国家和发展中国家包括一些拉丁美洲国家正实施统一的监测系统。

国际上强调信息共享系统，如在美洲所看到的，无论在发达国家还是发展中国家，在国家层面上，都得到了广泛应用。应当重视设计信息共享模型，确保监控系统中的信息可以获取，具有可比性，并随时可以提供给决策者。与此同时，他们必须使用这些数据来监测现有情况，分析比较基线，并起草适当法规，进一步保护人类和动物健康及其福利。

参考文献

[1] Aguayo C., Fernandez A., Duarte S., Araya P., Tognarelli J., Olivares B., Lagos J., Ibanez M., Hormazabal J. C. & Fernandez J. (2012). Phenotypic and genotypic surveillance of *Salmonella* spp. May 2009 - August 2011. Sub - departamento de Genética Molecular y Sección de Bacteriología, Instituto de Salud Pública de Chile, Santiago. Available at: fos. panalimentos. org (accessed on 13 September 2012).

[2] American Veterinary Medical Association (2008). One Health: a new professional imperative. One Health Initiative Task Force: final report. Available at: www. onehealthinitiative. com/taskForce. php (accessed on 23 August 2012).

[3] Anon. (2012). Pulsed - field gel electrophoresis for molecular subtyping of *Salmonella* spp. Laboratorio Nacional de Salud de Guatemala, May 2010 - August 2011, Villa Nueva, Guatemala City. Available at: fos. panalimentos. org (accessed on 13 September 2012).

[4] Canadian Integrated Public Health Surveillance Program (CIPHS) (2007). What is the CIPHS Program? Available at: www. phac - aspc. gc. ca/php - psp/ciphs - eng. php (accessed on 13 September 2012).

[5] Center for Science in the Public Interest (CSPI) (2012). Outbreak alert! Database. CSPI, Washington, D C. Available at: www. cspinet. org/foodsafety/outbreak/pathogen. php (accessed on 23 August 2012).

[6] Center for Science in the Public Interest (CSPI) (2012). Outbreak alert! 1999—2008. CSPI, Washington, DC. Available at: www. cspinet. org/foodsafety/PDFs/Outbreak _ Alert _ 1999—2008. pdf (accessed on 23 August 2012).

[7] Centers for Disease Control and Prevention (CDC) (2001). Updated guidelines for evaluating public health surveillance systems: recommendations from the Guidelines Working Group. CDC, Atlanta, Georgia. Available at: www. cdc. gov/mmwr/preview/mmwrhtml/rr5013a1. htm (accessed on 23 August 2012).

［8］ Dargatz D. A., Strohmeyer R. A., Morley P. S., Hyatt D. R. & Salman M. D. (2005). Characterization of *Escherichia coli* and *Salmonella enterica* from cattle feed ingredients. *Foodborne Path. Dis.*, 2 (4), 341 – 347.

［9］ Dewell G. A., Ranson J. R., Dewell R. D., McCurely K., Gardner A., Hill A. E., Sofos J. N., Belk K. E., Smith G. C. & Salman M. D. (2005). Prevalence of and risk for *Escherichia coli* O157 in market – ready beef from 12 US feedlots. *Foodborne Path. Dis.*, 2 (1), 70 – 76.

［10］ Forum on Emerging Infections, Institute of Medicine (1998). Antimicrobial resistance: issues and options. National Academies Press, Washington, D C.

［11］ Lubroth J. (2012). Innovation in disease surveillance to see more of the iceberg of disease occurrence: participatory surveillance, applied technologies for better understanding and reporting. *In* Pan American Health Organization Inter – Agency Forum: toward integrated epidemiologic surveillance, 24 – 25 July, Santiago, Chile.

［12］ National Academy of Sciences (NAS) (2009). Sustaining global surveillance and response to emerging zoonotic diseases. National Academies Press, Washington, D C.

［13］ Pan American Health Organization (PAHO)/World Health Organization (WHO). Food – Borne Disease Collaborating Centers. Available at: www. paho. org (accessed on 13 August 2012).

［14］ Pires S. A., Viera A. R., Perez E., Wong D. L. F. & Hald T. (2012). Attributing human foodborne illness to food sources and water in Latin America and the Caribbean using data from outbreak investigations. *Int. J. Food Microbiol.*, 152 (3), 129 – 138.

［15］ Robinson R. A. (2003). Surveillance methodologies for zoonotic disease at community levels. *In* Proc. Expert Consultation on Community – Based Veterinary Public Health Systems, Food and Agriculture Organization of the United Nations (FAO), 27 – 28 October 2003, Rome.

［16］ Scallon E. & Mahm B. E. (2012). Foodborne Diseases Active Surveillance Network (FoodNet) in 2012: a foundation for food safety in the United States. *Clin. infect. Dis.*, 54 (Suppl. 5), 5381 – 5384.

［17］ Smith DeWaal C. & Brito G. R. G. (2005). Safe Food International: a blueprint for better global food safety. *Food Drug Law J.*, 60, 393. Available at: www. safefood-international. org/guidelines _ for _ consumer – organizations. pdf (accessed on 29 August 2012).

［18］ Smith DeWaal C., Robert N., Witmer J. & Tian X. A. (2008). A comparison of the burden of foodborne and waterborne diseases in three world regions. *Food Prod. Trends*, 30 (8), 483 – 490.

［19］ Smolinski M. S., Hamburg M. A. & Lederberg J. (2003). Microbial threats to health: emergence, detection and response. National Academies Press, Washington, D C.

［20］ United States Food and Drug Administration (FDA) (2011). Center for Veterinary Medicine, Office of Research annual report, FY2010. FDA, Washington, DC. Available at: www. fda. gov/downloads/AboutFDA/CentersOffices/OfficeofFoods/CVM/UCM275552. pdf (accessed on 23 August 2012).

[21] Vrbova L. , Stephen C. , Kasman N. , Boehnke R. , Doyle - Waters M. , Chablitt - Clark A. , Gibson B. , Brauer M. & Patrick D. (2009). Systematic review of surveillance systems for emerging zoonotic diseases. Available at: ncceh. ca/sites/default/ files/Zoonoses _ Surveillance _ May _ 2009. pdf (accessed on 26 August 2012).

[22] Wagner M. M. , Moore A. W. & Aryel R. M. (2006). Handbook of biosurveillance. Academic Press, Amsterdam.

[23] World Health Organization (WHO) (2008). The WHO initiative to estimate the global burden of foodborne diseases. WHO, Geneva. Available at: www. who. int/foodsafety/ foodborne _ disease/ferg/en/(accessed on 23 August 2012).

[24] World Health Organization (WHO) (2009). Food safety. WHO, Geneva. Available at: www. who. int/foodsafety/en/(accessed on 10 August 2012).

[25] World Health Organization (WHO) (2010). WHO strategic plan 2011—2015: Global Foodborne Infections Network. WHO, Geneva. Available at: www. who. int/gfn/publications/strategic _ plan _ 2011/en/index. html (accessed on 16 October 2012).

[26] World Health Organization (WHO) (2011). Report of the 3rd Meeting of the WHO Advisory Group on Integrated Surveillance of Antimicrobial Resistance, 14 - 17 June 2011, Oslo. WHO, Geneva.

[27] World Organisation for Animal Health (OIE) (2012). Global Early Warning System for Animal Diseases including Zoonoses (GLEWS). OIE, Paris. Available at: www. oie. int/fileadmin/Home/eng/Animal _ Health _ in _ the _ World/docs/pdf/GLEWS _ Tripartite - Finalversion010206. pdf (accessed on 16 August 2012).

发展中国家和转型国家对动物健康、食品病原体和食源性疾病的综合监控

K. de Balogh[①]*　　J. Halliday[②]　　J. Lubroth[①] **

摘要： 动物疫病、食品病原体和食源性疾病极大地影响着发展中国家和转型国家的生产者及消费者的健康和生活。然而现实中，这些国家有效监管传染病的能力往往非常有限，并造成长期漏报现象，这会进一步低估疾病的影响，进而不能执行有效的控制措施。然而，创新的通信和诊断工具、新的分析方法、动物和人类健康部门内部及部门之间的密切合作，可以改进报告的覆盖范围、质量和速度，并且更全面地预估疾病负担。这些方法有助于解决地方性疾病，形成必不可少的监控能力，以此解决未来不断变化的疾病威胁。

关键词： 发展中国家　新出现的疾病　食源性疾病　传染病　国际健康监控　被忽视的疾病　监测　动物传染病

0　引言

到 2050 年，世界人口将达到 91 亿。为养活全球人口，年谷物产量将从现在的 21 亿吨上升到约 30 亿吨，年肉类总产量将从 2 亿多吨上升到 4.7 亿吨[12]。自 20 世纪 60 年代初，牛奶的人均消费量在发展中国家几乎增加了 1 倍，肉类消费量的增长已超过 2 倍，鸡蛋消费量增加了 5 倍。全球人均肉类消费量预计由 2009 年的 41 千克上升到 2050 年的 52 千克，而在发展中国家预计由 30 千克上升到 44 千克[12]。大多数畜牧业生产（和消费）在未来的增长将发生在发展中国家和过渡/新兴经济体中[49]。

---

①　FAO，畜牧生产及动物卫生司，Vialle delle Terme di Caracalla，00153 罗马，意大利。

②　博伊德·奥尔人口和生态系统健康中心；格拉斯哥大学，兽医学与生命科学学院，医学院，格拉斯哥 G128QQ，英国。

*　电子邮箱：katinka. debalogh@fao. org。

**　本文观点仅代表作者本人意见，不反映 FAO 的观点。此外，本文所用名称和材料编排并不代表 FAO 对于任何国家、地区、城市或其机关的法律地位，或者其边界或边界线的划分等观点。本文作者对内容及可能的错误负全部责任。

国际贸易增长加速了全球化进程，畜牧生产趋向集约化，许多发展中国家和过渡地区发生重大变化，这一切导致了人口快速增长和城市化，食物消费从低蛋白质向高蛋白质过渡，土地和水资源竞争日趋激烈，生产系统也发生相应变化[4,26]。上述变化都对涉及动物和食源性疾病的流行病学产生影响。农业、畜禽饲养和贫穷之间的交互作用非常复杂，畜牧系统的变化对贫困家庭而言风险与机遇并存[47]，其中包括与畜禽饲养有关的感染病风险和全球粮食系统发生的变化。

动物疫病，如口蹄疫、猪瘟和小反刍兽疫等可能不会直接影响人体健康，但可能对食品安全和收入有巨大影响。超过 200 种人类疾病可以通过食物传播[53]。特别是在发展中国家，对食源性疾病的总体负担描述甚少，相比较已认可意义重大的疾病报告，定点研究通常揭示会造成更大的负担[21,25,45]。在发展中国家，食物和水源性腹泻是导致发病和死亡的首要原因，每年大约有 220 万人因此丧命，其中大多数是儿童[50]。此外，疫病的暴发会造成生产和贸易收入的巨大损失，甚至会损害一个国家的旅游业[45]。

在同一个国家，不同的食物系统可以并存：高度精密、良好的控制系统专门用于出口市场（如泰国的家禽，阿根廷和博茨瓦纳的牛肉，巴西的禽肉和牛肉）；高端本地市场和非正式/不受监管的食物链系统，则将自耕农和贫困的消费者及街头食品店联系在一起。大型的动物和公众健康风险与集约型生产系统的集中有关，该系统与人口密集的城市地区和小农户喂养家畜地区相邻，他们的生产系统是粗放型的，生物安全水平低。

在这些情景中，对动物和食源性疾病进行监控是一项相当大的任务。有效的监控系统涉及众多不同的机构和部门，他们肩负着促进人类健康、动物健康、生态系统平衡以及农业和食品安全等使命。对所有参与人员及时公开报告信息和共享信息至关重要，从而在人、动物和生态系统交互作用层面上保证整体食品安全，促进健康。在资源有限的条件下，实施这样的综合监控具有挑战性。在发展中国家，众多人口依赖家畜，他们的生存面临着巨大的地方性疾病的挑战，最容易受动物疫病、食源性疾病等动物传染病的各种影响[36]。

本文作者讨论了发展中国家和转型国家对动物健康、食源性致病菌和食源性疾病的监测。他们研究了参与监测人员和组织的范围，在食品生产过程中监测可以被综合到系统中的不同环节，以及可以被共同使用且用来收集监控数据的一些工具和方法。

1　发展中国家和转型国家的监测和报告

在大多数发展中国家，日渐衰退的政府公共健康服务及停滞不前的公共健康和卫生预算，已削弱了疾病监控和预防措施，这使得疾病暴发和传播更加严重。疫情报告是任何疾病监控系统的支柱。由于动物疫病、食源性疾病和人畜共患病的长期漏报，因此忽略了许多重要但认识不足的疾病，且没有显著的资源或策略被界定来预防和控制这些疾病[21,31,45,51]。为解决这些不足，以配置资源为目标，需要更好地了解和克服影响发展中国家疾病报告行为的障碍[23,24,49]。

通常家畜饲养者最先发现动物健康状况的变化，这是疫情报告中的重要环节。不幸的是，有一些因素不利于农民报告动物疫病，如被其他农民诋毁，动物禁入市场或被宰杀造成的经济损失得不到补偿。同样，尽管国际社会在促进疫情报告的透明度，但是各国政府仍在担心市场损失和疫病状况的改变会导致本国农民、加工商和贸易商的收入，税收和整体经济等方面的重大不良后果[6,49]。然而在精心设计的监控和应对系统中，报告有明显的益处。在疫病监控中，报告疫情并且得到援助和建议是必不可少的，这样可以治疗患病动物，实施预防和控制措施。即使当把宰杀动物作为疫病控制干预措施的一部分时，如果为避免进一步损失而给农民提供补偿，他们通常会同意宰杀[17,48,49]。对报告的激励往往注重经济利益，而且是双向沟通，例如，给参与监控计划者反馈信息，对鼓励他们持续支持至关重要[2,17,27,35]。反馈可以是，确认收到报告后自动回复，提供最新药物/疫苗储备数据、检测结果，或由经过培训的团队随访[2,17,28,33,42]。

发展中国家的通信基础设施往往有限，这使得传递监测数据的及时性和精准性受限。电子数据采集与传输系统有助于改进疫病报告和提供反馈。以移动电话为基础的报告系统已广泛用于人类健康体系，但将其用于动物疫病监控仍然相对落后[40]。斯里兰卡的传染病监测与分析系统项目是首批研究对象之一，它证明在低资源配置下，以手机为基础对动物种群监测的可行性和可接受性[40]。孟加拉国政府通过短信服务（SMS）网关系统，接收及反馈由社区动物健康工作者（CAHWs）提交的高致病性禽流感报告[19]。提交的信息通过多级链条传递，包括兽医、实验室的科学家和首席兽医官等。每条消息均被进行评估，如果必要，则通过快速反应小组确定农场所需要的干预措施。实施该系统显著提升了报告的速度，改进了疫情的检测及应对[19]。

热线电话为广大市民和临床医生提出有关健康疑问，获得相关权威信息提供了机会。南非为临床医生提供热线电话，讨论疑似狂犬病病例[34]及为公众解答甲型 H1N1 流感[43]问题。数字钢笔技术是跨领域疫病监测的一项新发展，FAO 已在马拉维、纳米比亚和赞比亚的边远地区进行了试用。这项技术使人工记录文件数据及电子记录同步进行。这种笔内置数码相机和与存储器芯片相连接的蓝牙，现场工作人员可以使用移动电话，立即向区或中央管理层级发送详细的监测数据，显著提高了报告的速度[20]。

要使有效报告成为可能，需要有人来进行报告工作。公共和私人兽医服务供应商的分布在国家内部和国家之间差异很大。大多数撒哈拉以南的非洲国家存在广大地区的兽医和准兽医服务不足现象。在一些转型国家中，大量的兽医之前服务于政府，通常是一个集中的系统。如今，这些兽医服务大多已经私有化。在许多拉丁美洲国家，大量的私人兽医虽然没有被纳入国家监管系统，却在该领域工作。根据法律，他们只需要报告官方法定传染病即可。

2 跨部门合作

粮食生产系统涉及多个部门的利益相关方，这给疫病的有效监测带来了挑战。由于人类、兽医和食品部门[52]之间缺乏沟通，食源性疾病存在不会被发现的可能性。这些部门缺乏标准化实验室的支持，也会降低生成的诊断测试数据的可比性，进而减少识别流行病学联系和传输路径的能力[54]。同样，在有些国家，兽医服务主任和实验室主任是分开的，从而导致同一个国家内，临床兽医和诊断服务之间可能产生脱节。再者，各国政府有可能不愿分享数据（除非强制性报告），国家和地方各级决策者以及利益相关方对监控的重要性往往缺乏了解[14]。

不仅在发展中国家，在世界各地，负责预防和控制措施的不同机构之间及时交流信息（包括协调一致的公众交流）、联合调查特别是人畜共患病和食源性疾病是至关重要的[28,45,52]。协调与综合疫病监控以及部门之间及时交换信息是同一健康的关键组成部分。为克服实验室和流行病学现场工作单位之间经常存在的分歧，FAO、OIE 和 WHO 已试行四通联框架，协同努力，改进国家、地区和全球对动物疫病和动物传播流感的定性风险评估，并确保决策者对措施有效性进行评估[15]。

3 利益相关者协商和确定优先考虑事项

为加强利益相关方的合作，改进决策过程，FAO 已开发出一种可以在不同畜牧生产链中使用的协商程序。其中利益相关者包括政府和私营部门（包括农民、加工商和服务商）代表、屠宰场工人、消费者和科学专家，后者包括兽医、公共健康专家和社会经济学家。协商程序已经在埃塞俄比亚、毛里塔尼亚、摩洛哥和越南的具体生产链（分别为乳制品、单峰骆驼、小反刍动物和猪等）进行试点。通过讨论和互动，找出最显著的制约因素，即地方优先考虑事项、疫病风险管理和可持续发展的政策选择等。一项重要成果是认识到不同利益相关者群体有不同的优先考虑事项。例如，农民普遍重视那些对生产、销售和出口有影响的疫病，兽医服务强调新兴跨领域疫病，而公共卫生当局和消费者则可能有其他的考虑。理解疫病报告和对利益相关者做出控制行动，可以促进监控系统的可接受性和有效性[17]。

4 "从农场到餐桌"的全程路径监控

4.1 动物饲料

动物饲料被食源性病原体（包括毒素和残留物）污染会导致动物疾病，并对人类产生后续影响[8]。食品生产行业中贸易的快速性和国际性使饲料和食品安全成为全球关注的问题。然而，很少有国家有能力检测（法律上）进口饲料或成品。

4.2 动物种群监控

几个重要的食源性人畜共患病病原体，如沙门氏菌、弯杆菌、肠出血性大肠杆菌、弓形虫和隐孢子虫等，都可以通过无症状的动物及其产品传染给人类，这样使得检测高风险的个体牛或牛群更为复杂[41]。肉类检查是很重要的一环，可以据此评估动物尸体有无明显变化。然而，大多数病原体不能仅通过目视检测来发现，因此以实验室为基础的监测尤为必要，尽管发展中国家的实验室较少[41]。现场快速测试可靠且价格低廉，对其进行投资将会促使在食品加工产业链上较早发现动物种群中特定病原体。

在发展中国家和转型国家中，兽医服务常常面临人员不足、资金匮乏的问题。兽医技术人员数量有限，在某些情况下，社区动物健康工作者可在广袤而往往交通不便的地区提供服务，收集可整合到疫病报告系统中的信息[30]。在非洲和南亚部分地区的整治牛瘟活动中，社区动物健康工作者进行了重要的监管活动，例如参与疫病监测和牛群疫苗接种等[7]。

近年来，FAO 与印度尼西亚、埃及农业部和地方政府合作，参与检测和控制农村家禽中的高致病性禽流感[11]。自 2010 年以来，巴厘岛高致病性禽流感监测对其监测内容已经扩大到包括狂犬病监测。

动物识别系统和运动记录对监控和追溯与动物宿主有关的疫病至关重要，许多出口市场都要求具有可追溯系统。自 1999 年以来，博茨瓦纳对牛实施动物识别和登记，现已拥有了动物个体识别计算机系统，这使其成为撒哈拉以南非洲地区在此方面最先进的国家之一[10]。不幸的是，大多数发展中国家在尝试实施可追溯系统时，由于投资成本高、缺乏基础设施及各利益相关方的广泛传播，从而面临显著制约[22]。

4.3 屠宰场监测和肉品检验

一个多世纪以前，为检测牛结核病、寄生虫和其他肉眼可见疫病，首次引入肉类检验程序[46]。肉类检验标准在发展中国家和转型国家中发生了很大变化。在埃塞俄比亚按常规检查屠宰场检测牛结核病病例，在 3.5％ 胴体中检测到可能由牛结核病引起的病变，与之相比，更敏感的检测方法已应用于 10.1％ 胴体中，各个屠宰场中检测灵敏度有相当大的差别[3]。这些调查结果反映出检测服务缺乏标准化，不同屠宰场的技术工人在数量和能力上均存在不同[3]。经济因素也会影响决策过程，因为希望避免因没收尸体而产生经济损失的屠户会试图干扰肉品检查员的决定[3]。如 2010 年的一个研究所示，在金沙萨（刚果民主共和国）周围的村庄里，在有超过 25％ 的生猪样本中检测到猪囊虫病，但是官方却从未对此进行报道[38]。在发展中国家，大部分动物屠宰采用非正规屠宰场，或直接在家里屠宰，这导致没有任何卫生检查和结果记录。这些例子表明，细致的肉类检查可以检测出比例显著的患病尸体，但是需要更好地理解在什么样的社会背景下实施这些检测，并且考虑激励和惩罚机制。更好地了解这些社会背景，能确保准确地记录、报告和分析数据，并且充分利用这些宝贵的流行病学资料，促进安全消费。

4.4 动物源性食品

人类患食源性疾病比例高的原因在于处理和烹调食物过程中的不当和不卫生行为[53]。例如，在乌干达的坎帕拉，对牛奶销售商进行的调查显示，非正式销售的牛奶在购买时进行间接酶联免疫吸附试验（ELISA），其中有 12.6％ 检测出布鲁氏菌阳性[29]。在墨西哥，肉类受沙门氏菌污染的比例很高[54]。在许多发展中国家，彻底烹煮或油炸是传统的烹调方式，但改变饮食习惯和引进外来食物（例如生鱼）可能会给消费者带来新的健康风险。

为实现有针对性地跟踪和实施适当的控制策略，识别与人类疾病有关的食品至关重要。遗憾的是，发展中国家对来源归属的研究极少。据报道，首次在拉丁美洲和加勒比海地区，运用来源归属方法研究了食源性疾病的暴发，该研究揭示了食源性疾病的来源随时间推移在这一地区发生重大变化[37]。

4.5 人口监控

多种病原体都可能会引起食源性疾病，而且人类感染的症状可能有很大差异，或呈非特异性。缺乏人类患食源性疾病的数据，造成了目前对这些疾病认识不足，并且危害资源分配[25]。被动监测系统通常是不够的，因为患有诸如腹泻等症状的患者往往不会求医[54]。在发展中国家，利用现有健康数据进行症状监测，在正式确诊之前，根据临床症状，参考较早病例，发现疫病趋势，有助于解决一系列监管问题[32]。例如在埃及和太平洋岛屿对食源性疾病进行症状监测，通过有限的诊断测试就可以确诊[32]。在埃及，使用医疗保健的人口数据，再结合医疗服务者数据，可以使工人预估伤寒的发病率[9]。在埃及，类似的技术加上采用实验室监测数据也应用于其他疾病[44]，如估计沙门氏菌、志贺氏菌和布鲁氏菌在约旦的发病情况[21]。

近期，来自48个国家的数据证明，可以使用某些非健康变量（如国家肉类生产、动物产品的平均热量供应和灌溉土地的比例），连同一些更为传统的指标，粗略估计食源性疾病的致死率[25]。这些技术在没有传统指标说明食源性疾病对人类健康负担的情况下可能非常有效[25]。

5 讨论

为识别动物疫病、食品病原体和食源性疾病以及风险因素，帮助减少其对动物和人类健康以及环境污染的影响，国家监督是必不可少的。在任何情况下，都要制订有效的食源性疾病监控措施，要求动物和人类卫生部门，涉及动物及动物制品生产、转换和销售的其他部门直接参与、密切配合、协作，部门之间进行信息沟通和交流。在发展中国家和转型国家，由于缺乏人力和财力资源，在人、动物与生态系统交互作用层面上，很难建立和维护良好运作的综合监测和应对系统。报告疫病的能力和意愿与获取动物和人类健康服务的能力密切相关。疫病报告者将仔细分析报告疫病的益处和不利后果，因此一定要采取激励措施推动报告的进行。对诊断测试结果进行有效反馈，提供咨询和有用的回馈，对严厉的调控措施提供赔偿，这些对维护报告者信任、确保其继续与疫病预防及控制计划合作至关重要。食源性人畜共患病及其发病率，以及经济影响等数据整体匮乏，极大阻碍了对疫病重要来源加以识别，导致无法制定和实施适当的控制措施。

生产系统不断变化，现存及新兴生物具有适应性，这些意味着必须找到新办法预防和控制动物和食品病原体的传播。整个生产链，直至食物到达消费者的环节，必须识别危害和关键控制点，并量身定制干预措施，减少链条每个环节的风险。监察及严厉的调控措施可以降低疫病风险，防止病原体从农场通过加工和销售途径转移到消费者。好的农业实践和生产/卫生规范、HACCP方法，都是可以识别、减少和控制病原体沿食物链传播的策略。近年来，在食品生产动物和人类中出现的抗生素耐药性日益受到关注。在本文中，耐药性问题还没有得到解决，但它必定是设计监控系统和干预措施必须要考虑的问题。

多病原体监测办法，并结合新的检测技术（如生物芯片、现场检测），以及信息传输技术（例如移动电话、数字钢笔技术），可以减少从样品收集到获得测试结果的时间，大大缩短反应时间，进而减少疫病进一步传播的风险。创新分析方法（如开发基于非健康指标和来源归属分析的负担模型）可能有助于提供数据，强调食源性疾病对发展中国家的负担，促使其对该问题有更多认识，促进发展中国家和转型国家努力生成数据，解决他们面临的特定食源性疾病问题[25,37]。

食源性疾病不是单一病原体问题，即使在发达国家，鉴定病原体的实验室资源和技术也是很稀缺，而专门病因监控往往是不可能的。尽管如此，几个关键措施仍可解决一系列食源性疾病威胁，并且对不同病原体产生交叉影响：基本的个人卫生和环境卫生，获取安全饮用水，使用干净厕所，以及烹调食物前洗手，这些都可以显著减少腹泻[5]。

消费者也可以发挥重要作用，他们需要更好地了解食品安全存在的风险[45]。只有让参与者看到明显好处，疫情报告、消费者卫生、在农场层面引入生物安全才可持续。

地方和国家层面所需要的也是区域和全球层面所需要的[4]。国际贸易中动物和食品贸易份额在全球范围内增长，移民和旅行人数日渐增多，这些正在加速食品中病原体和污染物的扩散。相关性增加导致全球脆弱性增加，食品安全体系变得越来越相互关联[45]。许多在发达国家已经被控制甚或被消除的疾病仍存在于发展中国家或新兴经济体，且不能被良好地监测和控制。发展中国家和发达地区可以合作，分享专业知识和资源，减少当地疾病风险，减少与动物和食源性疾病国际传播有关的普遍风险。通过开发国际一致的方法解决疾病，各国能够发展核心能力，解决新出现的威胁、地方性疾病和被忽视的疾病，以及不寻常的疾病事件[24]。

发展中国家可以找到解决动物疫病和食源性疾病的综合方法。在墨西哥，沙门氏菌监察系统证明了从技术和经济上，在该地区建立食品链一体化监控系统的可行性[54]。在非洲，泛非牛瘟根除运动（PARC）整合了流行病学、风险监测、参与性疫病搜索和建模技术等资源，检测了整个非洲的牛瘟。继此项运动之后泛非人畜共患病（PACE）项目，开始实行传染病控制计划。该计划旨在建立低成本的国家和大陆传染病控制网络，该网络主要针对几种动物传染病[18,19]。最近，在 PARC 和 PACE 计划期间，建立了抗击高致病性禽流感的基金，构建基础设施。

任何类型的监控系统都不应该仅停留在收集信息层面，还应包括分析收集的数据，并把这些成果转化为行动。整合不同部门中各个流行病学单元，为建立兼容的监控系统铺平了道路。该系统整合了来自现场、屠宰场、实验室、医院等环节的疫病信息，并促进协调活动，如联合疫情调查、风险传达和召回等。近期在肯尼亚畜牧发展部和公共卫生部之间开展了动物传染病单元合作，为这些环节的形成提供了一个例子[39]。

运用综合方法监测动物疫病、食源性致病菌和食源性疾病，主张所有涉及的部门都要加强疫病监测能力。总之，监控需要长期投资、有效的成本控制措施，通过设计灵活的综合系统，解决现存的疫病挑战，改善人们的健康和生活，同时还要建立长期应对不断变化和突发疫病的能力。

6 致谢

国际发展署和英国对本文作者提供了支持，并且生物技术和生物科学研究理事会（BBSRC）也资助了 BB/J 010 367/1。

参考文献

[1] African Union - Interafrican Bureau for Animal Resources（AU - IBAR）（2012）. Pan - African Programme for the Control of Epizootics（PACE）. Available at：www. au - ibar. org/index. php? v iew＝items&·cid＝89％3Acompleted - projects&id＝222％3Apan - african - programme - for - the - control - of - epizootics - pace &·pop＝1&tmpl＝component&print＝1&option＝com _ flexicontent&lang＝en（accessed on 12 October 2012）.

[2] Asiimwe C.，Gelvin D.，Lee E.，Ben Amor Y.，Quinto E.，Katureebe C.，Sundaram L.，Bell D. &. Berg M.（2011）. Use of an innovative，affordable，and open - source short message service - based tool to monitor malaria in remote areas of Uganda. *Am. J. trop. Med. Hyg.*，85（1），26 - 33.

[3] Biffa D.，Bogale A. &. Skjerve E.（2010）. Diagnostic efficiency of abattoir meat inspection service in Ethiopia to detect carcasses infected with *Mycobacterium bovis*：implications for public health. *BMC public Hlth*，10，462.

[4] Broglia A. &. Kapel C.（2011）. Changing dietary habits in a changing world：emerging drivers for the transmission of foodborne parasitic zoonoses. *Vet. Parasitol.*，182（1），2 - 13.

[5] Brooks J. T.，Shapiro R. L.，Kumar L.，Wells J. G.，Phillips - Howard P. A.，Shi Y. P.，Vulule J. M.，Hoekstra R. M.，Mintz E. &. Slutsker L.（2003）. Epidemiology of sporadic bloody diarrhea in rural Western Kenya. *Am. J. trop. Med. Hyg.*，68（6），671 - 677.

[6] Cash R. A. &. Narasimhan V.（2000）. Impediments to global surveillance of infectious diseases：consequences of open reporting in a global economy. *Bull. WHO*，78（11），1358 - 1367.

[7] Catley A. &. Leyland T.（2002）. Overview：community - based animal health workers，

policies, and institutions. Available at: www. planotes. org/documents/plan _ 04501. pdf (accessed on 12 October 2012).

[8] Crump J. A. , Griffin P. M. & Angulo F. J. (2002). Bacterial contamination of animal feed and its relationship to human foodborne illness. *Clin. infect. Dis.*, 35 (7), 859 – 865.

[9] Crump J. A. , Youssef F. G. , Luby S. P. , Wasfy M. O. , Rangel J. M. , Taalat M. , Oun S. A. & Mahoney F. J. (2003). Estimating the incidence of typhoid fever and other febrile illnesses in developing countries. *Emerg. infect. Dis.*, 9 (5), 539 – 544.

[10] Derah N. & Mokopasetso M. (2005). The control of foot and mouth disease in Botswana and Zimbabwe. *Tropicultura*, 23, 3 – 7.

[11] Food and Agriculture Organization of the United Nations (FAO) (2008). Indonesia: empowering communities to prevent and control avian influenza. FAO, Rome. Available at: ftp. fao. org/docrep/fao/011/ai336e/ai336e00. pdf (accessed on 12 October 2012).

[12] Food and Agriculture Organization of the United Nations (FAO) (2009). FAO's Director General on how to feed the world in 2050. *Popul. Develop. Rev.*, 35 (4), 837 – 839.

[13] Food and Agriculture Organization of the United Nations (FAO) (2009). The state of food and agriculture 2009: livestock in the balance. FAO, Rome. Available at: www. fao. org/docrep/012/i0680e/i0680e. pdf (accessed on 12 October 2012).

[14] Food and Agriculture Organization of the United Nations (FAO) (2011). Challenges of animal health information systems and surveillance for animal diseases and zoonoses. FAO, Rome. Available at: www. fao. org/docrep/014/i2415e/i2415e00. pdf (accessed on 12 October 2012).

[15] Food and Agriculture Organization of the United Nations (FAO) (2011). Four – way linking of epidemiological and virological information on human and animal influenza. FAO, Rome. Available at: www. fao. org/docrep/015/i2530e/i2530e00. pdf (accessed on 12 October 2012).

[16] Food and Agriculture Organization of the United Nations (FAO) (2011). Mapping supply and demand for animal – source foods to 2030. FAO, Rome. Available at: www. fao. org/docrep/014/i2425e/i2425e00. pdf (accessed on 12 October 2012).

[17] Food and Agriculture Organization of the United Nations (FAO) (2011). SMS Gateway, Bangladesh: messages from the farm. FAO, Rome. Available at: www. fao. org/docrep/014/al908e/al908e00. pdf (accessed on 12 October 2012).

[18] Food and Agriculture Organization of the United Nations (FAO) (2011). The Global Rinderpest Eradication Programme. *In* Progress report on rinderpest eradication: success stories and actions leading to the June 2011 Global Declaration. FAO, Rome. Available at: www. fao. org/ag/againfo/resources/documents/AH/GREP _ flyer. pdf (accessed on 12 October 2012).

[19] Food and Agriculture Organization of the United Nations (FAO) (2011). The Global

Rinderpest Eradication Programme. Status report on progress made to date in eradication of rinderpest: highlighting success story and action require [d] till global declaration in 2010. FAO, Rome. Available at: www. fao. org/docs/eims/upload/258696/ak064e00. pdf (accessed on 12 October 2012).

[20] Food and Agriculture Organization of the United Nations (FAO) (2012). Putting pen to paper in a digital world. FAO, Rome. Available at: www. fao. org/ag/againfo/ home/en/news _ archive/2012 _ Putting _ Pen _ to _ Paper _ in _ a _ Digital _ World. html (accessed on 12 October 2012).

[21] Gargouri N. , Walke H. , Belbeisi A. , Hadadin A. , Salah S. , Ellis A. , Braam H. P. &. Angulo F. J. (2009). Estimated burden of human *Salmonella*, *Shigella*, and *Brucella* infections in Jordan, 2003—2004. *Foodborne Pathog. Dis.*, 6 (4), 481 – 486.

[22] Germain C. (2005). Traceability implementation in developing countries, its possibilities and its constraints. A few case studies. Available at: ftp. fao. org/es/esn/food/traceability. pdf (accessed on 12 October 2012).

[23] Halliday J. , Cleaveland S. , Auty H. , Hampson K. , Mtema Z. , Bronsvoort M. , Handel I. , Daborn C. , Kivaria F. , Knobel D. , Breiman R. , Njenga K. , de Balogh K. &. Meslin F. X. (2011). Surveillance and monitoring of zoonoses: report for the Department of International Development. Available at: www. dfid. gov. uk/r4d/Output/ 188949/Default. aspx (accessed on 12 October 2012).

[24] Halliday J. , Daborn C. , Auty H. , Mtema Z. , Lembo T. , Bronsvoort B. M. D. , Handel I. , Knobel D. , Hampson K. &. Cleaveland S. (2012). Bringing together emerging and endemic zoonoses surveillance: shared challenges and a common solution. *Philos. Trans. roy. Soc. Lond.*, B, *biol. Sci.*, 367, 2872 – 2880.

[25] Hanson L. A. , Zahn E. A. , Wild S. R. , Dopfer D. , Scott J. &. Stein C. (2012). Estimating global mortality from potentially foodborne diseases: an analysis using vital registration data. *Popul. Hlth Metrics*, 10 (1), 5. doi: 10. 1186/1478 – 7954 – 10 – 5.

[26] Herrero M. , Thornton P. K. , Notenbaert A. M. , Wood S. , Msangi S. , Freeman H. A. , Bossio D. , Dixon J. , Peters M. , van de Steeg J. , Lynam J. , Parthasarathy Rao P. , Macmillan S. , Gerard B. , McDermott J. , Sere C. &. Rosegrant M. (2010). Smart investments in sustainable food production: revisiting mixed crop – livestock systems. *Science*, 327 (5967), 822 – 825.

[27] Homeida M. , Braide E. , Elhassan E. , Amazigo U. V. , Liese B. , Benton B. , Noma M. , Etya' ale D. , Dadzie K. Y. , Kale O. O. &. Seketeli A. (2002). APOC's strategy of community – directed treatment with ivermectin (CDTI) and its potential for providing additional health services to the poorest populations. African Programme for Onchocerciasis Control. *Ann. trop. Med. Parasitol.*, 96 (Suppl. 1), S93 – S104.

[28] Institute of Medicine [US] Forum on Microbial Threats (2007). Global infectious disease surveillance and detection: assessing the challenges – finding solutions: workshop

summary (2007). National Academies Press, Washington, DC. Available at: www. nap. edu/books/0309111145/html/index. html (accessed on 12 October 2012).

[29] Makita K., Fèvre E. M., Waiswa C., Eisler M. C. & Welburn S. C. (2010). How human brucellosis incidence in urban Kampala can be reduced most efficiently? A stochastic risk assessment of informally – marketed milk. *PLoS ONE*, 5 (12), e14188. doi: 10. 1371/journal. pone. 001418.

[30] Mariner J., Catley A. & Zepeda C. (2002). The role of community – based programmes and participatory epidemiology in disease surveillance and international trade. Available at: sites. tufts. edu/capeipst/files/2011/03/Mariner – et – al – Mombasa. pdf (accessed on 12 October 2012).

[31] Maudlin I., Eisler M. C. & Welburn S. C. (2009). Neglected and endemic zoonoses. *Philos. Trans. roy. Soc. Lond.*, B, *biol. Sci.*, 364 (1530), 2777 – 2787.

[32] May L., Chretien J. P. & Pavlin J. A. (2009). Beyond traditional surveillance: applying syndromic surveillance to developing settings – opportunities and challenges. *BMC public Hlth*, 9, 242.

[33] Mtema Z., Hampson K., Russell T., Prosper C., Killeen G., Burd E. & Murray – Smith R. (2010). A case study on use of mobile computing technologies in health surveillance for developing countries. *In* Proc. 12th International Conference on Human – Computer Interaction with Mobile Devices and Services, Mobile (HCI' 10), 7 – 10 September, Lisbon, Portugal.

[34] National Institute for Communicable Diseases (2012). Rabies outbreak. Available at: www. nicd. ac. za/? page＝rabies _ outbreak&id＝95 (accessed on 12 October 2012).

[35] Paterson B. J., Kool J. L., Durrheim D. N. & Pavlin B. (2012). Sustaining surveillance: evaluating syndromic surveillance in the Pacific. *Glob. Public Hlth*, 7 (7), 682 – 694.

[36] Perry B. D., Grace D. & Sones K. (2011). Livestock and global change special feature: current drivers and future directions of global livestock disease dynamics. *Proc. natl Acad. Sci. USA*. doi: 10. 1073/pnas. 1012953108.

[37] Pires S. M., Vieira A. R., Perez E., Lo Fo Wong D. & Hald T. (2012). Attributing human foodborne illness to food sources and water in Latin America and the Caribbean using data from outbreak investigations. *Int. J. Food Microbiol.*, 152 (3), 129 – 138.

[38] Praet N., Kanobana K., Kabwe C., Maketa V., Lukanu P., Lutumba P., Polman K., Matondo P., Speybroeck N., Dorny P. & Sumbu J. (2010). *Taenia solium* cysticercosis in the Democratic Republic of Congo: how does pork trade affect the transmission of the parasite? *PLoS negl. trop. Dis.*, 4 (9), e817.

[39] Republic of Kenya Zoonotic Disease Unit (2012). Republic of Kenya Zoonotic Disease Unit. A collaboration between the Ministry of Livestock Development and the Ministry of Public Health & Sanitation. Available at: zdukenya. org/(accessed on 12 October

2012).

[40] Robertson C. , Sawford K. , Daniel S. L. A. , Nelson T. A. & Stephen C. (2010). Mobile phone - based infectious disease surveillance system, Sri Lanka. *Emerg. in-fect. Dis.* , 16, 1524 - 1531.

[41] Schlundt J. , Toyofuku H. , Jansen J. & Herbst S. A. (2004). Emerging food - borne zoonoses. *In* Emerging zoonoses and pathogens of public health concern (L. J. King, ed.). *Rev. sci. tech. Off. int. Epiz.* , 23 (2), 513 - 533.

[42] Soto G. , Araujo - Castillo R. V. , Neyra J. , Fernandez M. , Leturia C. , Mundaca C. C. & Blazes D. L. (2008). Challenges in the implementation of an electronic surveillance system in a resource - limited setting: Alerta, in Peru. *BMC Proc.* , 2 (Suppl. 3), S4.

[43] SouthAfrica. info (2012). South Africa's swine flu hotline. Available at: www. southafrica. info/services/health/swineflu - hotline. htm (accessed on 12 October 2012).

[44] Srikantiah P. , Girgis F. Y. , Luby S. P. , Jennings G. , Wasfy M. O. , Crump J. A. , Hoekstra R. M. , Anwer M. & Mahoney F. J. (2006). Population - based surveillance of typhoid fever in Egypt. *Am. J. trop. Med. Hyg.* , 74 (1), 114 - 119.

[45] Tauxe R. V. , Doyle M. P. , Kuchenmuller T. , Schlundt J. & Stein C. E. (2010). Evolving public health approaches to the global challenge of foodborne infec-tions. *Int. J. Food Microbiol.* , 139 (Suppl. 1), S16 - S28.

[46] Theves G. (2002). Meat inspection in the second half of the 19th Century, sign of pro-gress in applied sciences [in French]. *Bull. Soc. Sci. méd. Grand Duché Luxemb.* , 1, 35 - 59.

[47] Thornton P. K. K. , Kruska R. L. , Henninger N. , Kristjanson P. M. , Reid R. S. , Atieno F. , Odero A. N. & Ndegwa T. (2002). Mapping poverty and livestock in the developing world. International Livestock Research Institute (ILRI), Nairobi, Ken-ya. Available at: mahider. ilri. org/handle/10568/915 (accessed on 12 October 2012).

[48] World Bank (2006). Enhancing control of highly pathogenic avian influenza in develo-ping countries through compensation: issues and good practice. World Bank, Washing-ton, DC. Available at: siteresources. worldbank. org/INTARD/Resources/HPAI _ Compensation _ Final. pdf (accessed on 12 October 2012).

[49] World Bank (2010). People, pathogens and our planet. Vol. I: towards a One Health approach for controlling zoonotic diseases. World Bank, Washington, DC. Available at: siteresources. worldbank. org/INTARD/Resources/PPP _ Web. pdf (accessed on 12 October 2012).

[50] World Health Organization (WHO) (2002). WHO global strategy for food safety: sa-fer food for better health. WHO, Geneva. Available at: www. who. int/foodsafety/pub-lications/general/en/strategy _ en. pdf (accessed on 12 October 2012).

[51] World Health Organization (WHO) (2010). First WHO report on neglected tropical diseases: working to overcome the global impact of neglected tropical diseases. WHO, Ge-

neva. Available at: whqlibdoc. who. int/publications/2010/9789241564090 _ eng. pdf (accessed on 12 October 2012).

[52] World Health Organization (WHO) (2012). Building capacity to detect, control and prevent foodborne infections. WHO, Geneva. Available at: www. who. int/foodsafety/about/flyer _ gfn. pdf (accessed on 12 October 2012).

[53] World Health Organization (WHO) (2012). Reducing foodborne disease by educating consumers. WHO, Geneva. Available at: www. who. int/foodsafety/about/flyer _ 5 _ keys. pdf (accessed on 12 October 2012).

[54] Zaidi M. B., Calva J. J., Estrada – Garcia M. T., Leon V., Vazquez G., Figueroa G., Lopez E., Contreras J., Abbott J., Zhao S., McDermott P. & Tollefson L. (2008). Integrated food chain surveillance system for *Salmonella* spp. in Mexico. *Emerg. infect. Dis.*, 14 (3), 429 – 435.

4

协调政策的科技基础

用于监测动物健康和食源性疾病来源
归属改进分析方法的进展

F. Widén[①④]*   M. Leijon[①④]   E. Olsson Engvall[②]

S. Muradrasoli[③④]   M. Munir[③④]   S. Belák[①③④]

摘要：考虑到"同一健康"的原则，动物和人类健康之间的联系是非常紧密的。家畜和野生动物都是引起人类疾病的传染源。动物健康状况不佳导致人类获得食物的机会减少，这也会间接影响人类健康。大量的动物传染病和跨界动物疫病会迅速跨越国界蔓延。为快速检测传染源并限制其传播，需要有强大而准确的诊断分析方法。在过去的 30 年中，人们已经开发了大量对传染源检测影响巨大的新型检测方法。由于需要先进的设备和特殊的技能，新型诊断方法大多是基于实验室，并且价格昂贵。然而，人们已开发出了快速而廉价且基于现场的检测方法。在本文中，基于对"同一健康"原则的特别关注，作者给出了几个开发新型检测方法的实例。

关键词：动物健康　弯杆菌　食源性　戊型肝炎　流感　分子检测　诺如病毒　PCR　沙门氏菌　跨界动物疫病　人畜共患病

0　引言

WHO 指出，在过去的 10 年中，大约 75% 的新型人类疾病是由来自动物的病原体或由于动物产品引起的。其中的许多疾病可能会广泛传播并成为全球性问题（www. who. int/zoonoses/vph/en/）。因此，人类和动物的健康是紧密联系的。野生和家养动物可能成为传染给人类的新发传染病（EIDS）的重要来源，这对全球经济和公共健康是一个非常沉重的负担。许多疾病是由病毒引起的，特别是易于适应新宿主的核糖核酸病毒，以及细菌的新型变

---

①　国家兽医研究所，病毒、寄生虫和免疫生物学研究室，乌普萨拉，瑞典。

②　国家兽医研究所，欧盟弯杆菌联合参考实验室，细菌学系，乌普萨拉，瑞典。

③　瑞典农业科学大学，生物医学和兽医公共卫生学系，乌普萨拉，瑞典。

④　OIE 兽医传染病生物技术诊断协作中心。

*　电子信箱：frederik. widen@sva. se。

种[1,2,12,19]。一组重要的新发传染病是跨界动物疫病（TADS），其具有很强的传染性，且能迅速跨国界传播，这对社会经济和公共健康造成了严重的影响，例如口蹄疫和非洲猪瘟。动物传染病可能会通过引发疾病直接影响人类健康，或间接地剥夺人类的食物供应。因此，对人类疾病的斗争也包括改善动物健康。由于几种重要的动物疫病是跨界动物疫病，为了减少损失、阻止传播及减少对人类健康造成严重的后果，需要采取快速的诊断措施。运输动物或鸟类迁徙为跨界动物疫病的发生和蔓延提供了有利条件，这会使得传染源在全球迅速传播[5]。全球化导致了动物和动物产品广泛而迅速地分布。这对诊断服务提出了更高的要求。具有快速诊断和监测疫病传播的能力，对控制跨界动物疫病至关重要。为了尽快实施控制措施和阻止疫病进一步传播，早期诊断是很重要的。因此需要不断开发先进仪器和新方法。在理想情况下，新型诊断工具必须具有实用、耐用及廉价的特点，并且具有最佳的敏感性和特异性。自从引入PCR后，人们已经开发出了多种不同的分子诊断方法。PCR检测方法可以提供非常高的敏感性和特异性，如今是实验室常见的兽医诊断方法。与传统的PCR检测方法相比，实时PCR方法具有诸多优点，例如其可以避开PCR的后期分析和无须打开反应管，同时可以提供更高的灵敏度。实时PCR方法的其他优点是快速诊断、减少假阳性结果的风险，并以检测病毒载量。因此，各种多样的实时PCR平台提供了一种强大和可以负担得起的诊断工具。必须注意的是，实时PCR不是一项单一技术，它具有许多可变的类型。Taqman探针法在诊断方面处于主导地位，但是其他可选的化学技术有SYBR－green荧光染料掺入法、基于FRET的方法、分子信标和蝎状引物法，以及引物-探针能量转换系统法等。例如，SYBR－green荧光染料掺入法避免使用探针且经济实惠。然而，此方法的特异性差，不能区分扩增产物，而且需要进行PCR后期的溶解曲线分析。基于探针的检测方法具有明显的优势，包括更高的特异性和同时检测出多个传染源的可能性。基于PCR的诊断技术在小型诊所里以及在临床条件下也逐渐负担得起。PCR设备轻巧便携，该仪器使用电池，且可以现场测试，并提供了一个"现场"快速诊断技术[7]。

新式等温扩增方法为现场诊断提供了进一步的技术支持，如环介导等温扩增技术（LAMP）。该技术是在基础仪器上以单一的温度水平运行，并且可以用肉眼读取结果。

更进一步的技术方法，如锁式探针、邻位连接技术和可读取PCR结果的液态微阵列芯片，可以在单一诊断平台上同时检测出大量不同的传染源[4,7]。

一种经济的现场诊断选择还包括层流装置（LFDs）。此装置已用于几种传染源的检测，包括口蹄疫病毒。层流装置能快速提供诊断结果，但其敏感性较低。

所谓的"下一代"测序技术是一种全新的诊断概念，可以检测样品中的任何核酸。其结果主要依赖于先进的生物信息学，包括比对算法和高级算法，以分析和获悉所产生的大量核苷酸序列数据。如果用于常规诊断，这些技术是非常昂贵的。然而，在不久的将来，随着新技术方案的出现，它们可能会负担得起。

下面，笔者列出几种重要的致病菌，如跨界动物疫病或食源性疾病致病菌，简要总结近期的诊断技术成果，并且特别关注了新式工具的发展趋势。

1　高致病性禽流感

禽流感病毒不断进化并引发了季节性流行病，这对社会经济、人类和动物健康都造成了巨大的影响和严重的后果。禽流感病毒亚型感染通常是低致病性（LP）的，但家禽感染 H5 或 H7 亚型低致病性禽流感（LPAI）可能会导致高致病性（HP）变异，其特点是高死亡率。这种亚型病毒感染的家禽必须通报，并且根据 OIE《陆生法典》建议，此类家禽仅在没有纳入法定禽流感病毒区域之间进行贸易[47]。因此，家禽生产和贸易已经受到了高致病性禽流感的影响[1]。

禽流感病毒的高致病性与血凝素（HA）蛋白裂解位点序列有关，并且在 H5 和 H7 亚型禽流感病毒中观测到很高变异性。目前的致病性分型主要是基因测序[46]。

在亚洲和非洲的家禽中，由 H5N1 引发的高致病性禽流感是一个严重问题，且该病毒在几个国家中蔓延[14]。在准备食物或屠宰家禽期间，H5N1病毒在野生鸟类和家禽中的流通提供了感染和更有效传播给人类的机会[44]。人们回顾了有关家禽和高致病性禽流感食品安全问题[5,11]。一般来说，通过食用家禽产品，禽流感病毒并不能传播给人类。但是家禽肉中可能含有高致病性禽流感病毒[17,43]，且这种病毒可以排泄到粪便中，以及转移到蛋类里[40]。低致病性和高致病性病毒的共同流行、无症状或接种疫苗家禽的病毒释放，以及野生禽类的远距离传播[15]，使得高致病性禽流感病毒监测复杂了。因此，为了提高食品安全，在现场条件下需要有一种快速而廉价的诊断方法。

最近，WHO 兽医传染病生物技术诊断协作中心（乌普萨拉，瑞典）[30]发明了一种对 H5 和 H7 亚型禽流感病毒致病性分型的新策略。该方法为测序提供了一种快速、廉价和简单的选择。因此，它可以实施大规模的诊断和监测。

这项技术已应用于其他病毒的致病性分型，如新城疫病毒[48]。在监控食品安全和野生鸟类时，它对于快速检测和监测是有用的。

该技术是一个三级半巢式 PCR 体系，该体系能扩增高致病性和低致病性 H5/H7 禽流感病毒的裂解位点。最后一步是用叩诊槌引物来实现，并且对高致病性和低致病性引物分别进行不同的标记。此方法对低致病性禽流感病毒进行信号衰减，并对高致病性禽流感病毒进行明显的信号增强。在 39 例 H5 临床样本上对检测方法的概念进行了验证，这些样本来自实验和现场受感染鸟类的不同组织和羽毛。即使病毒滴度的变化超过五个数量级，该方法对所有样本也能进行正确的致病性分型。该策略对于法定禽流感传染病（NAI）致病性分型来说是一个行之有效和强大的方法。此外，该方法为监测和诊断开创了新机遇，并且它可以获得与测序一致的致病性分型结果。该方法适用于便携式 PCR 反应仪，且可在疫情附近地区为法定禽流感传染病提供完整的现场诊断。此方法的一个特别应用是在高致病性和低致病性变异株共同流行的地区[39]。

2 食源性病毒，特别关注诺如病毒和甲型肝炎病毒

有几种病毒，如诺如病毒、甲型肝炎病毒（HAV）、肠道病毒、轮状病毒、戊型肝炎病毒（HEV）等，与食源性或水源性疾病疫情有关。事实上，所有由于食用消费导致疾病的病毒都可能会通过食物进行传播。然而，大多数报道的病例是由于人类诺如病毒和甲型肝炎病毒感染所致。它们被认为是继沙门氏菌之后的最重要的人类食源性病原体[24]。虽然甲型肝炎病毒仍然是导致发达国家急性病毒性肝炎[24]的主要原因，从全球范围来看，目前诺如病毒是导致食源非细菌性急性胃肠炎（GE）的主要原因。

最近突发的诺如病毒和甲型肝炎病毒疫情与食用生的或未煮熟的海鲜、生的水果和蔬菜等有关，但主要是与双壳贝类有关[29,34,37]。与其他食品相关的疫情已被记录在案[34]。

诺如病毒和甲型肝炎病毒的传播途径是相似的。两者都非常稳定且具有较强的传染性。感染者会排出大量的病毒颗粒[24]。

诺如病毒基因变异迅速，且新的变种层出不穷。几个变种会共同传播。最近已有在家畜中发现诺如病毒的报告[45]，这说明已有人畜共患的传播。

甲型肝炎病毒会引发急性病毒性肝炎，并通过食物或水在人类间传播。它会导致一种需要长期疗养的低死亡率的自限性疾病。

2.1 食源性病毒感染的诊断，关注诺如病毒和甲型肝炎病毒

众所周知，环境病毒监测的一个问题是食物中病毒颗粒的数量水平较低，

一般低于监测水平，但是也足以对健康构成威胁。因此，需要有最高的诊断敏感性。在过去 10 年中，核酸扩增技术，如 PCR 方法，已成为筛选方法的基础。已启用多种分子诊断检测技术用于检测贝类的诸如病毒和甲型肝炎病毒[9,35]。虽然在组织培养中检测不到这些病毒，但仍然可以采用电子显微镜和抗原检测法来检测诺如病毒。商业化的免疫测定法和实时 PCR 法适用于检测临床样本中诺如病毒，但不适用于食品样本。

目前仍没有标准方法用来检测食品中诺如病毒和甲型肝炎病毒。虽然欧盟委员会条例 2073/2005 中制定了食品安全标准，但仅仅定义了细菌学上的参数。欧洲标准化委员会的一个工作组（CEN/TC 275/WG6/TAG4 -食品中的病毒）研制了食品中病毒检测方法的标准[29]。

2.2 食源性病毒检测的新进展

人们已经广泛使用了诸如 PCR 反应的核酸扩增技术。然而，在疫情暴发期间进行检测是十分必要的，这依赖于对临床样本和食品样本中完全相同病毒的检测[29]。近年来，人们已开发出了各种分子生物学方法，如基因芯片、多重扩增和巢式扩增、实时 PCR 等。一些研究小组已经开发了微阵列技术，同时完成诺如病毒和甲型肝炎病毒的检测、鉴定和分离[3,10]。然而，多重方法的敏感性一般较低[36]。

3 戊型肝炎，一种人畜共患病

戊型肝炎是一种新出现的流行性人畜共患病毒性疾病，该疾病会在全球产生重要影响。在南亚和非洲，基因型（gts）1 和 2 在人类种群中流行，该疫情的暴发与卫生条件差有关。在欧洲、日本和中国，正在出现由基因型 3 和 4 引发的疾病，虽然已备案记录的病例相对较少，但病例的数量正在递增。经常在猪和野猪等有蹄类动物中检测到这些基因型。人类受到基因型 3 和 4 的感染来源于猪类，但感染途径仍不明了。已开发出了检测戊型肝炎病毒的直接和间接方法。对于间接检测来说，几种 ELISA 是可行的，但批间变异相当大，且不能区分基因型。通过分子生物学方法（实时 PCR）直接检测，再通过测序确定基因型和亚群以便跟踪传染源。

4 沙门氏菌

沙门氏菌，一种革兰氏阴性微生物，在自然界中分布广泛，并且经常可以在动物的肠道内发现。沙门氏菌会导致人类致死的疾病，它是全球范围内第二大引发食源性胃肠炎的细菌。家畜胃肠道和粪便中几乎包含所有沙门氏菌的血清型（即血清分型）。家畜是土壤、水和农作物的主要污染源。大多数人类感染沙门氏菌都直接或间接与被污染的牛肉、鸡肉、猪肉、鸡蛋或牛奶有关。据统计，全球范围内每年沙门氏菌导致 9 380 万例胃肠炎病例和近 8 030 万例的食源性疾病病例[32]。沙门氏菌也是一种动物致病菌，并且一些血清型的宿主适应性更高。

用于检测沙门氏菌的样本包括临床样本、饲料样本和环境样本。一般来说，沙门氏菌病的诊断基于生理学和生化标记物。由于其高选择性和敏感性，广泛使用培养方法，似乎是一个"黄金标准"。然后对该培养物进行生化和血清测定以用于权威鉴定。血清分型检测菌株是必不可少的步骤。2 500 多个沙门氏菌血清型已被确定。标准培养和血清分型的方法耗时过长（5～7 天），因此预留出了改进的空间及引进可行、容易使用、成本有效、不费力的新技术的空间。

为了最大限度地减少检测时间和避免来自食品、食品配料、食物残渣、背景微生物和缺乏敏感性的干扰，人们广泛关注在应用分子检测技术之前怎样能够提高样品的分离和浓度。基于此目的的各种方法，如离心、过滤和基于凝集素制成的吸附剂、免疫磁化分离技术的使用已获得了广泛肯定，并且这些方法仍然是分离和凝聚靶向致病菌的最强大工具，这主要是由于其能够减少检测所需时间（1～2 天）和提高敏感性。此外，免疫磁化分离技术与其他检测方法灵活结合，包括电化学发光法、ELISA 法、电导微生物学方法和 PCR 方法，使得这种技术具有更好的敏感性和特异性。

目前正在使用的几种血清学检测方法[22]，包括快速凝集试验法、ELISA 法和层流免疫法。此外，介绍了菌株分子生物学方法。其中，PFGE 被认为是黄金标准。分子生物学方法也取得了成功的应用，如核糖体基因分型方法、插入序列分型、随机扩增多态性 DNA 和扩增片段长度多态性（AFLP）。对于长期流行病学研究和系统发育分析，多位点序列分型（MLST）看来是非常有价值和实用的方法。

在过去的几年中，能够快速检测食源性病原体的分子生物学方法的发展受到极大关注。最有成效的工具是实时 PCR，尤其是多重 PCR（mPCR），这是一个强大、成本效益较好的工具，能够同时检测鼠伤寒沙门氏菌、大肠杆菌和李斯特菌[22,31,38]。针对不同的沙门氏菌基因开发的多种商业化的实时 PCR，已用于检测食品和食品配料中的沙门氏菌。其中有些 PCR 检测方法灵敏度高，它促进了关于临床样品中测定特异性靶向血清型新检测方法的快速发展。为了进一步提高敏感性和有效性，与几种特异性引物相结合的多重 PCR 技术已经被开发出来并且商业化。一种靶向肠炎沙门氏菌毒性质粒 *Prot6e* 基因的多重

PCR 检测技术已经成功地应用于对白条鸡冲洗和鸡蛋的评估[33]。同样，一种多重 PCR 检测方法也已被开发出，这种方法能够检测与家禽有关的血清型，如肠炎沙门氏菌、鸡沙门氏菌、鼠伤寒沙门氏菌和肯塔基沙门氏菌[38]。在这些及其他 PCR 检测体系中，利用 16S 核糖体 RNA（rRNA）靶向基因检测。然而，最近报道了一种多重 PCR 技术，在这种技术中，编码鞭毛抗原第 1 和第 2 阶段，即 fliC 和 flicB，或者编码唯一血清分型位点的基因被靶向定位。该测定方法能快速筛选 19 种沙门氏菌的血清型，并且可以检测氨苄西林-阿莫西林、氯霉素-氟苯尼考、链霉素-大观霉素、磺胺药、四环素类抗生素（ACSSuT）的多重耐药模式[41]。基于此，多重 PCR 检测方法在多种类快速平行区分方面具有较好的前景。

为了实现这个目标，2003 年 Gilbert 等开发了一种多重 PCR 方法，同时快速检测沙门氏菌和其他感染致病菌，如空肠弯杆菌和大肠杆菌 O157：H7，这些病原体存在于各种生的和即食食品中[16]。之后，2007 年 Kim 等开发了一种新型的多重 PCR，可以同时检测 5 种食源性病原体：大肠杆菌 O157：H7、金黄色葡萄球菌、副溶血性弧菌、单核细胞增生性李斯特菌和沙门氏菌[23]。目前，正在使用诊断和识别沙门氏菌菌种的先进方法。基于基质辅助激光解吸/电离-飞行时间（MALDI - TOF）的完整细胞质谱分析技术，已经用于对临床和流行病学研究均较为重要的伤寒沙门氏菌和其他非伤寒沙门氏菌血清型的快速识别[25]。然而，值得注意的是大多数多重 PCR 方法，与其他分子方法类似，是在纯净的细菌培养基上开发和优化的，几乎没有对食品中致病菌检测的研究，未来需要研究其在临床样本中的适用性。

总之，提高样品制备技术及分离和检测食品中沙门氏菌的方法已经取得了重大进展。然而，所有方法都显示出了优点和局限性。为了检测病原体和疫病，需要改进样品富集和制备过程，同时也有必要应用诸如生物传感器、微阵列和纳米技术等新技术。

5　弯杆菌

弯杆菌是引起人类急性胃肠炎的人畜共患菌。弯杆菌病是世界范围内最普遍的细菌性肠道人畜共患病之一，在美国（www. cdc. gov）有超过 240 万病例，在欧盟每年有 20 万例确诊病例[13]。弯杆菌为革兰氏阴性杆菌，是菌体弯杆或螺旋形可运动的杆菌。嗜热空肠弯杆菌和结肠弯杆菌与人类疾病最为相关，占所有病例的 95％以上[26]。

健康野生动物和家畜通常是细菌的携带者，鸟是空肠弯杆菌的主要储存库。该病主要是食源性的，人类感染的重要危险因素包括以下几点：处理和食用未煮熟的禽肉，喝被污染的饮用水和未经消毒的牛奶，出国旅游，以及与其他动物接触等[20]。

胎儿弯杆菌亚种是羊和牛的主要病原体，但胎儿弯杆菌很少与人类疾病有关。本文的重点是嗜热空肠弯杆菌和结肠弯杆菌，术语弯杆菌意指这几种菌类。

通常会在屠宰场和零售层面上的食物链监测到弯杆菌的流行。样品通常包括粪便、鸡盲肠内容物和白条鸡等。

传统上，检测弯杆菌方法包括培养样本，如在选择的液体培养基中直接或后期预培养。孵化是在41.5℃微氧环境下完成的。另一个方法包括采用非选择性琼脂培养基的筛选方法，该方法可分离对抗生素敏感的弯杆菌菌株。

人们已经为食品样本建立了基于细菌培养的国际标准协议，包括通过表型分型和生化检测方法来进行确认。这些方法较为耗时，需要5~6天才能得到确认结果。

在过去的几十年中，人们已经开发了更快和免培养的检测和鉴定方法，即免疫学和分子生物学检测方法；已描述了检测粪便的简单胶乳凝集试验方法和鉴定培养弯杆菌的方法；已开发了ELISA检测技术和基于抗体层流免疫测定技术，主要用于检测食物或人类粪便。这些试验的优点是简单快速。然而，它们的性能和敏感性各不相同。在富集样品与其他技术（如ELISA-PCR）相结合之后可以获得能与培养方法相媲美的结果。

质谱分析是鉴定弯杆菌的另一个方法。最近质谱法在临床检验中较为流行，将MALDI-TOF方法描述为能准确快速实现种间鉴别的工具[8]。

自20世纪90年代以来，人们研究出了大量基于PCR的检测技术，这其中既有传统基于凝胶的PCR检测技术，又有实时PCR检测技术。PCR测试方法可对弯杆菌菌种实现快速可靠的识别和鉴定[49]。通过PCR方法在临床样本和食物中进行的检测可能被矩阵中的抑制物质所阻碍。因此，DNA提取步骤是非常重要的。不同矩阵中定量检测弯杆菌的实时PCR方法已经被描述了[21,28]，用于检测食品的商业化试剂盒也出现了。至于免疫分析法，许多该类方法都需要一个初始富集步骤来提高敏感性[20]。

对于流行病学研究和感染路径追踪来说，菌株需要在种级水平以下来定性。在20世纪80年代，人们制定了两套血清分型方案。虽然血清分型被认为是一种很有用的工具，但是因对无法分型的菌株和抗血清的可获取性差等问题限制了它的使用，分子分型方法在很大程度上已经取代了这种方法。基本归属于两大类的几种分子技术已发展为可以进行亚型分析。第一大类为基于限制性DNA片段分析菌株特异性组合模式，例如PFGE技术，基于PCR的限制性片段长度多态性技术（PCR-RFLP），以及扩增片段长度多态性技术。PFGE技术具有较高的分辨率，且该技术对于调查突发疫情和小规模流行病研究都十分有用，且其被作为弯杆菌分亚型的黄金标准。可以在互联网上访问两个标准化协议：脉冲网协议（www. pulsenetinternational. org/protocols）和 Campynet 协议（www. scribd. com/doc/38461463/PFGE - Protocol）。第二大类是基于序列技术的方法，例如多位点序列分型方法。7 个管家基因中的单核苷酸多态性构成了多位点序列分型方案的基础。序列数据可以在实验室间再生和交换，并且被储存在一个公共数据库中（http：//pubmlst. org/campylobacter），多位点序列分型方法已经广泛用于对弯杆菌的流行病学研究以及群体遗传学研究，特别是来源归属研究[42]。人们开发了大量基因分型方法，它们都有其益处和局限性[6]。将来，有望开发和使用更多的基于全基因组序列分型系统。测序技术的快速发展产生了大量的序列数据，这将为这一发展提供更大的可能。然而，为了便于管理和分析序列数据，需要对生物信息学平台进行扩展。

6　致谢

　　对瑞典国家兽医研究所病毒学联合研究和开发部，以及瑞典农业科学大学的同事们所做的贡献表示感谢，他们的研究工作得到了瑞典农业科学大学提供给 S. Belák 的杰出奖支持。

参考文献

[1] Alexander D. J. & Brown I. H. (2009). History of highly pathogenic avian influenza. *In* Avian influenza (T. Mettenleiter, ed.). *Rev. sci. tech. Off. int. Epiz.*, 28 (1), 19 - 38.

[2] Allos B. M. (2001). *Campylobacter jejuni* infections：update on emerging issues and trends. *Clin. infect. Dis.*, 32 (8), 1201 - 1206.

[3] Ayodeji M. , Kulka M. , Jackson S. A. , Patel I. , Mammel M. , Cebula T. A. & Goswami B. B. (2009). A microarray based approach for the identification of common foodborne viruses. *Open Virol. J.*, 3, 7 - 20.

[4] Baner J. , Gyarmati P. , Yacoub A. , Hakhverdyan M. , Stenberg J. , Ericsson O. , Nilsson M. , Landegren U. & Belák S. (2007). Microarray - based molecular detection of foot - and - mouth disease, vesicular stomatitis and swine vesicular disease viruses, using padlock probes. *J. virol. Meth.*, 143 (2), 200 - 206.

[5] Beato M. S. & Capua I. (2011). Transboundary spread of highly pathogenic avian influenza through poultry commodities and wild birds：a review. *In* The spread of pathogens through international trade (S. C. MacDiarmid, ed.). *Rev. sci. tech. Off. int. Epiz.*, 30

(1), 51 – 61.

[6] Behringer M., Miller W. G. & Oyarzabal O. A. (2011). Typing of *Campylobacter jejuni* and *Campylobacter coli* isolated from live broilers and retail broiler meat by flaA – RFLP, MLST, PFGE and REP – PCR. *J. microbiol. Meth.*, 84 (2), 194 – 201.

[7] Belák S., Kiss I. & Viljoen G. J. (2009). New developments in the diagnosis of avian influenza. *In* Avian influenza (T. Mettenleiter, ed.). *Rev. sci. tech. Off. int. Epiz.*, 28 (1), 233 – 243.

[8] Bessede E., Solecki O., Sifre E., Labadi L. & Megraud F. (2011). Identification of *Campylobacter* species and related organisms by matrix assisted laser desorption ionization – time of flight (MALDI – TOF) mass spectrometry. *Clin. Microbiol. Infect.*, 17 (11), 1735 – 1739.

[9] Bosch A., Sánchez G., Abbaszadegan M., et al. (2011). Analytical methods for virus detection in water and food. *Food analyt. Methods*, 4 (1), 4 – 12.

[10] Chen H., Mammel M., Kulka M., Patel I., Jackson S. & Goswami B. B. (2011). Detection and identification of common food – borne viruses with a tiling microarray. *Open Virol. J.*, 5, 52 – 59.

[11] Chmielewski R. & Swayne D. E. (2011). Avian influenza: public health and food safety concerns. *Annu. Rev. Food Sci. Technol.*, 2, 37 – 57.

[12] Cleaveland S., Laurenson M. K. & Taylor L. H. (2001). Diseases of humans and their domestic mammals: pathogen characteristics, host range and the risk of emergence. *Philos. Trans. roy. Soc. Lond.*, B, *biol. Sci.*, 356 (1411), 991 – 999.

[13] European Food Safety Authority & European Centre for Disease Prevention and Control (2013). The European Union summary report on trends and sources of zoonoses, zoonotic agents and food – borne outbreaks in 2011. *EFSA J.*, 11 (4), 3129.

[14] Food and Agriculture Organization of the United Nations (FAO) (2011). Approaches to controlling, preventing and eliminating H5N1 highly pathogenic avian influenza in endemic countries. FAO, Rome, 1 – 88.

[15] Fuller T., Bensch S., Müller I., Novembre J., Pérez – Tris J., Ricklefs R. E., Smith T. B. & Waldenström J. (2012). The ecology of emerging infectious diseases in migratory birds: an assessment of the role of climate change and priorities for future research. *EcoHealth*, 9 (1), 80 – 88.

[16] Gilbert C., Winters D., O'Leary A. & Slavik M. (2003). Development of a triplex PCR assay for the specific detection of *Campylobacter jejuni*, *Salmonella* spp., and *Escherichia coli* O157: H7. *Molec. cell. Probes*, 17 (4), 135 – 138.

[17] Harder T. C., Teuffert J., Starick E., Gethmann J., Grund C., Fereidouni S., Durban M., Bogner K. H., Neubauer – Juric A., Repper R., Hlinak A., Engelhardt A., Nockler A., Smietanka K., Minta Z., Kramer M., Globig A., Mettenleiter T. C., Conraths F. J. & Beer M. (2009). Highly pathogenic avian influen-

za virus（H5N1）in frozen duck carcasses，Germany，2007. *Emerg. infect. Dis.*，15（2），272 – 279.

[18] Jolley K. A. & Maiden M. C.（2010）. BIGSdb：Scalable analysis of bacterial genome variation at the population level. *BMC Bioinformatics*，11，595.

[19] Jones K. E.，Patel N. G.，Levy M. A.，Storeygard A.，Balk D.，Gittleman J. L. & Daszak P.（2008）. Global trends in emerging infectious diseases. *Nature*，451（7181），990 – 993.

[20] Josefsen M. H.，Carroll C.，Rudi K. O.，Engvall E. & Hoorfar J.（2011）. *Campylobacter* in poultry，pork，and beef. *In* Rapid detection，identification，and quantification of foodborne pathogens（J. Hoorfar，ed.）. ASM Press，Washington，DC，209 – 227.

[21] Josefsen M. H.，Lofstrom C.，Hansen T. B.，Christensen L. S.，Olsen J. E. & Hoorfar J.（2010）. Rapid quantification of viable *Campylobacter* bacteria on chicken carcasses，using real – time PCR and propidium monoazide treatment，as a tool for quantitative risk assessment. *Appl. environ. Microbiol.*，76（15），5097 – 5104.

[22] Joseph A. O. & Carlos G. L.（2011）. Salmonella detection methods for food and food ingredients. *In* Salmonella – a dangerous foodborne pathogen（M. M. Barakat，ed.）. Intech，Rijeka，Croatia，New York & Shanghai，374 – 392.

[23] Kim J. S.，Lee G. G.，Park J. S.，Jung Y. H.，Kwak H. S.，Kim S. B.，Nam Y. S. & Kwon S. T.（2007）. A novel multiplex PCR assay for rapid and simultaneous detection of five pathogenic bacteria：*Escherichia coli* O157：H7，*Salmonella*，*Staphylococcus aureus*，*Listeria monocytogenes*，and *Vibrio parahaemolyticus*. *J. Food Protec.*，70（7），1656 – 1662.

[24] Koopmans M. & Duizer E.（2004）. Foodborne viruses：an emerging problem. *Int. J. Food Microbiol.*，90（1），23 – 41.

[25] Kuhns M.，Zautner A. E.，Rabsch W.，Zimmermann O.，Weig M.，Bader O. & Gross U.（2012）. Rapid discrimination of *Salmonella enterica* serovar Typhi from other serovars by MALDI – TOF mass spectrometry. *PLoS ONE*，7（6），e40004.

[26] Lastovica A. J. & Allos B. M.（2008）. Clinical significance of *Campylobacter* and related species other than *Campylobacter jejuni* and *Campylobacter coli*. *In* Campylobacter（I. Nachamkin，C. M. Szymanski & M. J. Blaser，eds）. ASM Press，Washington，DC，123 – 149.

[27] Le Guyader F. S.，Bon F.，DeMedici D.，Parnaudeau S.，Bertone A.，Crudeli A. S.，Doyle A.，Zidane M.，Suffredini E.，Kholi E.，Maddalo F.，Morini M.，Gallay A.，Pommepuy M.，Pothier P. & Ruggeri F. M.（2006）. Detection of multiple noroviruses associated with an international gastroenteritis outbreak linked to oyster consumption. *J. clin. Microbiol.*，44，3878 – 3882.

[28] Leblanc – Maridor M.，Beaudeau F.，Seegers H.，Denis M. & Belloc C.（2011）. Rapid identification and quantification of *Campylobacter coli* and *Campylobacter jejuni*

by real – time PCR in pure cultures and in complex samples. *BMC Microbiol.*, 11, 113.

[29] Lees D. (2010). International standardisation of a method for detection of human pathogenic viruses in molluscan shellfish. *Food environ. Virol.*, 2, 146 – 155.

[30] Leijon M., Ullman K., Thyselius S., Zohari S., Pedersen J. C., Hanna A., Mahmood S., Banks J., Slomka M. J. & Belák S. (2011). Rapid PCR – based molecular pathotyping of H5 and H7 avian influenza viruses. *J. clin. Microbiol.*, 49 (11), 3860 – 3873.

[31] McKillip J. L. & Drake M. (2004). Real – time nucleic acid – based detection methods for pathogenic bacteria in food. *J. Food Protec.*, 67 (4), 823 – 832.

[32] Majowicz S. E., Musto J., Scallan E., Angulo F. J., Kirk M., O' Brien S. J., Jones T. F., Fazil A. & Hoekstra R. M. (2010). The global burden of nontyphoidal Salmonella gastroenteritis. *Clin. infect. Dis.*, 50 (6), 882 – 889.

[33] Malorny B., Bunge C. & Helmuth R. (2007). A real – time PCR for the detection of *Salmonella* Enteritidis in poultry meat and consumption eggs. *J. microbiol. Meth.*, 70 (2), 245 – 251.

[34] Maunula L., Roivainen M., Keranen M., Makela S., Soderberg K., Summa M., von Bonsdorff C. H., Lappalainen M., Korhonen T., Kuusi M. & Niskanen T. (2009). Detection of human norovirus from frozen raspberries in a cluster of gastroenteritis outbreaks. *Eurosurveillance*, 14 (49).

[35] Mesquita J. R., Vaz L., Cerqueira S., Castilho F., Santos R., Monteiro S., Manso C. F., Romalde J. L. & Nascimento M. S. (2011). Norovirus, hepatitis A virus and enterovirus presence in shellfish from high quality harvesting areas in Portugal. Food Microbiol., 28 (5), 936 – 941.

[36] Morales – Rayas R., Wolffs P. F. G. & Griffiths M. W. (2010). Simultaneous separation and detection of hepatitis A virus and norovirus in produce. *Int. J. Food Microbiol.*, 139 (1 – 2), 48 – 55.

[37] Newell D. G., Koopmans M., Verhoef L., Duizer E., Aidara – Kane A., Sprong H., Opsteegh M., Langelaar M., Threfall J., Scheutz F., van der Giessen J. & Kruse H. (2010). Food – borne diseases: the challenges of 20 years ago still persist while new ones continue to emerge. *Int. J. Food Microbiol.*, 139 (Suppl. 1), S3 – 15.

[38] O' Regan E., McCabe E., Burgess C., McGuinness S., Barry T., Duffy G., Whyte P. & Fanning S. (2008). Development of a real – time multiplex PCR assay for the detection of multiple *Salmonella* serotypes in chicken samples. *BMC Microbiol.*, 8, 156.

[39] Pasick J., Handel K., Robinson J., Copps J., Ridd D., Hills K., Kehler H., Cottam – Birt C., Neufeld J., Berhane Y. & Czub S. (2005). Intersegmental recombination between the haemagglutinin and matrix genes was responsible for the emergence of a highly pathogenic H7N3 avian influenza virus in British Columbia. *J. gen. Virol.*,

86 (Pt 3), 727 – 731.

[40] Promkuntod N., Antarasena C. & Prommuang P. (2006). Isolation of avian influenza virus A subtype H5N1 from internal contents (albumen and allantoic fluid) of Japanese quail (*Coturnix coturnix japonica*) eggs and oviduct during a natural outbreak. *Ann. N. Y. Acad. Sci.*, 1081, 171 – 173.

[41] Rajtak U., Leonard N., Bolton D. & Fanning S. (2011). A real – time multiplex SYBR Green I polymerase chain reaction assay for rapid screening of salmonella sero-types prevalent in the European Union. *Foodborne Path. Dis.*, 8 (7), 769 – 780.

[42] Sheppard S. K., Dallas J. F., Strachan N. J., MacRae M., McCarthy N. D., Wilson D. J., Gormley F. J., Falush D., Ogden I. D., Maiden M. C. & Forbes K. J. (2009). Campylobacter genotyping to determine the source of human infection. *Clin. infect. Dis.*, 48 (8), 1072 – 1078.

[43] Swayne D. E. & Beck J. R. (2005). Experimental study to determine if low – pathoge-nicity and high – pathogenicity avian influenza viruses can be present in chicken breast and thigh meat following intranasal virus inoculation. *Avian Dis.*, 49 (1), 81 – 85.

[44] Van Kerkhove M. D., Mumford E., Mounts A. W., Bresee J., Ly S., Bridges C. B. & Otte J. (2011). Highly pathogenic avian influenza (H5N1): pathways of exposure at the animal – human interface, a systematic review. *PLoS ONE*, 6 (1), e14582.

[45] Wang Q. H., Han M. G., Cheetham S., Souza M., Funk J. A. & Saif L. J. (2005). Porcine noroviruses related to human noroviruses. *Emerg. infect. Dis.*, 11 (12), 1874 –1881.

[46] World Organisation for Animal Health (OIE) (2009). Avian influenza, Chapter 2. 3. 4. In Manual of Diagnostic Tests and Vaccines for Terrestrial Animals, Vol. I., 6th Ed. OIE, Paris, 467 – 481.

[47] World Organisation for Animal Health (OIE) (2010). Avian influenza, Chapter 10. 4. *In* Terrestrial Animal Health Code, Vol. II. OIE, Paris, 1 – 20.

[48] Yacoub A., Leijon M., McMenamy M. J., Ullman K., McKillen J., Allan G. & Belák S. (2012). Development of a novel real – time PCR – based strategy for simple and rapid molecular pathotyping of Newcastle disease virus. *Arch. Virol.*, 157 (5), 833 – 844.

[49] Yamazaki – Matsune W., Taguchi M., Seto K., Kawahara R., Kawatsu K., Kumeda Y., Kitazato M., Nukina M., Misawa N. & Tsukamoto T. (2007). Development of a multiplex PCR assay for identification of Campylobacter coli, Campylobacter fetus, Campy-lobacter hyointestinalis subsp. hyointestinalis, Campylobacter jejuni, Campylobacter lari and Campylobacter upsaliensis. J. med. Microbiol., 56 (Pt 11), 1467 – 1473.

人畜共患食源性寄生虫及其监测

K. D. Murrell[①]*

　　摘要：人类正遭受一些人畜共患食源性寄生虫病的威胁。它们当中有些是致命的（如旋毛虫病、脑囊虫病），而有些是慢性的，仅会引发轻微的疾病（如肠绦虫病）。人类感染寄生虫通常是通过食用了寄生虫的自然宿主（如肉类）。如果人们对疾病感染与卫生知识不够了解，或存在不当的畜牧生产方式，以及人类和动物废物处理方式，那么人类感染以上寄生虫的风险就会非常高。由于寄生虫的生活史与流行病学特征不同，人类在设计各类食源性寄生虫监测方案和控制战略，以及兽医和公共卫生机构参与程度，都有显著差异。尽管越来越多的人感染旋毛虫病例源于食用野味，但大部分还是通过食用猪肉感染旋毛虫病。就绦虫病而言，人类感染的唯一来源就是食用猪肉（猪带绦虫）和牛肉（牛带绦虫）。食用了未经适当烹饪的肉是增加人类感染风险的主要因素。然而，对于猪或牛而言，感染旋毛虫和绦虫之间的风险因素有很大的不同。对于旋毛虫而言，猪感染主要是直接接触被感染的动物产品（携带感染性的幼虫），但是对于绦虫而言，猪感染主要为接触了受绦虫成虫虫卵感染的人类排泄物。因此，防止猪和牛暴露于旋毛虫、猪带绦虫和牛带绦虫的方法有显著差异，尤其还要确保农场动物生物安全。人们正在讨论监测家畜寄生虫的战略及方法，包括政策措施，以及兽医与医疗机构之间的必要合作，以建立一个全国性的报告和控制体系。

　　关键词：囊尾蚴病　寄生虫　监测　绦虫　旋毛虫　旋毛虫病　动物传染病

0　引言

　　人类食源性寄生虫感染涉及体内寄生虫，包括原虫和蠕虫，感染途径主要是食入可作为食物的寄生虫自然宿主[3]。

　　食源性人畜共患寄生虫威胁着人类的健康，其中有些寄生虫是致死性的（如旋毛虫病、脑囊虫病），而有些寄生虫则是慢性的，仅会引起轻微疾病（如肠

---

　　① 健康科学统一服务大学，预防医学及生物统计学系，美国。

　　* 电子邮箱：kdmurrell@comcast.net。

蚴病)[13,15,16]。大部分国家的兽医服务部门（如食品检验）的责任之一就是防止人类感染这些寄生虫。但还有一些寄生虫，如寄生性原虫（弓形虫、隐孢子虫及环孢子虫）和鱼源性寄生虫（如肝吸虫和肠吸虫），虽然在海洋鱼类贸易中可能会要求进行检验，或者对鱼类进行蠕虫灭活处理，但通常不在兽医部门的管理范围。

为了证明食源性人畜共患寄生虫问题对公共健康、经济的重要性，以及对兽医服务机构的需求，本文选择食源性线形寄生虫和绦虫寄生虫为例进行讨论。旋毛虫（旋毛虫病）及绦虫（猪囊尾蚴病和猪带绦虫病）有共同的流行病学特征，即肉源性。它们很好地说明了我们在监测和控制措施过程中面临的挑战。当出现以下情形时，人类感染这些寄生虫的风险最高：

- 自给自足的食品生产方式；
- 不够了解疾病感染与卫生知识；
- 落后的畜牧业生产方式；
- 不安全的人类和动物废弃物处理方式[13]。

由于寄生虫的生活史、流行病学与生物学特征不同（表1），这些食源性寄生虫的监测策略设计和兽医与公共卫生机构的参与度有很大不同，因此要分开讨论。

表1　肉源性寄生虫的主要生物学及流行病学特征[13]

寄生虫	分　布	生物学	流行病学
线虫纲 （蛔虫） 旋毛虫属	旋毛虫是人类和猪群最重要的动物传染物。旋毛虫分布于全世界，其他种的毛线虫主要栖息于森林，且有一定的地理限制	生命周期不寻常，因为所有阶段均发生在同一宿主体内。大部分种的毛线虫仅感染哺乳类动物，包括人类。肠道内的成虫卵孵化出的幼虫侵入循环系统，并移行到横纹肌形成囊肿。如果肌幼虫（旋毛虫）被另一个哺乳类动物吞食，则该幼虫会在其肠道内发育为成虫	感染该病一般是摄入生的、烹饪不充分的、熏制或腌制的肉类。人群暴发流行该病通常会与社会活动有关（如圣诞节和其他庆祝活动）。人们会为这些活动准备特殊的民族菜肴，如香肠。近期，欧洲部分少数民族暴发的旋毛虫病例，就是因为食用生的或未充分烹饪的被旋毛虫感染的马肉。狩猎者在食用野味，特别是野猪和野熊时，有被感染的风险
绦虫纲 （绦虫） 牛带绦虫 （牛肉） 猪带绦虫 （猪肉）	全世界，尤其是亚洲、非洲和拉丁美洲	成虫只感染人体肠道。中间宿主：绦虫幼虫（囊尾蚴）通常存在于猪的肌肉和内脏中。但是，如果人类意外摄入虫卵，他们也可能会变为中间宿主，其肌肉、内脏及大脑中（神经系统囊虫病）存在幼虫。牛带绦虫幼虫（囊尾蚴）存在于牛肌肉中	食用生的或烹饪不充分的猪肉或牛肉会导致成虫感染（绦虫）。人类随意排便、猪群进入公共厕所，以及将污水用于灌溉庄稼和牧草都是关键风险因素

1 旋毛虫病

旋毛虫在全世界都有分布，它是旋毛虫属中引起人类疾病最多的品种[8,14]。尽管一些旋毛虫病是由野味肉（包括野猪）引起的，但是大部分人类感染的旋毛虫病是由食用受感染猪肉导致的。在欧洲，因食用感染旋毛虫马匹的肉而导致人感染的情况也较多，直到人们对进口的马匹实施了有效的检测措施，感染情况才得到有效控制。旋毛虫是细胞内寄生虫，在小肠上皮细胞层发育成熟。其孵化的幼虫移行到骨骼横纹肌形成胞内囊肿（旋毛虫）。旋毛虫的宿主包括各种哺乳类、鸟类及爬行类动物，但是尤以野猪类为主（图1）。旋毛虫属共有8个种，但是在猪肉相关的病例中，旋毛虫是主要风险；两种常见于野生动物的旋毛虫——伪旋毛虫和布氏旋毛虫，很少见于农场饲养的猪群中[14]。这些基因型线虫的地理分布要比旋毛虫更有限[18]。旋毛虫病对于人类而言可以致命，但对动物而言，临床症状却不太明显[6]。

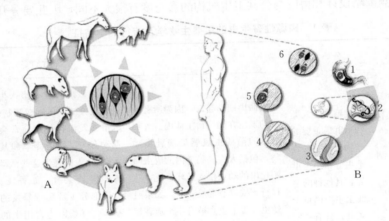

图1　旋毛虫的生活史
A. 在各种动物中的循环　B. 旋毛虫发育史
注：选自 FAO/WHO/OIE 旋毛虫病监测、管理、预防和控制指南第一章的图1[8]。

1.1　人类感染的预防

预防人类感染旋毛虫通常依靠：

- 教育消费者，使其认识到生食或食用未烹饪猪肉或猪肉制品的感染风险；
- 食用前对猪肉进行烹饪、冷冻或腌制等加工步骤；
- 屠宰场开展猪胴体检疫[9]。

1.1.1 肉类检疫

检测屠宰场中猪肉内旋毛虫时，最常使用的方法是人工消化肌肉样品，释放肌肉中的旋毛虫幼虫，并用显微镜观察。鉴别再生幼虫可以利用基因分型技术（PCR），而不是依靠形态学[9,17]。此技术还可用于马肉检疫。按照国际认可的处理规程，未检疫的猪肉在冷冻处理后可供安全消费[8,9]。

野生动物的肉和肉制品也应该被视作人类的潜在感染源，和上述猪肉一样，同样需要接受检疫或满足同样的肉类加工要求。更重要的是，不像肌肉中的旋毛虫幼虫，野生动物肉品中发现的其他旋毛虫幼虫可能是抗冻的。因此，未经冷冻的野生动物肉可能会引发公共卫生风险，因而在食用前应充分烹饪[9,17]。

1.1.2 血清学检测

血清学测试（例如 ELISA，使用的是体外培养的肌肉幼虫排泄/分泌抗原）可用于商业性猪群感染情况检测。虽然该技术对奶牛检测是可靠的，但是尚未获得国际食品安全有关机构的批准，用于屠宰场个体猪检测[10]。

1.2 预防猪的感染

预防家猪感染旋毛虫应防止它们接触感染旋毛虫的肉类（食物垃圾中的猪油渣、被旋毛虫感染的鼠类和野生动物的肉）[9,10]。

1.2.1 生物安全措施

防止国内农场猪群接触旋毛虫最有效方法是采取适当的生物安全措施。这些措施在 FAO/WHO/OIE 旋毛虫监测、管理、预防和控制指南[8]以及 OIE《陆生法典》第 8.13 章[23]有详细描述。这些措施主要包括：

- 在安全受控的场所中饲养猪；
- 搭建房屋和环境屏障，以防止猪群接触啮齿动物和野生动物；
- 实施啮齿动物控制计划；
- 提供安全且充足的饲料；
- 确保动物尸体得到安全处理；
- 只引入无旋毛虫感染源的猪群。

为最大限度地降低户外饲养猪（自由放养）接触旋毛虫风险带来的挑战，应最大限度地按照上述措施和要求饲养猪。

1.2.2 家猪旋毛虫监督和监测

监测的目的是证明家猪存在猪源性旋毛虫感染。实现这一目标需要制定政策性规则。欧洲委员会第 2075/2005 条规定已被欧洲采用，例如仅育肥或屠宰用的生猪，其屠宰生产场所经过权威部门认定，符合无旋毛虫感染场所生产的标准，屠宰时可以免于旋毛虫检测。此免检措施也可用于那些来自官方认为

"可忽略"风险地区的猪群[1,10]。但是，现在"可忽略风险"没有明确定义。这就会产生一些不确定性，有必要进行澄清。此外，如果相关国家没有 10 年或以上家畜屠宰前的数据，那么它不可能未经过大量监测工作，便取得"可忽略风险"的认可。因此，需要开发基于风险的监测标准，以满足简便快速的认定需求。有人提议认定可忽略风险的国家（表 2）；原始内容请查阅参考细节[1]。然而，农场的可忽略风险条件是建立在必要的生物安全措施基础上的（如上所述），这些措施对于饲养在控制场所的猪群最切实可行；这些计划必须在国家兽医主管部门管理下实施。那些符合生物安全条件的农场可视为可忽略风险的场所。

表 2 实现旋毛虫可忽略风险状态：提议创建一个关于在可控制场所内育肥猪生产的监测和取样的欧盟框架（摘自 Alban 等[1]）

流行病国家的监测种类 1[a]	晋级标准	低风险国家的监测种类 2[b]	晋级标准	可忽略风险国家的监测种类 3[c]
所有猪必须检测	过去 5 年内没有阳性猪	抽检一定比例的猪样品，以证明监测的敏感度≥95%，监测每百万中≥1 个病例	一次监测后 2 年内国家没有发现阳性结果，从而表明监测敏感度≥99%	不要求检测

注：a. 旋毛虫流行；b. 在控制场所饲养低风险的猪；c. 每百万猪感染个数少于 1；* 可用到的历史数据。

国家、区域、场地或畜群中的家猪旋毛虫监测和监管计划应该包括以下特征：

• 全国所有旋毛虫感染动物（家养和野生动物）都应该报告；
• 需依据 OIE《陆生法典》4.1 和 4.2 章规定，制定家猪的识别和追踪系统[20,21]；
• 需要制定合适的规定，以追踪商业环境下用于人类消费的野生动物肉类；
• 兽医部门应当了解、精通当前全国、隔离区或区域内家猪相关情况；
• 兽医部门应该对当前全国、地区或隔离区野猪的种群和栖息地等情况有一定了解；
• 虽然合适的监测技术对于控制场所生物安全的建立与维护没有决定性作用，但是该技术可以检测到野猪及其他易受感染野生动物是否存在旋毛虫感染性以及基因类型，这一点可能会很有价值。

旋毛虫病监测措施可以设置在生猪生产商、屠宰场（屠杀和加工）或消费阶段[8,9,10]。对于多数旋毛虫流行的国家而言，屠宰检疫是一项强制性要求

（如欧洲、俄罗斯、阿根廷），如果利用识别系统追踪感染动物，那么其可以提供宝贵的监测数据[9,10,17]。

OIE《陆生法典》[23]第8.3章也描述了基于旋毛虫风险评估监测计划的实施要求。该法典对兽医部门的指导要求包括：

• 按照OIE《陆生法典》第1.4章[19]规定，其依据监测目的及流行病学情况，调整方案设计、流行度及置信水平（设计方案需适当考虑流行度、历史情况和流行病学情况）。

• 确保屠宰、饲养于不受控场所（或是可忽略风险的隔离区）的猪，以及饲养于暴露户外环境的家猪，都按照《陆生手册》进行检测[22]（兽医部门规定受控的生物安全环境下饲养的猪群除外）。

• 确保所有被屠宰、供人消费的野猪都按照《陆生手册》的要求进行检测；

• 对野生动物（包括野猪）中的旋毛虫感染病例进行流行病学分析；

• 收集的关于旋毛虫感染的数据可以来自目标性监测，或因其他目的收集的样品信息，如被打猎、野生动物控制行动、公路上被压死动物研究及独立研究。

在旋毛虫流行国家，野生动物是家猪感染的自然宿主，因此评估野生动物对其感染的风险非常重要，所以需要一个监控项目。地理信息系统可以帮助实现此目的，特别是用于识别潜在的高风险区域，因为在此区域家猪可以接触到旋毛虫野生动物自然宿主。例如，美国自由放养和生态农场迅速发展，人们担心家猪接触栖息于森林中的旋毛虫宿主的风险日益增加。在一次实验中，人们使用地理信息系统工具，定位那些被报告存在野生动物或家猪感染旋毛虫的农场位置。该地图与当前户外饲养猪的位置相吻合。该地图显示出存在潜在接触风险的"热点区域"，这为兽医部门提供了有用信息，以便集中精力进行监控[2]。

1.3　囊尾蚴病和绦虫病

囊尾蚴病和绦虫病分别指感染绦虫幼虫和成虫的食源性动物传染病。这些绦虫的主要特征是其幼虫存在于牛或猪的肌肉组织中（牛肉或猪肉），而成虫是人类肠道的专性寄生虫（表1）[12]。猪带绦虫、牛带绦虫以及亚洲带绦虫（中国台湾绦虫）是人类感染绦虫病最重要的病原[7]。当人类食入携带囊尾蚴的肉时，在胃肠消化道中幼虫会从包囊中出来，并发育为大量增殖性片段或节片，每个片段或节片孵育出大量的卵，然后通过粪便污染环境。囊尾蚴病是用于指猪和牛组织感染的术语。但是，就猪带绦虫而言，人类既可以是其中间宿主，幼虫或囊尾蚴也可以在人体内发育（图2），所以人是其独特的宿主。当猪、牛或人食入虫卵时，就会释放出六钩幼虫。六钩幼虫会穿透肠道组织，进入血液，然后不断循环，直至侵入横纹肌和心肌；猪带绦虫囊尾蚴还可能侵入眼睛或中枢神经系统（CNS）。当囊尾蚴侵入中枢神经系统，就会引发脑囊虫病；撒哈拉以南非洲地区越来越关注人畜共患病，人们逐渐意识到脑囊虫病的重要性，因为它是引起癫痫症的原因之一[1,15]。

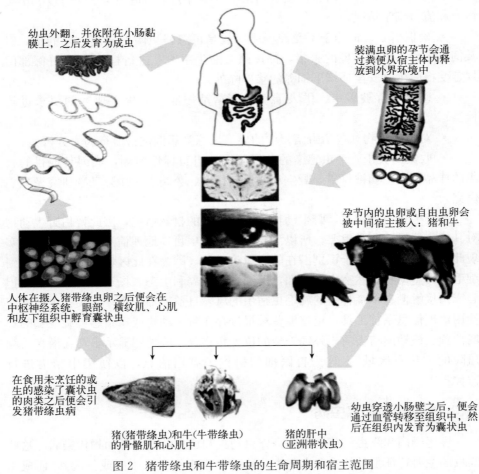

图 2　猪带绦虫和牛带绦虫的生命周期和宿主范围

注：选自 WHO/FAO/OIE 猪肉绦虫病/囊尾蚴病监测、预防和控制指南第一章的图 1.2[7]。

　　猪带绦虫在世界范围内都有分布，但是在拉丁美洲、非洲和亚洲最为流行，因为这些地区普遍贫穷，卫生条件差，且人与家畜接触密切。据估计，全世界有 250 万人感染成年猪带绦虫（携带者），且有 2 000 万人感染过囊尾蚴[12]。人类携带者（排虫卵）是控制措施的主要实施目标。非洲及其他地方养猪的小规模农场主养猪生产规模迅速扩大，使得家猪和人囊尾蚴病数量显著增加。政府正在试图扩大家畜生产和增加农村地区的收入，与此同时也带来了挑战。

猪带绦虫和亚洲带绦虫只引起人的猪带绦虫病（成年猪带绦虫），且主要是轻微的临床问题。然而，人类携带者还会引起牛感染（牛囊尾蚴病），从而造成经济影响。这是由于在屠宰检疫中，肉被认定是罪魁祸首。

2 主要风险因素

2.1 猪带绦虫

2.1.1 猪传染人

人类感染猪囊尾蚴的主要途径是食用携带活囊尾蚴的猪肉。在流行该病的国家，人的主要风险因素是[12]：

- 缺少全面、符合要求的屠宰检疫；
- 逃避检疫的私屠滥宰；
- 食用生的或烹饪不当猪肉的消费习惯。

正如上文讨论的，人类是独特的宿主，他们可以充当猪带绦虫的中间宿主，虫卵被食入后也可在人体内发育成幼虫或囊尾蚴，而且可能发生自体感染[7,12]。

2.1.2 人传染猪

人体排出的虫卵传染猪的主要风险因素如下[12]：

- 在不符合要求的猪场饲养或自由放养猪，其猪场缺乏公共厕所，或在猪场周边或内部存在人户外排便；
- 猪群可以接触人类排泄物；
- 使用污水、污泥或粪便灌溉、施肥，用于饲养猪的牧场及庄稼；
- 人类携带者参与猪饲养管理。

2.2 牛带绦虫

2.2.1 牛传染人

人感染牛带绦虫（牛带绦虫病/囊尾蚴病）的主要风险因素与感染猪带绦虫相似。

主要的风险因素是消费生的或烹饪不当的牛肉。缺乏符合要求的肉类检疫（兽医控制）也是风险之一。

2.2.2 人传染牛

主要风险是：

- 养牛场或牧场周边或内部存在人户外排便；

- 养牛场周围缺乏有效的苍蝇或鸟类的控制措施；
- 使用污水、污泥或未经处理的人类粪便灌溉、施肥，用于饲养牛的庄稼和牧草；
- 人类携带者参与牛群饲养管理；
- 游客在营地、公路及铁路周边随意排泄。

2.3 亚洲带绦虫

它是近期发现的人畜共患寄生虫，其流行病学没有明显的特征，但与牛带绦虫和猪带绦虫有类似的特征。从卵传染到猪的相关风险因素与上述讨论的猪带绦虫的类似。然而，现在并没有证据表明该病会引发人的囊尾蚴病[7]。

3 当前预防和控制绦虫病和囊尾蚴病的途径

3.1 猪带绦虫

3.1.1 预防猪传染人

（1）肉类检疫

在很多流行该病国家，当地人检查猪舌头囊肿，以识别猪只是否感染猪带绦虫[11]。如果该项检测是由有经验人担任，且操作适当（对整个舌头进行触诊和目测），那么该技术的特异性就会非常高，尽管对于轻微感染的动物来说，敏感度较低[4]。

各国常规肉类检疫猪肉囊尾蚴病的规程并不同[11]，一些国家只进行目测，而另一些国家还规定要对一个或多个所谓的易发位置切割查看，如心脏、隔膜、咀嚼肌、舌头、颈部、肩部、肋间肌和腹肌。肉类检疫的效果不仅要依靠全面的检测手段，还依靠猪感染的程度[5]。

（2）血清学技术

猪带绦虫囊尾蚴病的免疫诊断手段通常用于患病率调查、区域调查及干预研究中。所使用的检测也因抗原类型及检测程序配置不同有所差别。尽管该方法对人类检测很有效[4]，但检测猪时可能会遇到很多问题，商业性宰前检验没有采用该方法。

3.2 亚洲带绦虫

猪是亚洲带绦虫最重要的中间宿主。不像猪带绦虫的囊尾蚴，它仅仅存活于器官中，亚洲带绦虫的幼虫偏爱肝，有时在肺部，或者依附于结肠的网膜或浆膜之上。在自然宿主动物体内，亚洲带绦虫的包囊通常会退化，必须区别猪蛔虫幼虫（"白色斑点"）引起的肝病变。抗体和抗原检测化验都可以用于亚洲带绦虫诊断[4]，但是注意事项与猪带绦虫一样。

3.3　牛带绦虫

3.3.1　肉类检疫

　　许多国家使用的是"刀和眼睛"视诊手段，通过此法对易发位置（心脏、舌头、咀嚼肌、食道和隔膜）进行目测或切割检查，以检验囊尾蚴病[11]。但研究表明，除了心脏，没有一块肌肉可以被视为真正的易发位置。重要的是日常肉类检疫仅仅针对感染比较严重的动物，牛囊尾蚴病的实际患病率至少被低估了3～10个百分点[4]。

3.3.2　血清学技术

　　牛囊尾蚴病的免疫诊断已经被用于流行病学研究，以及单个或群体诊断中[4]。人们已经开发了抗体和抗原检测方法，前者用于检测动物是否感染过寄生虫，后者用于检测是否存在活体感染，其中 ELISA 是最流行的检测方法。正如所有潜在的人畜共患寄生虫的宰前血清学诊断一样，敏感性低是轻度感染检测的一大问题，但当用于群体层面监测，而非个体动物诊断性检测时，血清学检测可能是最有效的方法。

3.4　预防和控制猪和牛囊尾蚴病

　　强化兽医服务，增强控制家畜感染的能力非常重要。培养具有法律效力的安全屠宰和肉类检疫能力也很有必要，特别是在发展中国家，应将食源性感染放在食品安全领域中更重要的位置[11]。

　　同样，对于消费者而言，开展健康教育和培训项目很重要，同时在流行地区免费提供诊断和驱虫治疗。

　　用于预防绦虫病传染的潜在干预措施可参见图 3，主要的预防和控制干预措施有：

图 3　预防绦虫传染的潜在干预措施
注：源自 WHO/FAO/OIE 绦虫病/囊尾蚴病监测、预防和控制指南，第五章图 5.1[7]。

　　• 全面的肉类检疫预防人类感染；

- 改善农场管理，保护猪和牛不食入受人类粪便污染的饲料或水；
- 对患有绦虫病的农场工人进行筛查和治疗；
- 合理处理污水和污泥，杀灭绦虫卵，规范使用农业用途的污水和污泥；
- 监管猪和牛销售系统，包括提供奖励，确保农户遵守相关规定；
- 对农户及消费者开展健康教育，特别在疫病流行区，大力宣传食用经烹饪的肉类的重要性。

WHO/FAO/OIE 绦虫病/囊尾蚴病的监测、预防和控制指南中详细描述了相关方法和建议。该方法和建议指出了制订有效控制措施是目前所面临的最重要障碍[12]。例如，对许多国家而言，阻断寄生虫传播循环，并将囊尾蚴从食物链中清除是很困难的，除非政府能改善安全屠宰及肉类检疫工作。

4 整合兽医和公共卫生职责

人们需要整合兽医服务与公共卫生措施，以监管这些食源性寄生虫，并制定综合的针对人畜共患病的食品安全措施的监管项目。相比与各部门在各自传统职责范围内单独应对这些疾病，将不同职能部门和专家联合起来，共同控制将更有效。此项合作必须建立在最高层出台政策、授权联合行动的基础上。下一个关键步骤就是制定沟通规程，这样兽医和公共卫生部门就可以依照此程序来互通信息，包括人类疫情信息及兽医监管，以及屠宰检疫发现的动物病例信息。追踪人类病例对于培养兽医服务能力极其重要，这既关系到他们鉴定动物感染来源的调查能力，又关系到他们清除感染动物采取措施的能力。相反，兽医服务应该定期将数据通知给公共卫生机构，这些数据来源于家畜群肉源性寄生虫的监测和监管活动。传递这类信息不但可以提高人们防范传染病的风险意识，而且还可以帮助人们了解预防和缓解措施以保护自己。根据作者的经验，体现此项合作价值的一个例子，就是疾病预防控制中心食品安全部门与美国农业部之间有关旋毛虫病的交流合作。定期的数据信息共享使得疾病预防控制中心在收到有关旋毛虫（旋毛虫病是一种报告疫病）医学报告后，美国农业部做出了迅速反应，查找出家猪或野生动物的感染来源，并推动流行病学研究，以此增进人们对有关养猪业的风险、旋毛虫的遗传复杂性，以及野生动物作为自然病原宿主等相关知识的了解。另一个例子就是各国兽医与公共卫生部门间的紧密沟通与协作会使其获益良多。

参考文献

[1] Alban L., Pozio E., Boes J., Boireau P., Boué F., Claes M., Cook A. J., Dorny

P. , Enemark H. L. , van der Giessen J. , Hunt K. R. , Howell M. , Kirjusina M. , Nöckler K. , Rossi P. , Smith G. C. , Snow L. , Taylor M. A. , Theodoropoulos G. , Vallée I. , Viera – Pinto M. M. & Zimmer I. A. （2011）. Towards a standardised surveillance for *Trichinella* in the European Union. *Prev. vet. Med.* , 99, 148 – 160.

[2] Burke R. , Masuoka P. & Murrell K. D. （2008）. Swine *Trichinella* infection and geographic information system tools. *Emerg. infect. Dis.* , 14, 1109 – 1111.

[3] Coombs I. & Crompton D. W. T. （1991）. A guide to human helminths. Taylor & Francis, Oxford.

[4] Dorny P. , Brandt J. & Geerts S. （2005）. Detection and diagnosis. *In* WHO/FAO/OIE guidelines for the surveillance, prevention and control of taeniosis/cysticercosis （K. D. Murrell, ed. ）. OIE, Paris, 45 – 55.

[5] Dorny P. , Phiri I. K. , Vercruysse J. , Gabriel S. , Willingham III A. L. , Brandt J. , Victor B. , Speybroeck N. & Berkvens D. （2004）. A Bayesian approach for estimating values for prevalence and diagnostic test characteristics of porcine cysticercosis. *Int. J. Parasitol.* , 4, 569 – 576.

[6] Dupouy – Camet J. & Bruschi F. （2007）. Management and diagnosis of human trichinellosis. *In* FAO/WHO/OIE Guidelines for the surveillance, management, prevention and control of trichinellosis （J. Dupouy – Camet & K. D. Murrell, eds）. OIE, Paris, 7 – 68.

[7] Flisser A. , Correa D. , Avila G. & Maravilla P. （2005）. Biology of *Taenia solium*, *Taenia saginata* and *Taenia saginata asiatica*. *In* FAO/WHO/OIE Guidelines for the surveillance, prevention and control of taeniosis/cysticercosis （K. D. Murrell, ed. ）. OIE, Paris, 1 – 9.

[8] Food and Agriculture Organization of the United Nations （FAO）/World Health Organization （WHO）/World Organisation for Animal Health （OIE） （2007）. FAO/WHO/OIE Guidelines for the surveillance, management, prevention and control of trichinellosis （J. Dupouy – Camet & K. D. Murrell, eds）. OIE, Paris.

[9] Gajadhar A. A. , Pozio E. , Gamble H. R. , Noeckler K. , Maddox – Hyttel C. , Forbes L. B. , Vallée I. , Rossi P. , Marinculic A. & Boireau P. （2009）. *Trichinella* diagnostics and control: mandatory and best practices for ensuring food safety. *Vet. Parasitol.* , 159, 197 – 205.

[10] Gamble H. R. , Boireau P. , Nockler K. & Kapel C. M. O. （2007）. Prevention of *Trichinella* infection in the domestic pig. *In* FAO/WHO/OIE Guidelines for the surveillance, management, prevention and control of trichinellosis （J. Dupouy – Camet & K. D. Murrell, eds）. OIE, Paris, 99 – 105.

[11] Kyvsgaard N. C. & Murrell K. D. （2005）. Prevention of taeniosis and cysticercosis. *In* WHO/FAO/OIE Guidelines for the surveillance, prevention and control of taeniosis/ cysticercosis （K. D. Murrell, ed. ）. OIE, Paris, 57 – 72.

[12] Murrell K. D. （2005）. Epidemiology of taeniosis and cysticercosis. In FAO/WHO/OIE

Guidelines for the surveillance, prevention and control of taeniosis/cysticercosis (K. D. Murrell, ed.). OIE, Paris, 27 – 34.

[13] Murrell K. D. & Crompton D. W. T. (2009). Foodborne helminth infections. *In* Food-borne pathogens, 2nd Ed. (C. Blackburn & P. J. McClure, eds). Woodhead Publishing, Cambridge, 1009 – 1041.

[14] Murrell K. D. & Pozio E. (2011). Worldwide occurrence and impact of human trichinellosis, 1986 – 2009. *Emerg. infect. Dis.*, 17, 2194 – 2202.

[15] Nash T. E., Garcia H. H., Rajshekhar V. & Del Brutto O. H. (2005). Clinical cysticercosis: diagnosis and treatment. *In* FAO/WHO/OIE Guidelines for the surveillance, prevention and control of taeniosis/cysticercosis (K. D. Murrell, ed.). OIE, Paris, 11 – 26.

[16] Ndimubanzi P. C., Carabin H., Budke C. M., Nguyen H., Qian Y – J., Rainwater E., Dickey M., Reynolds S. & Stoner J. (2010). A systematic review of the frequency of neuro – cysticercosis with a focus on people with epilepsy. *PLoS negl. trop. Dis.*, 4 (11), e870. doi: 10. 171/journal. pntd. 0000870.

[17] Nockler K., Voigt W. P. & Heidrich J. (2000). Detection of *Trichinella* in food animals. *Vet. Parasitol.*, 9, 5 – 50.

[18] Pozio E. & Murrell E. (2006). Systematics and epidemiology of *Trichinella*. *Adv. Parasitol.*, 6, 67 – 49.

[19] World Organisation for Animal Health (2012). Animal health surveillance. Chapter 1. 4. *In* Terrestrial Animal Health Code, 21st Ed. OIE, Paris, 14 – 24.

[20] World Organisation for Animal Health (2012). Design and implementation of identification systems to achieve animal traceability. Chapter 4. 2. *In* Terrestrial Animal Health Code, 21st Ed. OIE, Paris, 117 – 123.

[21] World Organisation for Animal Health (2012). General principles on identification and traceability of live animals. Chapter 4. 1. *In* Terrestrial Animal Health Code, 21st Ed. OIE, Paris, 115 – 116.

[22] World Organisation for Animal Health (2012). Trichinellosis. Chapter 2. 1. 16. *In* Manual of Diagnostic Tests for Terrestrial Animals, Vol. I. OIE, Paris, 305 – 313.

[23] World Organisation for Animal Health (2012). Trichinellosis (*Trichinella spiralis*). Chapter 8. 13. *In* Terrestrial Animal Health Code. OIE, Paris, 517 – 518.

链接活体动物和产品：可追溯性

A. G. Britt[①]*   C. M. Bell[①]   K. Evers[①]   R. Paskin[②]

摘要：不使用动物标识及跟踪系统，很难成功地阻止传染性动物疫病的暴发，或有效应对化学残留物事件。

从消费者的消费安全角度看，通过使用标识或标记以及相关的调运文件可以把屠宰动物及其生产的肉类联系起来，便于提供更多的信息。

在过去的 10 年，动物标识技术日益成熟和普及。随着互联网和移动通信工具的发展，辅以计算机的扩展能力和相关数据管理应用程序，拓展了主管部门和行业的一个新能力，即为疫病控制、食品安全和商业目的而追溯动物和用动物制成的食品。

关键词：动物健康　疫病控制　食品安全　标识　可追溯性

0　引言

动物的可追溯性不仅仅只是识别动物。使用烙印、标记和标识，仅仅是其中的一部分，还必须同其他方面紧密联系，以便在需要时，沿生产链追踪和快速定位到单个动物或一群动物。这些部分结合起来，可形成用来应对动物健康和食品安全挑战的可追踪系统。OIE 的《陆生法典》中有两个章节肯定了动物标识和可追溯的重要性，并且一个专门针对此议题的国际食品法典标准也对此做出了说明[3,20]。

最早，动物标识是用来证明所有权[2]。20 世纪以来，为控制传染病的流行，标识技术被越来越多地用于动物追踪[7]。有效地追踪可以使预防措施迅速落实，并且有助于缩短疫病流行时间，从而产生相当大的商业利益和动物福利。像耳标、丸剂和植入物等标识、烙印和标记，也被用来标识接种特定疫苗的动物或经特定治疗的动物。例如在口蹄疫和牛布鲁氏菌病根除运动中利用耳

---

①　澳大利亚环境和基础产业部，本迪戈，维多利亚 3554。
②　澳大利亚环境和基础产业部，阿特伍德，维多利亚 3049。
*　电子邮箱：tony. britt@depi. vic. gov. au。

穿孔来标识接种疫苗的动物[12,17]。在收集疫病监测信息和为诊断目的而进行动物取样时，准确识别动物的能力也很重要。

动物识别还可以为食品安全管理提供帮助[13]。迅速查明疫病或污染可能来源的能力，有利于应对食品安全事件。例如如果能够轻易得到受同样感染动物的可能位置信息，那么会给产品召回或农场跟进调查提供便利。

为解决许多动物健康和食品安全问题，"生命全过程"的办法必不可少，即如有需要，可以追踪到动物出生的农场。在某些情况下，在一个或一群动物从一个场地转移到另一个场地期间（此期间通常延长到动物到达后的一个限定时间段里）可以采用临时标识（图1）。从疫病控制和食品安全的角度来看，向前追踪定位动物的能力同样重要，因为在事故发生时，通常需要迅速定位动物或动物产品的输出地。

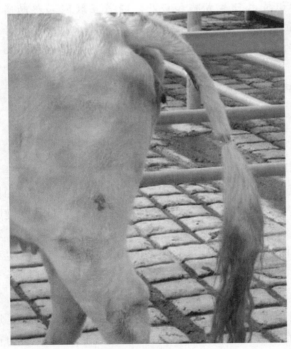

a. 用胶粘尾标标识牛
（澳大利亚使用的一种类型标签）

b. 尾标
（来源地识别码和标签序列号
直观可读，并且有二维码编码）

图1　给牛胶粘尾标

注：在某些情况下，动物或动物群从一个场地转移到另一个场地期间，
以及一个限定的时间段内，对动物进行临时识别是有用的。

此系统可用于追溯到动物出生的农场，这样就可以了解整个动物生产周期中所供应的肉、奶、蛋产品的声明[19]。例如这些声明可能涉及"有机"，以及和畜牧业有关的生产系统，如"自由放养牧场"。

动物标识系统是在一个框架中连接多个组成部分的集成包，用于完成明确的目标[8,20]。在标识和追踪动物系统中有一些共同的元素，这些将在下面讨论，特别是关于如何协助实现动物和动物产品的可追溯性。

1 系统组成和功能

1.1 场地登记

成功实现动物可追溯的关键是利用设计适当和安全的数据库对以下内容进行全面登记：感兴趣物种的保存场地，包括它们的场地位置、场地类型和存在的品种等。这些通常为动物健康和食品安全目的而登记的关键场地包括农场、饲养场、销售中心、仓库、展览会场、屠宰场和存货收集点等。

登记要包括管理每个场所动物的负责人名字，以及能迅速联系到他的足够信息。典型的登记内容还包括分配场地标识符（图2）。这种独特的场地标识符可以记录在移动文件上，可与登记在中央数据库上的正式标识进行核对。

理想情况下，登记应包含空间数据，以便登记的场地可以通过诸如地理信息系统等应用程序进行查找。这便于管理者随时查阅目标场

图2 澳大利亚维多利亚州发给牧场主所有权识别码的卡，该卡具有唯一的场地标识符

地和动物，并且具有多种用途：例如在疫病暴发期间，它可以协助制订处置方案，查阅动物移动和流行病学数据[11]。

1.2 动物标识工具

在动物追踪动物背景中有一个重要的概念是"流行病学单元"，OIE定义为具有特定流行病学关系的一组动物，它们可能感染有相同的病原体[20]。

如果预期一群动物能够在生产链中保持其完整性，那么个体动物的正式识别标记或烙印价值就会降低。通常以组或批次为基础来管理家禽是可行的。调运动物时携带详述调出地和目的地的文件，同时辅以在官方数据库中有关调运细节的记录可能会更有用（图3）。

PIG PASS P0311

Purchaser (Receiver) Duplicate

PigPass Version 6 NATIONAL VENDOR DECLARATION

S/N: 10023968

Valid till: 07/09/2011

Printed at: Management for Technology Pty Ltd
Print date/time: 02/09/2011 10:29:04

RegUser: 10001923

Part A to be completed by the owner or person responsible for the husbandry of the pigs

TO BE COMPLETED IN TRIPLICATE

Owner of pigs: Management for Technology Pty Ltd Phone: 0738990056

Is the owner responsible for the husbandry of the pigs? YES ☐ NO ☑ If no, name of person responsible:

John Smith Phone: 0738990056

Property/place where journey commenced: 8 Picasso Street

CARINA QLD 4152

Property Identification Code (PIC) of this property: 9999 Tattoo/Brand Number(s): 666666666

Description of pigs

Number of Pigs	Sex M,F,C	Type - either: slaughter pig, cull sow, breeder sows/gilt, boar, weaner	Further description: other tattoos, buyers, breed (as or if required by receiver)	Special Risks & Identification: e.g. retained needle - red tag
2	m	cull sow	other tattoos	retained needle
2	m	cull sow	other tattoos	retained needle
2	m	cull sow	other tattoos	retained needle
2	m	cull sow	other tattoos	retained needle
2	m	cull sow	other tattoos	retained needle
2	m	cull sow	other tattoos	retained needle
12	Total pigs in consignment			

IF MORE SPACE REQUIRED USE PIGPASS ATTACHMENT FORM - TICK YES TO 'ATTACHMENT FORM ATTACHED?' IN PART C

Consigned to: Consigned name

Destination of Pigs: Destination of pigs

continued QLD 4000

Are they consigned to a: Producer ☐ Saleyard ☐ Stock Agent ☐ Abattoir ☐ Other ☑ ? Other

Part B to be completed by the person responsible for the husbandry of the pigs named in Part A

① Does the property from which these pigs are sourced have a current certified QA program covering the husbandry of the pigs and nominated in the PigPass System? YES ☑ NO ☐

If yes, name of program: My Program Certification no.: 235648 Expires: 2/09/2011

IMPORTANT: QA EXPIRY DATES ARE REGULARLY CHECKED BY PROCESSORS, AGENTS AND REGULATORS

② How long have the consigned pigs resided on this property? For mixed consignments tick the box corresponding to the shortest time pigs in the consignment have been on this property.

Since birth ☐ less than 2 months ☐ 2-6 months ☐ 6-12 Months ☑ more than 12 months ☐

③ Following treatment with, or exposure* to any chemical or veterinary medicine, are any of the pigs in this consignment still within:

(a) Withholding Period (WHP) YES ☑ NO ☐ Name of chemical/medicine: chemical

Treatment/Exposure Date: 2/09/2011 WHP (days): 1 PRESCRIBED OFF LABEL? YES ☐ NO ☑

(b) Export Slaughter Interval (ESI) YES ☑ NO ☐ Name of chemical/medicine: chemical

Treatment/Exposure Date: 2/09/2011 ESI (days): 1 PRESCRIBED OFF LABEL? YES ☐ NO ☑

*EXPOSURE MAY BE VIA RESIDUES ON GRAIN, PASTURE, OR BEDDING, FROM CLEANING PRODUCTS OR ANYTHING USED IN THE PIGS' ENVIRONMENT
IF MORE SPACE REQUIRED USE PIGPASS ATTACHMENT FORM - TICK YES TO 'ATTACHMENT FORM ATTACHED?' IN PART C

④ To your knowledge, have any of the pigs in this consignment ever been treated with or exposed to a compound listed in List 2 (Compounds banned internationally for use in food producing animals) of the Explanatory Notes:

YES ☑ NO ☐ If yes:

Name of chemical/medicine: chemical Treatment/Exposure Date: 2/09/2011

⑤ Were all feed inputs provided to the pigs in this consignment purchased/prepared under an approved QA program?

YES ☑ NO ☐ If yes name of QA program: My QA

⑥ When were the pigs in this consignment removed from:

Feed: 2/09/2011 Time: 10:28:41 AM am ☑ pm ☐ Water: 2/09/2011 Time: 10:28:41 AM am ☑ pm ☐

Part C to be completed by the person responsible for the husbandry of the pigs named in Part A

I John Smith declare that I am the person responsible for the husbandry of the consigned pigs and that all the information in parts A and B of this document is true and correct, that I have read and understood all the questions that I have answered, that I have read and understood the explanatory notes, that while under my control, the pigs were not fed swill in breach of State or Territory legislation, that they are fit to travel in accordance with the Transport Code*, and that the pigs are identified as required by state legislation.

Signature: Date: 2/09/2011

NOTE: ONLY THE PERSON WHO'S NAME APPEARS ABOVE MAY SIGN THIS DECLARATION OR MAKE AMENDMENTS WHICH MUST BE INITIALLED

PigPass attachment form attached? YES ☑ NO ☐

* THE AUSTRALIAN STANDARDS AND GUIDELINES FOR THE WELFARE OF ANIMALS - LAND TRANSPORT OF LIVESTOCK 2008

Part D to be completed by the person in charge of the pigs while they are being moved/transported

Movement commenced: 2/09/2011 Time: 10:28:48 AM am ☑ pm ☐

All registration number(s) of vehicle(s) carrying pigs: ABC123

Were trucks clean before loading? YES ☑ NO ☐

I Full Name

am the person in charge of the pigs during the movement and declare all the information in Part D is true and correct and that required inspections were made as per the Transport Code*

Signature Date 2/09/2011 Ph 1234567890

Time pigs unloaded at destination: 10:29:01 AM am ☑ pm ☐

* THE AUSTRALIAN STANDARDS AND GUIDELINES FOR THE WELFARE OF ANIMALS - LAND TRANSPORT OF LIVESTOCK 2008

Part E to be completed by the receiver/person responsible for the pigs at the destination

Name of receiver: Phone:

Producer ☐ Saleyard ☐ Stock Agent ☐ Abattoir ☐ Other ☐ ?

Number pigs received: Comments/condition:

Destination/Receiver PIC Vendor's code (IF APPLICABLE) Agent's code (IF APPLICABLE)

Signature: Date: / /20

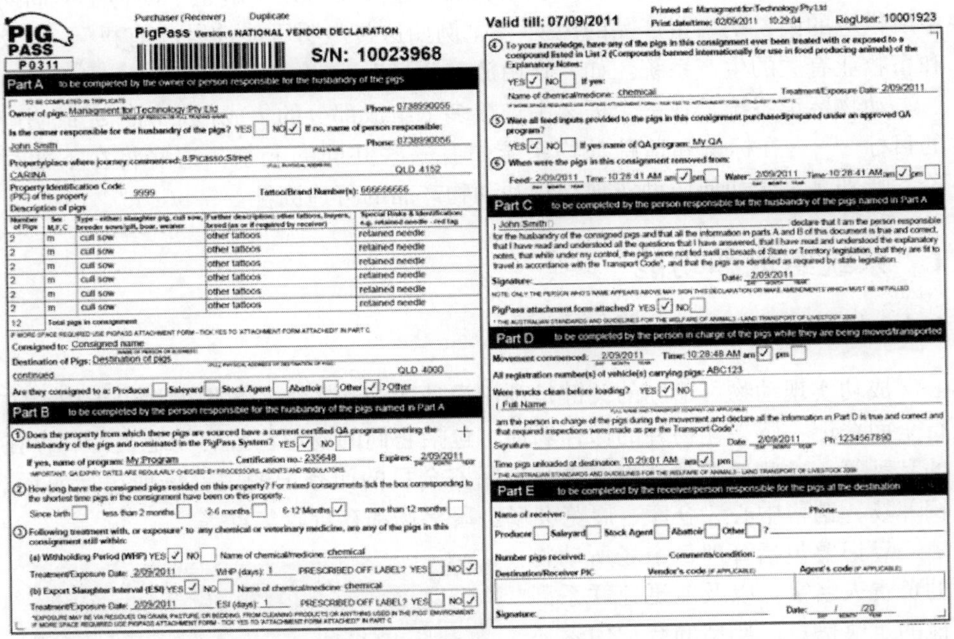

图 3　澳大利亚用于猪群在不同场地之间转移的调运文件

注：来源于澳大利亚猪业有限公司。

如果动物可能被混群，例如在销售中心、仓库和展览场地等，或者动物在生产链中转移时被拆分，要实现成功的可追溯性，对动物个体的身体辨识是不可缺少的。个体动物可以通过射频（RFID）标识、丸剂和植入物来识别（图 4）。

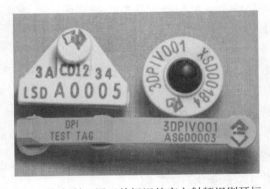

图 4　澳大利亚用于羊标识的官方射频识别耳标

虽然印有直观可读编号和条形码的标签在活体动物身上难以准确读取，但目前仍在广泛使用。烙印、文身和耳标也可用于识别一组或个体动物（图 5）。在动物从出生至屠宰过程中为非连续的生产单元时，可以使用这样的标识方式。

动物标识系统应该有相关选择标识方法的标准，其中应包括被批准的标识类型；对直观可读编号和电子编号的约定；对标识特征的现场和实验室检测要求，如物理特征和印刷耐久性等；保留给动物这样的附属物：商业环境中具有

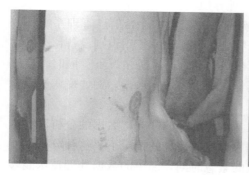

图 5 猪身上的文身标识

注：该纹身标识是永久性的，不可去除，该方法是从出生到屠宰以组为基础标识猪的有效方法。

可读性好、耐用性，具有可修改性[10]。用于动物标识的 RFID 技术，国际公认的标准是 ISO 11784 和 ISO 11785。这些标准可同时容纳半联式转发器和全联式转发器。已经制定符合 ISO 11784 和 ISO 11785 标准的转发器，由国际动物标记委员会管理，并用于动物记录。

选择官方标识也应考虑到它们在商业上的潜力，如用于牛羊群管理和生产力测定。

1.3 信息管理

在大多数国家，从生产链的各个环节上利用互联网和移动通信工具有效地传输动物及其移动信息。当需要搜集动物沿产业链调运的海量信息时，安全的计算机系统可普遍用于接收、处理和储存信息，并且在法律允许情况下迅速恢复检索信息。

可使用官方的中央数据库或者相连接的数据库网络来管理相关信息。

动物移动数据库通常记录实施官方识别设备场地的相关信息，及以个体和群组为单位，动物在不同场所之间的转移数据。场地和动物数据库记录物理实体的存在（官方标识和场地），动物移动记录包含转移或事件所属类型的细节（如出生、官方鉴定、死亡或屠宰等）、动物疫病发生时相关动物的数量、种类和移动日期等。

官方计算机系统应可以查询个体或群组动物的移动情况，如此一来，可根据需要快速定位目标动物。对于任何动物个体，按顺序建立移动记录，应涵盖动物从出生到死亡，从一个场地转移到另一个场地的整个生产周期。移动记录也可记载其他潜在有价值的信息，例如动物在特定日期、特定地点的记录等。

澳大利亚运行的全国家畜标识系统就是国家动物移动数据库的一个例子。这个数据库每月接收和处理约 100 万头牛的移动数据[21]，数据收集是由澳大利亚各州/领地的主管部门完成登记、管理养殖场。

利用 RFID 技术标识个体动物时，建立一个集成的综合信息管理系统来登记设备和管理相关信息是必不可少的，特别是在养殖户使用识别设备，动物在各场地之间移动，以及动物被屠宰或者出口到其他国家等情况下。同时，应该建立用于其他途径的专用通道，以便其他应用程序访问数据，例如疫病暴发管理程序。

鉴于目前普遍具有使用系统收集大量动物信息的能力，数据的分析富有挑战，并且非常有价值，特别是在准备和应对疫病事件的情况下。这种分析不能进行假定，但是疫病应急状态不断严重的紧急时期，简单的数据处理技术能够分析和显示可能来源不同的数据。快速分析海量数据集（转移记录通常以百万计）需要高性能计算机软件和专业的分析技术[14]。

鉴于目前有大量可用的动物移动数据，如动物移动相关的场地之间的数据，因此有必要建立实体网络，并且使用由社会网络分析提供的工具和方法进行研究[5]。这些分析已被用于其他多种目的，如国家间动物移动的描述性研究，疫情的回顾性分析，以风险监测、对疫病控制措施影响和疫情流行趋势进行建模等[1,5,6]。

可视化是用简明、易于理解的形式表达复杂信息的一种方式。它可以采取多种形式，如地图、图表、链分析和时间轴图表等，并可以极快地分析大量数据。链分析这种方法可以直观显示实体（例如人、场地和目标动物）之间的关系，并且使用可视图标（图 6）研究相互间的关系。在使用适当软件连接实体时，它们可展开无限次以确定与其他实体的相互关系，链分析与地理空间分析结合起来的效果更加强大。每个实体可以具有其附加属性，也可以分析附加属性，如治疗和疫苗接种史、诊断结果、疫病和污染状况等。这样就扩展了分析过程的能力。由此，迅速对数据进行多方面的查询和分析，可以找到动物和场地之间的联系。

1.4 业务规则

动物识别系统需要有成文的规则，用来描述和定义参与者责任、法律约束和义务，以及用于处理异常和数据库协议的程序[16,18]。

没有完美的动物识别系统。动物可能丢失标识，有的标识如烙印和文身等可能会变得模糊。动物有时会不可避免地死亡，有可能会移出或是移入不同的群体中，此时，需要通过制定商业规则来解决此类问题。

规则制定应包括第一次标识动物的时间和方式，移动后多长时间内报告给移动数据库，以及由谁、以何种方式进行移动。在法律框架内可能有必要载入一些或全部规则以保护系统的完整性。

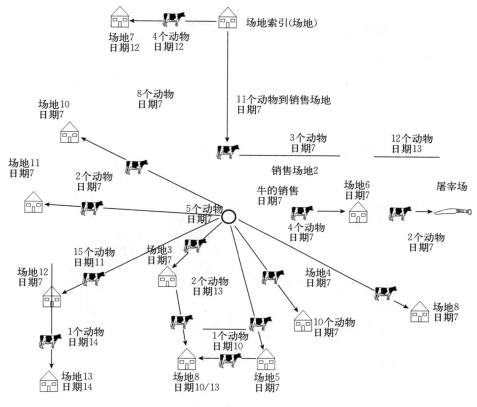

图 6　现场跟踪系统

注：可视化是分析大量动物转移数据的一个方法。该现场跟踪系统采取专有软件从相关数据库中捕捉已选数据，并把它们以视觉方式表现出来。

屠宰场、生产场和病死动物收集点应根据业务规则和相关法律框架，确保官方识别设备的收集和处置。这些过程应使未被允许的重复使用的风险最小化，并且如果适当，应包含官方标识或转移器等部件严格的重复使用规则。

动物识别系统的设计、实施和运行要取得成功，需要主管部门和生产链中所有部门之间的密切合作。因此，重要的是，每个部门都能够为规则的制定和实施规划做出贡献，并且参与到系统的性能测试和定期审查中。

1.5　法律框架

法律框架应规定的是与生产链中的那些义务有关的规则元素，并指出禁止的行动，因为如果这些行动被允许，将会破坏识别系统。

法律框架支持的一个关键原则是，在动物被允许沿生产链向下一环节移动前，相关动物负责人必须确保动物按照相关规则进行标识，并保障其可追踪性。这种做法与当前食品工业管理是一致的，即赋予供应链的参与者责任，来证明他们是符合标准的。政府在肉类和奶的卫生、产品的完整性、动物福利和环境管理等方面的监督，比传统集中在违规处置上的做法效果更好。

在此文中，需要考虑的一个重要方面是结构化的质量保证措施，理想情况下将结合第三方审计，以持续、实力雄厚的教育计划，如培训和技术支持为支撑（图7）。

图 7　澳大利亚维多利亚州使用的教材
注：一个持续教育计划是动物识别系统成功的关键。

主管部门应组织开展审计，采用批准的相关标准来衡量性能，检测系统不足并确定哪些方面可以改进。附录1是一个动物识别系统操作标准的例子。通过追踪演练，即在屠宰场等地点随机选择动物，尝试确定它们的生活史及同群动物的当前位置，对识别系统进行定期性能测试，将使系统更加严谨[4]。

1.6　与动物产品的连接

动物识别系统中涉及屠宰场内运行的构成要件，应是整个食物链中追踪动物产品安排的补充，并且应与之相兼容。在屠宰场，动物尸体的处理过程中，动物的可识别性应该至少保留到以下时刻：动物胴体被认为适合人类食用，且均已完成所有以测试为目的的采样。

因为尸体通常按顺序进行处理，所以以用于连接活牛和其尸体的系统相对简单。胴体标签可用于维持在去骨之前冷却过程中牛类动物和其胴体之间的关联（图8）。

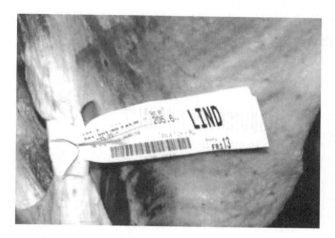

图 8　胴体标签
注：胴体标签系统能确定活体动物和其胴体在去骨前的关联。

　　相比之下，虽然维持成年牛和其胴体之间的联系是相当简单的，但是把屠宰时的个体牛犊、绵羊和山羊等小反刍动物，与加工链上其胴体建立联系还是有一定难度的。这是因为，小反刍动物的加工可能会涉及其胴体在生产链之间的移动。另外，有时胴体可能会从踝关节处掉下生产链或者被转移到接受检查或修整区。动物踝关节没有挂在生产链上，不管动物是没有标识还是标识不可读，都会影响从活体动物到胴体之间的关联。

　　为了克服这些困难，需要有一个技术层面的解决方案，在出现影响相互关联的情况时，仍要确保维持活体动物及其胴体之间的联系。考虑到屠宰场内的操作需求和成本，应采用自动技术，能够在加工环境中无缝运行，且对人工干预的需求有限。一种解决方案是在踝关节处嵌入转发器，在加工链的关键点放置转发器的读取器，并使用计算机系统和软件支持。这使得在屠宰时能保持小反刍动物和其胴体之间的关联[15]。

　　动物在各个加工阶段保持其独特标识，为引入全自动分类、冷却分拣、去除标签、库存和产品状态细节控制、全自动输入剔骨室信息和胴体装卸提供可能。这也使得为买家和生产者提供个体动物基础上的在线和网络反馈成为可能。

　　由此，活体动物与胴体的关联体系已经就绪，下一步应建立质量保证程序，并对屠宰场工作人员进行培训，使他们清楚在违反标准操作程序后应该怎么做。定期使用 DNA 分析确认活体动物与其胴体准确关联，也是一种有效的手段。

剔骨环节为保持肉类从屠宰场到消费者可追溯带来了进一步挑战。在包装上加施条码标签是常用的方法，可以建立肉类、加工日期、地点，以及作为肉类来源的动物或动物批次之间的连接（图9）。

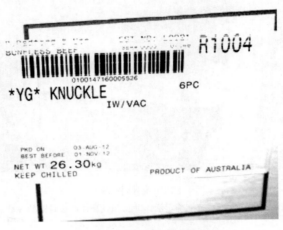

图 9　肉类包装上的条码标签
注：条形码可以提供一系列关于动物
产品加工和来源的信息。

设计的系统使动物可以被追溯到其来源农场，可以让肉类、奶制品和蛋类供应商帮助支持动物整个生命周期生产系统的宣传[8]。例如，跟踪系统可以帮助供应商支持如下宣传：他们的产品和操作是"有机的""自由放养的""不含激素的"和"福利友好的"。如果需要，这样的系统还允许公开披露与动物产品相关的个体动物信息，如品种、出生日期、来源农场等[9]。

为了保持追踪体系的完整性，至关重要的是，在屠宰场内，胴体可与动物标识和相应的转移文件相关联，直到至少所有有关的疫病检验和化学污染物测试完成为止。

虽然零售网点必须能够及时、准确地记录他们所销售肉类的来源，但是关于动物批次或个体动物的信息，与由它们的胴体制成包装肉类产品的相关联性，应达到何种程度，以及屠宰前与动物加工和处理有关的肉类价值和商业宣传等，是由目标客户要求确定的商业事宜。

2　结论

自远古时代以来，使用诸如烙印、耳标和文身这样简单的技术给动物进行标识，作为证明所有权的方法。在 20 世纪，人们越来越多地利用动物标识协助监控动物生产，以及为疫病控制和食品安全的目的来追踪动物。鉴于目前普遍具有使用系统收集大量动物信息的能力，数据的分析富有挑战，并且非常有价值，特别是在准备和应对疫病事件的情况下。为了实现可追溯，现代动物识别系统应具备下面的要素：

- 场地登记系统，该系统包括给场地分配唯一的识别号、场地动物种类信息、动物负责人的联系方式和绘图能力；
- 当预期动物组在生产链中不能保持其整体性时，界定物理识别动物或动物组的方法；
- 界定移动文件要求；
- 记录应保存在官方安全数据库或数据库网络中；
- 事件和移动记录系统，记录动物从一个场地到另一个场地的移动及移动日期，包括动物屠宰或者动物活体出口；
- 集合生产链各环节人员意见，建立商业规则和相关法律及质量保证框架；
- 一个持续、资源适当的计划，对行业参与者进行责任教育，并提供培训和技术支持；
- 对性能监控、操作、评估和定期审查的文件规定；
- 查询系统，能够容易查到动物个体或群体的来源和下落，并且与空间和时间信息一起显示。

可追溯性涉及的远远超过简单的标识，它需要多个组成部分的密切整合。虽然这些组成部分的确切性质可能因国家而异，但是根据国家要求和动物品种的不同，为达到完整的可追溯性，以及促进食品供应链条联结，每个部分都是必不可少的。

3 致谢

作者感谢 B. 法伊、R. 福尔摩斯和 G. 罗宾逊提供图片，感谢 R. 莱福让其访问他的屠宰场。

参考文献

[1] Bajardi P.，Barrat A.，Savini L. & Colizza V. (2012). Optimizing surveillance for livestock disease spreading through animal movements. *J. roy. Soc.*, *Interface*. doi：10.1098/rsif. 2012. 0289.

[2] Blancou J. (2001). A history of the traceability of animals and animal products. *In*

Traceability of animals and animal products (H. A. MacDaniel & M. K. Sheridan, eds). *Rev. sci. tech. Off. int. Epiz.*, 20 (2), 413 – 425.

[3] Codex Alimentarius Commission (CAC) (2006). Principles for traceability/product tracing as a tool within a food inspection and certification system. CAC/GL 60 – 2006. CAC, Rome. Available at: www. codexalimentarius. org/standards/list – of – standards/en/(accessed on 9 August 2012).

[4] Department of Agriculture, Fisheries and Forestry (Australia) (2007). Exercise Cowcatcher II – Final report. Available at: www. daff. gov. au/_ data/assets/pdf _ file/0019/324181/cowcatcher2 – report. pdf (accessed on 9 August 2012).

[5] Dube C., Ribble C., Kelton D. & McNab B. (2011). Introduction to network analysis and its implications for animal disease modelling. *In* Models in the management of animal diseases (P. Willeberg, ed.). *Rev. sci. tech. Off. int. Epiz.*, 30 (2), 425 – 436.

[6] Durr P., Graham K. & Eady S. (2010). GIS mapping of cattle market services using the National Livestock Identification System (NLIS) – Final report. Australian Biosecurity Cooperative Research Centre for Emerging Infectious Disease, Brisbane. Available at: www1. abcrc. org. au/uploads/416be877 – 494a – 45b8 – b449 – 770cf2aac519/docs/Durr _ FinalReport. pdf (accessed on 9 August 2012).

[7] Elbers A. R., Moser H., Ekker H. M., Crauwels P. A., Stegeman J. A., Smak J. A. & Pluimers F. H. (2001). Tracing systems used during the epidemic of classical swine fever in the Netherlands, 1997—1998. *In* Traceability of animals and animal products (H. A. MacDaniel & M. K. Sheridan, eds). *Rev. sci. tech. Off. int. Epiz.*, 20 (2), 614 – 629.

[8] Hathaway S., Paskin R., Anil H., Buncic S., Fisher A., Small A., Warriss P., Wotton S. & Simela L. (2004). Good practices for the meat industry: FAO Animal Production and Health Manual. Food and Agriculture Organization of the United Nations (FAO)/Fondation Internationale Carrefour, Rome, 312 pp.

[9] Hirokawa O., Ohashi S., Ikeuchi Y. & Yano H. (2009). Cattle identification and beef traceability in Japan. *In* Proc. 1st OIE Global Conference on Animal Identification and Traceability: From Farm to Fork, 23 – 25 March, Buenos Aires. World Organisation for Animal Health (OIE), Paris, 88 – 97.

[10] International Committee for Animal Recording (ICAR) (2011). Testing and approval of devices in animal identification, Chapter 10. *In* International Agreement of Recording Practices. ICAR, Rome. Available at: www. icar. org/Documents/Rules% 20and% 20regulations/Guidelines/Guidelines _ 2011. pdf (accessed on 9 August 2012).

[11] Kroschewski K., Kramer M., Micklich A., Staubach C., Carmanns R. & Conraths F. J. (2006). Animal disease outbreak control: the use of crisis management tools. *In* Biological disasters of animal origin. The role and preparedness of veterinary and public

health services（M. Hugh－Jones, ed.）. *Rev. sci. tech. Off. int. Epiz.*, 25（1）, 211－221.

[12] Lehane R.（1996）. Beating the odds in a big country. CSIRO Publishing, Melbourne, 264 pp.

[13] McKean J. D.（2001）. The importance of traceability for public health and consumer protection. *In* Traceability of animals and animal products（H. A. MacDaniel & M. K. Sheridan, eds）. *Rev. sci. tech. Off. int. Epiz.*, 20（2）, 363－371.

[14] Manyika J., Chui M., Brown B., Bughin J., Dobbs R., Roxburgh C. & Hung Byers A.（2011）. Big data: the next frontier for innovation, competition, and productivity. Available at: www. mckinsey. com/Insights/MGI/Research/Technology _ and _ Innovation/Big _ data _ The _ next _ frontier _ for _ innovation（accessed on 9 August 2012）.

[15] Meat and Livestock Australia（MLA）（2008）. Abattoir sheep carcase tracking system at Hillside Meats. MLA, Sydney. Available at: www. ausmeat. com. au/media/37940/casestudy2008 _ 2. pdf（accessed on 9 August 2012）.

[16] National Livestock Identification System Limited（2012）. Terms of use for the National Livestock Identification System Database. Available at: www. nlis. mla. com. au/NLIS-Documents/NLIS%20Terms%20of%20Use%20（Edition%201. 16）%20 140612. pdf（accessed on 9 August 2012）.

[17] Pluimers F. H., Akkerman A. M., van der Wal P., Dekker A. & Bianchi A.（2002）. Lessons from the foot and mouth disease outbreak in the Netherlands in 2001. *In* Foot and mouth disease: facing the new dilemmas（G. R. Thomson, ed.）. *Rev. sci. tech. Off. int. Epiz.*, 21（3）, 711－21.

[18] Victoria Department of Primary Industries（2009）. Your guide to Victoria's cattle identification legislation. Available at: www. dpi. vic. gov. au/ _ data/assets/pdf _ file/0007/25297/NLIS _ Cattle _ QandA. pdf（accessed on 9 August 2012）.

[19] Vitiello D. J. & Thaler A. M.（2001）. Animal identification: links to food safety. *In* Traceability of animals and animal products（H. A. MacDaniel & M. K. Sheridan, eds）. *Rev. sci. tech. Off. int. Epiz.*, 20（2）, 598－604.

[20] World Organisation for Animal Health（OIE）（2012）. Terrestrial Animal Health Code, 21st Ed., Vol. I: General provisions. OIE, Paris. Available at: www. oie. int/international － standard－setting/terrestrial－code/access－online/（accessed on 9 August 2012）.

[21] Wyld J.（2009）. Australia's system for identifying and tracking cattle. *In* Proc. 1st OIE Global Conference on Animal Identification and Traceability: 'From Farm to Fork', 23－25 March, Buenos Aires. World Organisation for Animal Health（OIE）, Paris, 101－105.

附录 1　澳大利亚追溯性执行国家标准

适用于所有口蹄疫易感家畜品种①

1.1　24 小时内，通知③有关首席兽医官②，必须可以确定指定动物在过去 30 天的居住位置④

1.2　24 小时内，必须也可以确定指定动物在过去 30 天的居住位置，所有与该指定动物共同以及随后居住的易感动物位置④

仅适用于牛⑤

2.1　48 小时内，通知③有关首席兽医官②，必须可以找到指定动物在其生命期间居住过的所有地点④

2.2　48 小时内，通知③有关首席兽医官②，必须能够建立所有在指定动物生活的任一阶段与指定动物生活在同一地点的牛的列表

2.3　48 小时内，通知③有关首席兽医官②，必须也可以确定所有在指定动物生活的任何时间与指定动物生活在同一地点的牛的当前位置④

适用于除牛以外的所有口蹄疫易感家畜品种
（终身可追溯性不包括前面的 30 天——上面 1.1 和 1.2 中提到的）

3.1　14 天内，通知③有关首席兽医官②，必须能够确定指定动物在其生命周期内居住的所有位置④

3.2　21 天内，通知有关首席兽医官③，必须也能够确定所有在指定动物生命周期内任何期间与指定动物一起居住的易感染动物的位置④

资料来源：澳大利亚动物健康网（www.animalhealthaustralia.com.au）。

注：① 鉴于这些标准的目的，"口蹄疫易感品种"是指牛、绵羊、山羊、家养水牛、鹿、猪、骆驼、骆驼科哺乳动物等。

② "有关首席兽医官"是指国家或地区首席兽医官，或者他们的代表，在指定动物所在的辖区或者被追踪到的辖区。

③ 鉴于这些标准的目的，"通知"的术语是指有关的首席兽医官知道了需要跟踪的事件。

④ "位置"是指任何可界定的一块土地，包括（但不限于）：任何有房产识别码的一块土地，如可移动仓库路线、寄养场、屠宰场、饲养场、活畜出口收集站和运输分期站等。

⑤ 鉴于牛海绵状脑病带来的风险，单独给牛建立标准是适当的。

与水生动物相关的微生物耐药性的
监控与监测**

P. Smith①*　　V. Alday‑Sanz②　　J. Matysczak③*　　G. Moulin④
C. R. Lavilla‑Pitogo⑤　　D. Prater⑥*

摘要：OIE 的《水生法典》建议与水生动物有关的微生物耐药性监视和监测项目应由合适的权威机构执行。本文讨论了这些项目所涉及的细菌的种类、样品采集方法。本文还讨论了适用于这些项目的药敏试验检测方案、生成数据的解释标准，以及数据报告的输出形式。

作者认为，所有的监控和监测方案都应尽可能采用标准化和与国际上相一致的药敏试验检测方法。对于能够感染水生动物的细菌，建议采用由临床和标准检测机构发布的与国际上相一致的方法进行检测，因为这些方法比其他可选的方法更加成熟。本文进一步建议，为了评估耐药性趋势，如新发耐药性等，这些方案所产生的数据应该使用流行病学阈值进行解释。

然而，到目前为止，国际公认的阈值只是针对一个物种。因此，对许多物种来说，官方权威机构不得不设置自己当地的，以及实验室特定的阈值。作者建议实验室采用统计学和标准化的方法设置本地的阈值。

国际统一的标准测试方法和解释标准已经最大限度地应用到感染人的细菌耐药性的监控，这些方法也可以应用于传染人的微生物，这些微生物来自可供人类食用的养殖水生动物或用来出售的伴侣动物。

关键词：抗菌药物　抗菌药物敏感性试验方法　水生动物　流行病学阈值　监控和监测　上报数据　耐药　抽样方案　标准化和协调化

---

① 爱尔兰国立高威大学，自然科学学院，戈尔韦，爱尔兰。
② 巴塞罗那，西班牙。
③ FDA，罗克维尔市，美国。
④ 法国食品、环境和职业健康与安全机构（Anses），国家兽药产品机构，法国。
⑤ 综合水产养殖国际有限责任公司，文莱。
⑥ 美国驻欧盟代表团，FDA，FDA 欧洲办事处，布鲁塞尔，比利时。
* 电子邮箱：peter. smith@nuigalway. ie。
** 这篇文章反映了作者的看法，不代表 FDA 的观点或政策。

0 引言

本文由负责水产养殖抗菌药物规范使用的 OIE 特别工作组成员完成。成立特别工作组的目的是制定《水生法典》的部分章节，可以为 OIE 成员妥善解决耐药微生物的选择和传播，以及如何在水生动物中使用抗菌药物提供指导。

OIE《水生法典》第 6.4 章节[28]建议国家或地区应开展与水生动物相关的微生物耐药性的监控和监测。这些项目的实施是必要的：

（1）建立有关耐药微生物的流行程度及决定因素基准数据。

（2）收集有关微生物耐药性趋势信息。

（3）探索水生动物微生物耐药性与抗菌药物使用之间的潜在关系。

（4）检测耐药性出现的机制。

（5）进行与水生动物及人类健康有关的风险分析。

（6）提供有关人类健康和水生动物健康的政策和计划的建议。

（7）为谨慎使用抗菌药物提供信息，包括指导专业人员规范水生动物中抗菌药物的使用等。

本文目的是详细说明从水生动物中分离的微生物耐药性监控和监测的适当方法。本文讨论了所研究的微生物菌群、适当的抽样程序、药敏试验协议，以及应采用的解释准则。

1 相关微生物

在设计监控和监测从水生动物中分离的微生物的抗菌药物耐药性计划时，需考虑三种微生物群体：

• 与水生动物自身疫病相关的微生物；

• 存在于可食用水生动物的表面或其产品中，能够感染人及其他陆生动物的微生物；

• 在水产养殖中使用的抗菌药物对水生环境中微生物群落的影响。

本文重点讨论第一种微生物群体，最后对其他群体进行了简要讨论。

2 对从水生动物中分离的非人畜共患微生物的监控和监测

2.1 建立菌株集合

任何监控或监测方案中菌株收集的最有效方法都是选择从诊断实验室已经

分离到的菌株，这些菌株能用于本地区的水产养殖行业。

监测或监控计划的一个主要目的是收集有关微生物药物敏感性数据，这些数据主要为该地区水产养殖中微生物的抗菌药物治疗提供参考。由于水生动物饲养种类和环境条件的变化，不同地区的微生物种类不同。

建议每一个权威部门建立本地区的微生物群落数据，这些数据是基于相关实验室对本地区水生动物调查和诊断获得的。这些实验室能够收集和补充应用于监控或监控计划的最经济有效的菌株资源。

然而，有理由认为，诊断实验室对任何动物流行病微生物学调查的强度都将有所不同，对所选择的第一种抗菌药物产生足够反应的动物流行病可能导致仅少数菌株的收集和敏感性试验。然而，那些对第一次治疗未产生足够反应的动物流行病，通常涉及对大量菌株的分离和药敏性试验。

2.2 实验室体外药敏试验方法

许多实验室检测方法均可用于体外药敏试验。当这些方法都可行时，最基本的是要选择标准化、国际公认的方法来制订监控和监测计划。

确定抗菌药物敏感性的实验室检测方法可分为两大类。第一类包括确定药物最小抑菌浓度的方法，在实验室培养基中抑制细菌的生长。最小抑菌浓度方法包括琼脂稀释法和常规或微量肉汤稀释法。第二类包括确定抑制区大小的方法，将药敏片放在培养的细菌上面（药敏平板扩散试验）。比较研究表明，这两种方法都可以生成有效的数据[3]。

选择最小抑菌浓度方法，应注意选择试验中的稀释范围。监控或监测计划可能不需要使用覆盖所研究菌种的全部药敏范围。但是，在相关可接受范围已经确定的情况下，覆盖所需的最小抑菌浓度的质量控制体系也较为重要。

对于已建立国际公认的微生物菌种或菌群的解释标准来说，稀释范围应该是足够允许操作人员决定最小抑菌浓度是否高于或低于阈值（见 2.6 协调和标准化药敏性监测分析和报告解释标准的需求）。在针对此类菌种或菌群进行研究时，在已设临界点或阈值之间的稀释范围内就能得到有用的数据。例如，如果阈值设定在≤1 微克/毫升，稀释范围从 0.25 微克/毫升到 4 微克/毫升时，最小抑菌浓度试验就可以获取足够的信息。

然而，当研究涉及的微生物菌群在国际上还没有公认的解释时，这些实验设计必须保证设定的阈值可应用于产生研究数据的范围。然而，如果大量菌株的药敏性"偏离范围"，出现为小于（或大于）某个值，阈值则无法建立。为确定这样的局部阈值，必须扩展药敏菌株的稀释范围。这些菌株的最小稀释度由于不包含在国际化准则中，必须由实验室通过试验进行确立。

值得注意的是，许多已经开发的商业化的液体微稀释板应用于陆生物种，但这些稀释液并不适用于检测水生动物、分离微生物。

2.3 监视和监测计划中用于药敏试验条件的统一和标准化

体外敏感性的实验数值取决于实验方案中特定参数的设置。如实验中采用的媒介、酸碱度、培养温度、培养液准备方法，以及所用药物的浓度和数量等，这些参数的变化都会导致药敏试验产生不同的药敏性数值[5]。

因此，如果实验室开展关于菌株药敏性随时间变化的监控和监测计划，那么必须采用包含质量控制要求的标准化的试验协议（见2.5质量控制）。监控和监测计划产生的数据应该能够与其他地区的实验室产生的数据具有可比性。因此，需要对所有实验室中使用的标准化试验协议进行国际化协调。

就人类重要的细菌而言，许多国家已经存在的标准方法限制了国际公认的标准试验方法的发展[14]。然而，水生动物有关细菌的情况则完全不同。在2000年之前，没有开发出标准的方法。随后，来自17个国家的科学家，针对这些细菌首次制定出标准化的试验方法。他们制定的这套标准规程[1]随后被美国临床和实验室标准协会（CLSI）改编采纳，并发布指导文件M42 - A[6]和M49 - A[7]。虽然这些准则的发展，对于其他迄今为止提出的替代方案是不完整的，但仍是领先的（见2.4标准化试验条件的发展现状）。

因此，如M42 - A和M49 - A，这些包含当前基于共识的指导规程，对于监控和监测计划的发展是切实可行的。

2.4 标准化试验条件的发展现状

虽然用于体外药敏测试的标准化试验方案的制定已经取得了显著进展，但是这些方案尚未覆盖所有从水生动物中分离的微生物（表1）。目前，CLSI已经为非挑剔微生物规定了标准试验条件，在（22±2）℃或（28±2）℃条件下，在非改良的Muller Hilton培养基中生长48小时内观察结果[6,7]。黄杆菌最小抑菌浓度的标准试验方法在CLSI指导文件M49的下一个版本中发布[11]。

为使其更适用于大多数水生动物物种，CLSI还建议可对已标准化的非挑剔微生物的试验条件进行可能的修改。尽管这些修改尚未作为标准方法，但是建议在设计任何监控和监测计划时应当优先考虑。

2.5 质量控制

强制的质量控制要求是CLSI标准化试验协议的一个基本要素[8]。在CLSI方法中，每次测定试验菌株药敏性的同时，必须测定至少一个质量控制参考菌株的药敏性[6,7]。只有参考菌株（S）药敏的测量值在可接受的特定范围内，才可认为该实验室遵照了 CLSI 指导性文件。

表 1　水生动物分离细菌药敏试验条件的进展

类　　别	细菌组	试验条件
组 1：非难培养细菌	肠杆菌	接受
	杀鲑气单胞菌	接受
	嗜水气单胞菌	
	假单胞菌属	接受
	类志贺邻单胞菌	接受
	希瓦氏菌属	接受
	弧菌科（非嗜盐）	接受
组 2：嗜盐细菌	专性嗜盐弧菌和光细菌	建议a
组 3：滑动细菌	柱状黄杆菌	接受（仅最小抑菌浓度）
	嗜冷黄杆菌	接受（仅最小抑菌浓度）
组 4：链球菌	乳球菌	建议
	鲑鱼漫游球菌	建议
	链球菌	建议
组 5：其他难培养细菌	嗜冷杀鲑气单胞菌	建议
	杀鲑弧菌和黏性放线菌	否
	滨海黏着杆菌	建议
	鲑肾杆菌	建议
	分枝杆菌	接受
	诺卡氏菌	否
	鲑鱼立克次氏体和其他立克次氏体	否
	杀鱼弗朗西斯氏菌	否
	亚洲弗朗西斯氏菌	否

注：a. "建议"表示没有获得足够数据全面评价试验条件的适用性，但是这些条件的应用是下一步工作的重点。

当调查尚未标准化菌株的药敏性时，实验室尚没有正式的质量控制程序可以应用。在这种情况下，建议实验室把质量控制元素列在本地测试协议中，这样随着时间的推移也可保证数据的一致性。实现这一目标最合适的方法是在一系列试验中选择同一种菌株。所选菌株为本地质量控制程序服务时，要保证该菌株具有稳定的敏感性。如果该菌株在其他实验室也容易获取，则更具优势。虽然所研究物种的菌株类型可以选择，但是像大肠杆菌 ATCC 25922 和杀鲑气单胞菌亚种——杀鲑气单胞菌 ATCC 33658 目前作为参照菌株，已广泛应用于水生细菌的所有试验[6,7,11]。

2.6 协调和标准化药敏性监测分析和报告解释标准的需求

由药敏性定量测量值产生的耐药频率，需要解释准则进行评估，解释准则反过来是由体外试验的方法产生的。因为通常需要比较在不同实验室建立的耐药频率，必须解决所采用解释准则的标准化和协调的问题。

2.6.1 解释准则的类型

有两类解释准则——临床分界点和流行病学阈值可应用于体外药敏性数据[18]。临床分界点旨在根据特定环境条件下，给特定宿主应用特定疗法产生的可能结果，对分离物进行分类。由于普遍缺乏相关的药代动力学/药效动力学和临床相关数据，再加上水产养殖中流行性疫病的宿主和环境条件的多样性，设定实验有效的临床分界点较为困难。目前，只针对一个细菌种类的两种抗菌药物设定了临时临床分界点[9]。然而，值得注意的是，为了更容易预测应用于水产养殖中多种治疗方案的临床结果，必须为任何特定的细菌种类/抗菌药物组合采用多个临床分界点，从而更容易预测临床结果。

流行病学阈值仅在体外药敏性的基础上分类菌株。这些阈值被 CLSI 缩写为"ECVs"，被欧洲抗菌药物敏感试验委员会（EUCAST）缩写为"ECOFFs"，应该指出的是，这两个组织都没有使用于设定这些值的程序标准。应用流行病学阈值使得我们能够将菌株归为这两类中的某一类。形成无法与同类（或组）完全药敏菌株药敏测量值区分的菌株被归类为野生型（WT），所有其他菌株被归类为非野生型（NWT）。EUCAST 和 CLSI 已经采纳了WT/NWT 的命名[9]。

根据 EUCAST 的规定，野生型微生物是指对讨论中的药物缺乏获得性和突变性的耐药机制的菌种[13]。由于监控和监测的首要目标是获得耐药微生物和耐药因素的流行和新发信息，Silley 等[19]和 OIE[28]认为，流行病学阈值是最适用于这些项目的解释准则。

2.6.2 估计流行病学阈值

理论上来说，流行病学阈值 ECVs 相对容易设置。它们代表 WT 菌株药敏测量值分布的范围（最小抑菌浓度试验数据的上限和平板扩散试验数据的下限）。这些极限值可通过对体外药敏数据集的检查进行估计。然而，Kronvall[15,16]已经开发了一种统计方法，即标化耐药性释义（NRI），该方法允许我们从这些数据中利用标准化的程序估计 ECVs。设定 ECVs 的同时采用 NRI 方法，在估计 ECVs 时能够避免曲解，这些曲解是由表现出较低水平耐药性的菌株导致的[15]。建议实验室在设定自己的 ECV 时使用 NRI 方法（见 2.6.2（2）流行病学阈值估计应该考虑广泛性或局部性?）。

关于需要设定 ECV 菌株的数量，应该指出的是，数量精度是用于设定其菌株数量的对数函数[17]。CLSI 报告[10]表明，一个合理的 ECV 可以从最少 30 个最小抑菌浓度试验观测值中设定，对于平板扩散试验来说也是如此[20]。

（1）估计流行病学阈值应该具有物种特异性吗? 或者它们能被应用到更广泛的分类群吗?

当试图建立或应用体外药敏性数据解释标准时，单一 ECVs 可适用的分类群的范围成为核心问题。如果 ECVs 只能被有效地应用于一个较小的分类群，比如单一菌种，则需要设置水产养殖中多种菌种的所有准则，其工作量会十分巨大。相反，如果发现 ECVs 可应用于同一菌种或菌群，工作量将大大降低。

截至目前，水生微生物设定的单一 ECVs 均具有菌种特异性[8]。然而，弧菌和气单胞菌产生的数据[22,24]表明，在不降低精度的情况下，ECVs 能够应用到更广泛的分类群。

在水产养殖中，没有足够数据基础来决定单一 ECVs 适用的微生物种群的适当分类范围。在获得更多的药敏数据之前，无法在国际层面制定可信的合适分类群范围。鉴于这种不确定性，个人权威机构不得不将他们的局部决定作为其正在研究的微生物群组的最佳选择。这些决定应被视为是临时和开放的，随着获得数据的增多而不断变化。

（2）流行病学阈值估计应该考虑广泛性或局部性?

不同实验室平板扩散试验产生的数据差异较大，应用单一、国际公认阈值在正确分类低耐药性菌株的方面存在严重差异和争议[15,21]。对于水生动物微生物来说，仅能通过从更多实验室获取更多数据来解决这方面的争论。

然而，除了杀鲑气单胞菌 ECVs 之外，水产养殖业中任何其他菌种或菌属统一设定 ECVs。面对这种情况，参与监控和监测计划的个别实验室可能无法选择采用国际化一致的解释准则。而这些实验室可对除了杀鲑气单胞菌产生的数据进行任何解释，他们必须通过对其自己的数据进行估计得到阈值。在这种情况下，强烈推荐采用 NRI 分析方法，因为其代表设定本地阈值的标准方法。

2.6.3 解释准则的不当应用

最重要的是，解释准则是针对具体协议。由此得出结论，在不同试验条件下为其他药敏试验开发并验证的解释准则，不适用于解释水生微生物研究中获得的数据。

2.6.4　上报数据

在前面的内容中已经说明，针对水生动物微生物分离株发展标准化和统一的药敏试验并不完备，相关工作正在进行中。在目前发展阶段，实施监控和监测项目的实验室将被迫做出关于应用于正在研究的微生物的试验条件、质量控制过程和解释准则的局部决策。

为确保最大的国际可比性，建议监控和监测项目的结果以未处理量化数据的方式上报[28]。也就是说，所有数据应该以区域大小或最小抑菌浓度值分布频率的方式上报。报告还应提供用于生成这些数据试验协议的详细信息。

此外，报告可以包括处理或解释原始数据的摘要。然而，鉴于目前缺乏国际一致的解释准则，解释内容应该给出产生报告的实验室或权威机构的本地解释准则和阈值的详细信息，更重要的是，应提供用于建立报告的各项议定书。

2.6.5　水生动物或其产品中能感染人类或其他动物的微生物

监控和监测计划可以用来量化水产品中微生物传播给人类的抗菌药物耐药性频率。由于这种传播模式涉及的微生物都能够感染人类，可以假定，已经基本建立了其药敏性试验的标准化规程。

关于抽样方案的设计，分析来源于水生动物的食物与分析来自陆生动物的食物在许多方面是相同的。OIE《陆生法典》给出了用于监控和监测来自陆生动物食物耐药性的建议性抽样方案[29]。从广义上说，只要对水生动物耐药性的某些特定条件给予适当考虑，这些抽样推荐方案也可应用于水生动物研究中。

首先，水生动物传染病病原感染率明显低于陆生动物。在调查多种水生食物产品微生物抗菌药物的耐药性时，可能会影响采样密度。

其次，《陆生法典》建议监测陆生动物肠道共生菌群的耐药性[29]。然而，水生动物肠道菌群表现出较大的个体和地点差异[23]。到目前为止，可能还没有建立一种普遍存在于鱼类肠道内，并且作为指标生物体的细菌群。由于这个原因，《水生法典》[28]不建议日常监测健康水生动物菌群耐药性频率。

最后，检验销售点水产品数据。一些销售点检测到的耐药微生物可能是水产养殖设施使用抗菌药物引起的。其他可能是设施使用的饲养用水被陆生动物污染或者产品收获后污染导致的。因此，如果监视和监测项目的输出用于评估水产养殖中抗菌药物的风险，由于潜在的混杂因素，需要对从这些销售点抽样采集到的数据进行附加解释。

2.6.6　可感染人类的观赏鱼或宠物鱼中的微生物

非食用、观赏或伴侣动物/宠物鱼行业没有深入研究抗菌药物使用，与水生食用动物相比，其对耐药微生物和耐药因素的选择和传播的潜在影响所知更少，但在这个行业中抗菌药物的使用可能更为广泛和频繁[26]。最近研究表明，与这些鱼类有关的微生物具有较高的耐药性频率[25]。在为观赏鱼或宠物鱼制订监控和监测计划时，需要考虑水生动物和人类之间接触途径的差异，也应考虑水生动物抽样和其运载用水方面。

依据合适的抗菌药物敏感性试验方法，可以按照研究人类食用的水生动物的方式，研究观赏鱼微生物分离株。以上的评论虽然是针对食用水产养殖业，其也适用于观赏鱼（参见 2.6 协调和标准化药敏性监测分析和报告解释标准的需求和 2.6.5 水生动物或其产品中能感染人类或其他动物的微生物）。

3　在更广阔的水生环境中监控水产养殖抗菌药物对微生物的影响

人们已经将水生环境中耐药微生物宿主或耐药因素的发展，认定为一种在水产养殖中使用抗菌药物所产生的潜在风险[27]。因此，亟须对这些宿主进行监控。但是，发展和实施适当的监控计划，已面临环境生物复杂性和生物路径复杂性带来的极大挑战，这些生物路径包括环境中耐药性因素的起源、存在和移动[2,12]。

解决这些问题的详细方案超出了本文论述的范围，本文将不再讨论。然而，一般认为，有关环境微生物群落中耐药性因素活动的更多信息，而不是环境中耐药微生物的活动信息，将有助于理解这些问题[4]。这反过来意味着为达到此目的而设计的监控计划，应采用专门针对量化这些因素的分子生物学方法，而不是采用本文讨论的基于培养体外药敏性试验方法。这个领域的研究工作进展迅速，在设计监控和监测计划时，应该注意到新方法的发展和应用情况。

4　结论

在水产养殖中，收集耐药性频次的可靠数据，是调整并谨慎合理使用抗菌药物的必要前提。为获得这些数据而开展的监控和监测项目，其所使用的标准和统一的方法已经取得了较大的进展。本文回顾了抗生素药敏试验方法的发展现状，并为开展 OIE《水生法典》推荐的调查提供指导[28]。

参考文献

[1] Alderman D. & Smith P. (2001). Development of draft protocols of standard reference methods for antimicrobial agent susceptibility testing of bacteria associated with fish dis-

ease. *Aquaculture*，196，211 – 243.

［2］Allen H. K. , Donato J. , Wang H. H. , Cloud – Hansen K. A. , Davies J. & Handelsman J. (2011). Call of the wild: antibiotic resistance genes in natural environments. *Nat. Rev. Microbiol.* , 8, 251 – 259.

［3］Baker C. N. , Stocker S. A. , Culver D. H. & Thornsberry C. (1991). Comparison of the E test to agar dilution, broth microdilution, and agar diffusion susceptibility testing techniques by using a special challenge set of bacteria. *J. clin. Microbiol.* , 29, 533 – 538.

［4］Baquero F. , Martinez J. L. & Canton R. (2008). Antibiotics and antibiotic resistance in water environments. *Curr. Opin. Biotechnol.* , 19, 260 – 265.

［5］Barker G. , Page D. & Kehoe E. (1995). Comparison of 4 methods to determine MIC's of amoxycillin against *Aeromonas salmonicida. Bull. Eur. Assoc. Fish Pathol.* , 15, 100 – 104.

［6］Clinical and Laboratory Standards Institute (CLSI) (2006). Methods for antimicrobial disk susceptibility testing of bacteria isolated from aquatic animals. Approved guideline M42 – A. CLSI, Wayne, Pennsylvania.

［7］Clinical and Laboratory Standards Institute (CLSI) (2006). Methods for broth dilution susceptibility testing of bacteria isolated from aquatic animals. Approved guideline M49 – A. CLSI, Wayne, Pennsylvania.

［8］Clinical and Laboratory Standards Institute (CLSI) (2007). Development of susceptibility testing criteria and quality control parameters for veterinary antimicrobial agents: approved guide, 3rd Ed. Document M37 – A3. CLSI, Wayne, Pennsylvania.

［9］Clinical and Laboratory Standards Institute (CLSI) (2010). Performance standards for antimicrobial susceptibility testing of bacteria isolated from aquatic animals; first informational supplement. Document M42/49 – S1. CLSI, Wayne, Pennsylvania.

［10］Clinical and Laboratory Standards Institute (CLSI) (2011). Generation, presentation and application of antimicrobial susceptibility test data for bacteria of animal origin; a report. Report X08 – R. CLSI, Wayne, Pennsylvania.

［11］Clinical and Laboratory Standards Institute (CLSI) (2013). Methods for broth dilution susceptibility testing of bacteria isolated from aquatic animals. Approved guideline M49 – A2, 2nd Ed. CLSI, Wayne, Pennsylvania.

［12］Davies J. & Davies D. (2010). Origins and evolution of antibiotic resistance. *Microbiol. mol. Biol. Rev.* , 74, 417 – 433.

［13］European Committee on Antimicrobial Susceptibility Testing (EUCAST) of the European Society of Clinical Microbiology and Infectious Diseases (ESCMID) (2000). EUCAST Definitive Document E. Def 1. 2, May 2000: Terminology relating to methods for the determination of susceptibility of bacteria to antimicrobial agents. *Clin. Microbiol. Infect.* , 6 (9), 503 – 508.

［14］Kahlmeter G. , Brown D. F. J. , Goldstein F. W. , MacGowan A. P. , Mouton J. W. ,

Österlund A. , Rodloff A. , Steinbakk M. , Urbaskova P. & Vatopoulos A. (2003). European harmonization of MIC breakpoints for antimicrobial susceptibility testing of bacteria. *J. antimicrob. Chemother.* , 52, 145 – 148.

[15] Kronvall G. (2003). Determination of the real standard distribution of susceptible strains in zone histograms. *Int. J. antimicrob. Agents*, 22, 7 – 13.

[16] Kronvall G. (2010). Normalized resistance interpretation as a tool for establishing epidemiological MIC susceptibility breakpoints. *J. clin. Microbiol.* , 48, 4445 – 4452.

[17] Maisel R. & Persell C. H. (1996). How sampling works. Pine Forge Press, Thousand Oaks, California.

[18] Silley P. (2012). Susceptibility testing methods, resistance and breakpoints: what do these terms really mean? *In* Antibiotic resistance in animal and public health (G. Moulin & J. F. Acar, eds). *Rev. sci. tech. Off. int. Epiz.* , 31 (1), 33 – 41.

[19] Silley P. , de Jong A. , Simjeed S. & Thomas V. (2011). C. Harmonisation of resistance monitoring programmes in veterinary medicine: an urgent need in the EU? *Int. J. antimicrob. Agents*, 37, 504 – 512.

[20] Smith P. , Douglas I. , McMurray J. & Carroll C. (2009). A rapid method of improving the criteria being used to interpret disc diffusion antimicrobial susceptibility test data for bacteria associated with fish diseases. *Aquaculture*, 290, 172 – 178.

[21] Smith P. , Ruane N. M. , Douglas I. , Carroll C. , Kronvall G. & Fleming G. T. A. (2007). Impact of inter – lab variation on the estimation of epidemiological cut – off values for disc diffusion susceptibility test data for *Aeromonas salmonicida*. *Aquaculture*, 272, 168 – 179.

[22] Smith P. , Schwarz T. & Verner – Jeffreys D. W. (2012). Use of normalised resistance analyses to set interpretive criteria for antibiotic disc diffusion data produce by *Aeromonas* spp. *Aquaculture*, 326 – 329, 27 – 35.

[23] Spanggaard B. , Huber I. , Nielsen J. , Nielsen T. , Appel K. F. & Gram L. (2000). The microflora of rainbow trout intestine: a comparison of traditional and molecular identification. *Aquaculture*, 182 (1 – 2), 1 – 15.

[24] Uhland C. (2010). Caractérisation de la résistance aux antibiotiques des isolats d'*Aeromonas* spp. et *Vibrio* spp. de poissons et de fruits de mer canadiens et importés. MSc thesis submitted to the University of Montreal, Canada.

[25] Verner – Jeffreys D. W. , Welch T. J. , Schwarz T. , Pond M. J. , Woodward M. J. , Haig S. J. , Rimmer G. S. E. , Roberts E. , Norison V. & ker – Austin C. (2009). High prevalence of multidrug – tolerant bacteria and associated Antimicrobial resistance genes isolated from ornamental fish and their carriage water. *PLoS ONE*, 4 (12), e8388.

[26] Wier M. , Rajić A. , Dutil L. , Cernicchiaro N. , Uhland F. C. , Mercier B. & Tuśevlak N. (2012). Zoonotic bacteria, antimicrobial use and antimicrobial resistance in ornamental fish: a systematic review of the existing research and survey of aquaculture – al-

lied professionals. *Epidemiol. Infect.*, 140, 192 – 206.

[27] World Health Organization (WHO) (2006). Report of a Joint FAO/OIE/WHO Expert Consultation on Antimicrobial Use in Aquaculture and Antimicrobial Resistance, 13 – 16 June, Seoul, Republic of Korea. Available at: www. who. int/topics/ foodborne _ diseases/aquaculture _ rep _ 13 _ 16june2006％20. pdf (accessed on 2 December 2012).

[28] World Organisation for Animal Health (OIE) (2012). Aquatic Animal Health Code, 15th Ed. OIE, Paris. Available at: www. oie. int/en/international – standard – setting/aquatic – code/access – online/(accessed on 22 February 2013).

[29] World Organisation for Animal Health (OIE) (2012). Terrestrial Animal Health Code; 21st Ed. OIE, Paris. Available at: www. oie. int/en/international – standard – setting/ terrestrial – code/access – online/(accessed on 22 February 2013).

图书在版编目（CIP）数据

"从农场到餐桌"协调动物健康和食品安全监测政策/
（瑞典）斯图尔特·亚历山大·斯罗拉赫
(Stuart A. Slorach) 主编；中国动物疫病预防控制中心
组译 . —北京：中国农业出版社，2019.12
ISBN 978 - 7 - 109 - 25257 - 8

Ⅰ. ①从… Ⅱ. ①斯… ②中… Ⅲ. ①畜产品—食品
安全—安全监测—政策 Ⅳ. ①TS251

中国版本图书馆 CIP 数据核字（2019）第 033031 号

"从农场到餐桌"协调动物健康和食品安全监测政策
"CONG NONGCHANG DAO CANZHUO" XIETIAO DONGWU
JIANKANG HE SHIPIN ANQUAN JIANCE ZHENGCE

中国农业出版社出版
地址：北京市朝阳区麦子店街 18 号楼
邮编：100125
责任编辑：郑　君　　文字编辑：张庆琼
责任校对：刘丽香
印刷：北京中兴印刷有限公司
版次：2019 年 12 月第 1 版
印次：2019 年 12 月北京第 1 次印刷
发行：新华书店北京发行所
开本：700mm×1000mm　1/16
印张：19
字数：380 千字
定价：89.00 元

版权所有·侵权必究
凡购买本社图书，如有印装质量问题，我社负责调换。
服务电话：010 - 59195115　010 - 59194918